集成电路材料科学与工程基础

孙　松　张忠洁　编著

科学出版社

北　京

内 容 简 介

材料作为当今社会现代文明的重要支柱之一,在科技发展的今天发挥着越来越重要作用。材料科学与工程基础类课程是各高等院校材料专业的必修课和核心专业课。本书在材料科学与工程类课程基础上,结合当今材料专业的现状和材料人才的发展需求,以集成电路材料学科中的基础理论和工程工艺问题为主线,与相关学科和学科分支交叉,应用于集成电路材料设计、制备、成型、性能和工艺等关键问题的求解。本书主要介绍材料化学方面的基础知识,包括材料的组成、材料的结构、材料的性能、材料的制备与成型加工,以及集成电路衬底、工艺和封装三大类材料与制备工艺。

本书主要面向集成电路、材料科学与工程相关专业学生,以及从事材料和集成电路相关领域的科技工作者。

图书在版编目(CIP)数据

集成电路材料科学与工程基础/孙松,张忠洁编著. —北京:科学出版社,2022.3

ISBN 978-7-03-071423-7

Ⅰ. ①集… Ⅱ. ①孙… ②张… Ⅲ. ①集成电路 Ⅳ. ①TN4

中国版本图书馆 CIP 数据核字(2022)第 021530 号

责任编辑:蒋 芳/责任校对:崔向琳
责任印制:赵 博/封面设计:许 瑞

科 学 出 版 社 出版
北京东黄城根北街 16 号
邮政编码:100717
http://www.sciencep.com
北京富资园科技发展有限公司印刷
科学出版社发行 各地新华书店经销
*
2022 年 8 月第 一 版 开本:787×1092 1/16
2025 年 1 月第三次印刷 印张:17 1/4
字数:399 000
定价:99.00 元
(如有印装质量问题,我社负责调换)

前　言

人类有目的地使用材料已有几万年的历史。从远古的石器时代、公元前的青铜时代和铁器时代，到 18 世纪引发工业革命的钢时代，再到 20 世纪中叶迎接信息技术革命到来的硅时代，人类社会的发展无不依赖材料的革新。材料、能源、信息被认为是现代国民经济的三大支柱。

进入 21 世纪以来，在经济全球化和社会信息化的背景下，国际制造业竞争日益激烈，对先进材料和制造技术的需求更加迫切。云计算、大数据、移动互联网、物联网、人工智能等新兴信息技术与制造业的深度融合，正在引发对制造业研发设计、生产制造、产业形态和商业模式的深刻变革，材料革新已成为推动先进制造业发展的主要驱动力。

集成电路产业不仅是信息化社会的基石，更是支撑经济社会发展和保障国家安全的战略性、基础性和先导性产业。2014 年，国务院印发《国家集成电路产业发展推进纲要》，将集成电路产业发展上升为国家战略，明确了"十三五"期间国内集成电路产业发展的重点及目标。同年 9 月，国家集成电路产业投资基金设立，首期总金额超 1300 亿元。2018年政府工作报告提出"推动集成电路、第五代移动通信、飞机发动机、新能源汽车、新材料等产业发展"。集成电路产业排在实体经济第一位置，足见我国对其支持力度之大。我国集成电路产业正迈进实体经济新征程。

为服务国家与地方产业和经济发展总体需求、贯彻落实《国务院关于印发统筹推进世界一流大学和一流学科建设总体方案的通知》，安徽大学于 2020 年初组建了"集成电路器件英才班"和"集成电路材料英才班"。"集成电路材料英才班"的专业核心课程群主要涉及集成电路材料物理、材料化学以及材料工程与工艺等。材料科学与工程是一门通过对材料组织、结构、成分、合成、加工之间关系的了解和掌握，发现新材料、改善原有材料的多学科的交叉科学。结合集成电路材料的衬底、工艺和封装三大类特点，掌握并研究材料或构件的性能和微观组织、结构之间的关系，确立集成电路材料的成分与合成、加工之间的关系，是"集成电路材料英才班"学习材料科学与工程的重要任务。

目前国内外材料科学课程的内容并未成熟，针对集成电路材料的材料科学书籍十分缺乏，有的仅限材料科学和工程的基础理论；有的偏重集成电路材料工艺。我们的考虑是：将材料科学与工程的共性问题、基础理论作为研究集成电路材料的基础，针对集成电路材料的衬底、工艺和封装三大类，阐述一些关键材料性能和工艺问题。我们希望并相信，这样的体系和内容既可作为材料专业学生的教科书，也可作为从事材料和集成电路领域的科技工作者的参考书。由于知识覆盖面广，我们邀请了相关领域知名学者和企业技术人员参与编写工作。

本书出版得到安徽大学文典学院"集成电路材料与器件英才计划"专项资助。本书是教育部办公厅"第二批新工科研究与实践项目"的建设成果。本书由孙松和李广提出编写提纲，魏宇学、孙松、张忠洁、曹孙根(安徽钜芯半导体科技有限公司)、史同飞(中国科学院合肥物质科学研究院)、何东(安徽赛宝工业技术研究院)等编写,孙松、魏宇学负责统稿。编写分工为:孙松(第1章,第2章,第6章6.1、6.2)、魏宇学(第3章,第5章5.1,第6章6.3.1~6.3.4、6.4)、张忠洁(第4章、第5章 5.2~5.5)、曹孙根(第6章6.2、6.3.1~6.3.4 的素材组织)、史同飞(第6章6.4 的素材组织)、何东(第6章6.3.5、6.3.6),孙松和魏宇学审查修改。蔡梦蝶协助编写了习题并制图。本书在编写过程中,薛照明、王良龙、金葆康、高琛(中国科学院大学)、夏茹、吴明元、王奇(中国科学院)、张成华(中国科学院)、胡大乔提出了宝贵的意见和建议;安徽大学化学化工学院、安徽大学教务处和科学出版社为书稿的修改和出版做了大量工作。

因作者水平有限,书中难免存在疏漏,敬请各位读者不吝指正。

编　者

2022 年 5 月

目　　录

第1章 绪 论

1.1 引 言

材料、能源和信息是构成社会文明和国民经济的三大支柱。其中材料的革新是人类技术进步的标志,常常被用来区分人类文明史的不同阶段。早期人类文明由材料的发展水平决定(石器时代、青铜时代、铁器时代)。现代工农业生产的发展、科学技术的进步和人民生活水平的提高,均离不开品种繁多且性能各异的材料。

材料既是国民经济的物质基础,也是保障国家安全的战略支撑。进入21世纪以来,在经济全球化和社会信息化的背景下,国际制造业竞争日益激烈,对先进材料及制造技术的需求更加迫切。

云计算、大数据、移动互联网、物联网、人工智能等新兴信息技术与制造业的深度融合,正在引发对制造业研发设计、生产制造、产业形态和商业模式的深刻变革,材料的创新已成为推动制造业发展的主要驱动力。集成电路产业不仅是信息化社会的基石,更是支撑经济社会发展和保障国家安全的战略性、基础性和先导性产业。尽管我国集成电路材料产业持续壮大,但相对我国市场的需求和发展,材料自给能力还远远不够。近几年,受国家政策支持以及国内市场需求的双重驱动,我国集成电路材料产业发展到了一个新的高度,关键材料逐渐实现从无到有,产业增长进一步加快。

集成电路材料,按照产业链主要分为衬底材料(硅晶圆等)、工艺材料(光刻胶、掩模版、工艺化学品、电子气体、抛光材料、靶材等)以及封装材料(引线框架、封装基板、陶瓷基板、键合丝、包封材料、芯片黏结材料等)三大板块,涉及金属材料、无机非金属材料、高分子材料、复合材料等,十分庞杂。人们在使用材料的同时,一直在不断地研究影响材料性能的各种因素和材料结构元素与其性能之间的关系。只有了解了这些,人们才能有目的地塑造材料的特性。因此,发展集成电路材料,首先需要深入了解材料基本结构和性质。

除了结构和性质外,在材料科学与工程中还有两个重要的要素,即"加工"和"使用性能"。这四要素之间的关系,可以描述为:材料的结构取决于它的加工方式,材料的使用性能是它的性质的函数。我们将贯穿全书阐述材料四要素间的关联,并结合集成电路材料特点,讲述制备与加工工艺。

1.2 材料的定义、分类及基本性质

材料是指具有满足指定工作条件下使用要求的形态和物理性状的物质,是组成生产工具的物质基础。

材料有多种分类方法，包括按状态、化学组成和结合键性能、性能以及应用领域分类等。按材料状态，材料分为气态、液态和固态三类。按材料化学组成和结合键的性能，将材料分为金属材料、无机非金属材料、高分子材料以及复合材料四类。按材料性能，将其分为金属材料、有机高分子材料和无机非金属材料。金属材料包括各种纯金属及其合金。塑料、合成橡胶、合成纤维等称为有机高分子材料。对于像陶瓷、玻璃、水泥等，既不是金属材料，又不是有机高分子材料，统称为无机非金属材料。按材料应用领域的不同，则可分为建筑材料、医用材料、能源材料、仪表材料、集成电路材料等。

1.2.1 金属材料

金属材料通常由一种或多种金属元素组成，其特征是存在大量的离域电子，也就是说，这些电子并不键合在特定原子上。金属的很多特性都可归因于这些离域电子，例如良好的导电性、导热性、抛光表面的反光性、金属光泽、延展性、可塑性等。除汞外，所有金属在常温下都是固体。青铜和铁作为金属材料已有数千年的使用历史。钢材被广泛用作结构材料，铜材则常常作为导电材料。当今材料科学的发展赋予了金属材料更多新特性，能够形成各种各样的新型金属材料，如超塑性合金、形状记忆合金、储氢合金等。

金属材料通常分为黑色金属材料和有色金属材料(非铁材料)两类。黑色金属材料包括钢和铸铁。钢铁是现代工业中的主要金属材料，在机械产品中占整个用材消耗的 60%以上。有色金属材料是指除铁以外的其他金属及其合金。这些金属有 96 余种，分为轻金属、重金属、贵金属、类金属和稀有金属五类。工程上最重要的有色金属包括铝、铜、锌、锡、铅、镁、镍、钛及其合金。在集成电路产业领域，金属材料常用在厚膜电路和焊料中。

金属材料的基本特性：

(1)结合键为金属键，常规方法生产的金属为晶体结构。

(2)在常温下金属一般为固体，熔点较高。

(3)具有金属光泽。

(4)纯金属塑性大，展性、延性也大。

(5)强度较高。

(6)导热和导电性好。

(7)在空气中多数金属易氧化。

1.2.2 无机非金属材料

无机非金属材料又称硅酸盐材料，包括陶瓷、玻璃、水泥、耐火材料，以及由无机元素组成的单质材料，如单晶硅、金刚石、石墨，如图 1-1 所示。陶瓷是最早使用的无机材料。由于大多无机非金属材料的生产过程与传统的陶瓷生产过程类似，无机非金属材料又常被统称为"陶瓷"。

陶瓷是由金属与非金属组成的化合物(氧化物、硫化物、氮化物、碳化物、硅酸盐以及碳酸盐等)。此类材料通常是电和热的不良导体，材质硬而脆，可用作结构材料、光学材料、电子材料等。传统陶瓷材料一般以天然原料通过煅烧等手段进行加工制造而得，其制品如洁具、器皿等已在日常生活中广泛应用。现今的陶瓷材料研究及应用侧重于以精制的高纯天然无机物或人工合成无机化合物为原料,采用特殊工艺烧结制造而成。此类陶瓷称为精细陶瓷,其具有各种优异性能或特殊应用功能,主要用于化工、机械、动力、电子、能源等领域。在集成电路产业领域,无机非金属材料主要应用于陶瓷封装(氧化铝陶瓷封装、陶瓷气密封装等)和刻蚀保护(玻璃粉)等。

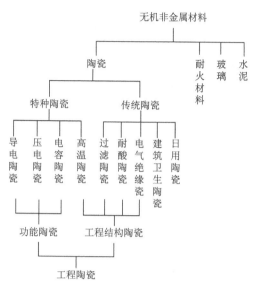

图 1-1　无机非金属材料的分类

无机非金属材料的基本特性:
(1)结合键主要是离子键、共价键以及它们的混合键。
(2)硬而脆、韧性低、抗压不抗拉、对缺陷敏感。
(3)熔点较高,具有优良的耐高温、抗氧化性能。
(4)导热性和导电性较差。
(5)耐化学腐蚀性。
(6)耐磨损。
(7)成型方式为粉末制坯、烧结成型。

1.2.3　高分子材料

高分子材料是指以碳、氢、氧、氮、硫等元素为基础,由许多结构相同的小单位(链节)重复连接组成,原子数目多、分子量足够大的有机化合物。常用高分子材料的分子量在几千到几百万之间,一般为长链结构,以碳链居多。

高分子材料分类方法有多种。根据来源,分为天然和人工合成两类。木材、天然橡胶、棉花、动物皮毛等属于天然高分子材料。人工合成高分子材料包括塑料、合成橡胶和合成纤维三大类。根据使用性能,分为塑料、橡胶、纤维、黏合剂、涂料等。根据高分子化合物的主链结构,分为碳链、杂链、元素高聚物三类。根据其对热的性质,分为热塑性、热固性及热稳定性高聚物三类。按照材料的用途,分为高分子结构材料、高分子电绝缘材料、耐高温高聚物、导电高分子、高分子建筑材料、生物医用高分子材料、离子交换树脂、液晶高分子、高分子催化剂、包装材料等。

塑料是极重要的一类高分子材料，除树脂外，塑料还含有增塑剂、填料、防老剂、固化剂等各种添加剂。从使用的角度，塑料分为通用塑料和工程塑料。通用塑料是指产量大、用途广、成型性好、价格低的一类塑料，主要包括聚乙烯、聚氯乙烯、聚苯乙烯、聚丙烯、酚醛塑料和氨基塑料。工程塑料是指具有高强度、高模量，并能在较高温度下长期使用的塑料。常见的工程塑料有耐冲击的 ABS(丙烯腈-丁二烯-苯乙烯共聚体)、聚酰胺、聚甲醛、聚碳酸酯等。在集成电路产业领域，高分子材料主要应用于塑料封装、清洁清洗、封胶涂封、光固化树脂等。

高分子材料的基本特性：

(1)分子链内为共价键，分子间为范德华键和氢键。

(2)分子量大。

(3)力学状态有玻璃态、高弹态和黏流态，强度较高。

(4)重量轻。

(5)良好的电绝缘性。

(6)良好的化学稳定性。

(7)成型方法较多。

1.2.4　复合材料

复合材料是由两种或多种不同材料组合而成的材料。复合材料中各组分在性能上互相取长补短，产生协同效应，使复合材料既保留原组分材料特性，又具有单一组分材料所无法获得的或更优异的性能。

复合材料按性能分为结构复合材料和功能复合材料。前者的研究较充分、应用也较多，后者近年来发展迅速。最常见的复合材料之一是玻璃纤维增强高分子复合材料(俗称玻璃钢)。玻璃钢就是将细小的玻璃纤维嵌入高分子材料中。玻璃纤维通常比较坚硬且脆，而高分子材料韧性好。因此合成后的玻璃钢既坚硬又有韧性。碳纤维增强高分子复合材料是另一种典型复合材料。这种材料在高分子中嵌入了碳纤维，其硬度和强度比玻璃纤维增强复合材料的还要高。碳纤维增强高分子复合材料主要应用在航天航空领域，以及高科技体育用品和汽车保险杠，例如，波音 787 机身材料、比赛用自行车、网球拍等。复合材料在集成电路领域有大量应用，例如，玻璃纤维强化材料(SiO_2、Al_2O_3、CaO、MgO、B_2O_3 等复合物)和封装浆料(陶瓷粉末、黏着剂、塑化剂与有机溶剂的混合)等。

1.3　材料科学与工程的研究内容

"材料科学与工程"学科的明确提出要追溯到 20 世纪中叶。1957 年苏联发射了第一颗人造卫星，重 80 kg，同年 11 月又发射了第二颗人造卫星，重 500 kg。美国于次年发射的"探测者 1 号"人造卫星仅 8 kg，重量远不及苏联的卫星。对此美国有关部门联合向总统提出报告，认为在科技竞争中美国之所以落后于苏联，关键在先进材料的研究方面。1958 年 3 月,美国总统艾森豪威尔通过科学顾问委员会发布"全国材料规划",决定在 12 所大学成立材料研究实验室,随后又扩大到 17 所。从那时起出现了包括多领域的综合性学科——"材料科学与工程"。

"材料科学与工程"学科的形成主要归功于如下五个方面的基础发展:

(1)各类材料大规模的应用发展是材料科学的重要基础之一。18 世纪蒸汽机的发明和 19 世纪电动机的发明,使材料在新品种开发和规模生产等方面发生了飞跃,如 1856 年和 1864 年先后发明了转炉和平炉炼钢,大大促进了机械制造、铁路交通的发展。随之不同类型的特殊钢种也相继出现,如 1887 年高锰钢、1903 年硅钢及 1910 年镍铬不锈钢等,与此同时,铜、铅、锌也得到大量应用,随后铝、镁、钛和稀有金属相继问世。20 世纪初,人工合成高分子材料问世,如 1909 年的酚醛树脂(胶木),1925 年的聚苯乙烯,1931 年的聚氯乙烯以及 1941 年的尼龙等,发展十分迅速。根据调查,2022 全球高分子材料市场规模超 2 万亿美元。无机非金属材料门类较多,一直占有特殊的地位,其中一些传统材料资源丰富,性能价格比在所有材料中最有竞争力。20 世纪中后期,通过合成原料和特殊制备方法,制造出一系列具有不可替代作用的功能材料和先进结构材料,如电子陶瓷、铁氧体、光学玻璃、透明陶瓷、敏感及光电功能薄膜材料等。先进结构陶瓷由于高硬度、耐高温、耐腐蚀、耐磨损及质轻等特点,在能源、信息等领域具有广泛的应用,成为近三四十年来研究的热点,且用途还在不断扩大。

(2)基础学科发展为材料科学理论体系的形成打下了坚实的基础。量子力学、固体物理、断裂力学、无机化学、有机化学、物理化学等学科的发展,以及现代分析测试技术和设备的更新,使人类对物质结构和物理化学性质有了更深层次的理解。同时,冶金学、金属学、陶瓷学、高分子科学等的发展也对材料本身的研究大大加强和系统化,从而对材料的组成、制备、结构与性能,以及它们之间的相互关系的研究也越来越深入系统。

(3)学科理论的交叉融合日益突出。在"材料科学与工程"学科确立以前,金属材料、无机非金属材料与高分子材料等都已自成体系。但人们在长期研究中发现,它们在制备和使用过程中许多概念、现象和变化都存在着颇多相似之处。例如,相变理论中,马氏体相变最初是金属学家所建立,广泛用来作为钢的热处理理论。后来氧化锆增韧陶瓷中也发现了马氏体相变现象,并作为陶瓷增韧的一种有效方法。又如缺陷理论、平衡热力学、扩散、塑性变形和断裂机理、表面与界面、晶态和非晶态结构、电子的迁移与束缚、原子聚集体的统计力学等的概念,常常可以用来解释不同类型材料。

(4)各类材料的研究设备与生产手段颇具共同之处。虽然不同类型的材料各有其专用设备与生产装置,但许多方面仍然是相同或相近的,如显微镜、表面测试、物理化学及物理性能测试仪器等。在材料生产中,许多加工装置也有通用之处,如挤压机对金属材料可以用来进行成型或冷加工硬化;而某些高分子材料,在采用挤压成丝工艺以后,可使其比强度和比刚度大幅度提高;随着粉末成型技术和热致密化技术的发展,粉末冶金和现代陶瓷制造已经很难找出明显的区别。

(5)以应用为目的的材料设计打破了不同材料间的界限。在长期的研究中,人们发现,使用不同类型的材料可以相互代替和补充,更能充分发挥各种材料的优越性,达到物尽其用的目的。复合材料在多数情况下是不同类型材料的组合,特别是出现超混杂复合材料以来更为如此。如果对不同类型材料没有一个较全面的认识，对复合材料的设计及性质的理解就必然受到影响。

材料科学在科技进步中的作用极为关键。例如，材料的比强度从1800年至2000年间提高了100万倍，直接的显著作用之一是改进了飞机的设计，使公共航空运输成本大幅降低的同时成倍提升了乘坐安全性；刀具材料切削速度在同时期提高了200余倍，使高效加工和制造工艺极大降低了成本；集成电路自1958年问世到21世纪90年代中期，器件尺寸缩小了100万倍，芯片价格下降了100万倍(图1-2)，这主要是由于单晶硅片直径增加、线宽变小、合格率提高，使微电子技术、计算机技术、通信技术等发生了质的飞跃，进而引起经济、社会的巨大变化。

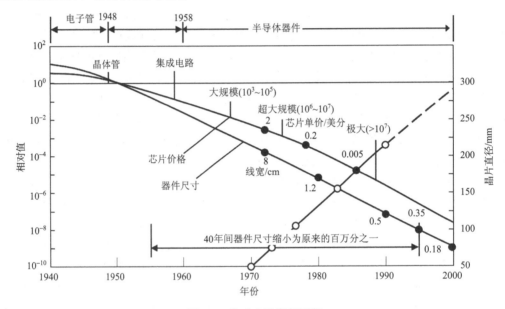

图1-2 集成电路发展历程

同时，科技进步又促进了材料科学的自身发展。首先是应用需求的牵引作用，这是材料科学发展的最重要的推动力。例如，信息技术的发展，从电子信息处理发展到光电子信息处理，再到光子信息处理，需要一系列材料作基础，这包括光电子材料、非线性光学材料、光波导纤维、薄膜与器件等。又如能源工程技术的发展，要求材料能耐受更高温度、具有更高可靠性以及寿命可预测的性质，以提高效率，改善环境，同时也要求更好的耐磨损、耐腐蚀性等，这些要求都对材料科学提出了大量的研究问题。

其次是对多学科交叉的推动作用，材料科学本身就具有多学科交叉渗透的特征，包含着丰富的内涵。例如，材料的组分设计与合成，涉及许多化学学科的分支，包括高温过程的热力学、动力学以及在温和条件下的仿生合成等。当研究材料的微观结构与性能的关系时，涉及物理学，特别是凝聚态物理，同时也涉及非连续介质微观力学等学科。

现代科学技术的发展具有学科间相互渗透、综合交叉的特点，科学和经济之间的相互作用，正推动着当前最活跃的信息科学、生命科学和材料科学的发展，也促使了一系列高新技术和高性能材料的诞生。如信息功能材料是当代能源技术、信息技术、激光技术、计算机技术、空间技术、海洋工程技术、生物工程技术的物质基础,是新技术革命的先导。高温结构材料是人类遨游太空的基础材料。毫米时代人类发明了拖拉机,微米时代人类发明了计算机,纳米时代人类将会创造出更大的辉煌。21世纪的人类科学技术,将以先进材料技术、先进能源技术、信息技术和生物技术等四大学科为中心,通过其相互交叉和相互影响,为人类创造出完全不同的物质环境。未来的材料,将是与生物和自然具有良好的适应性、相容性和环境友好的材料。因此,性能不断提高、来源越来越广泛、能满足人类生活和社会日益增长需要的新材料,将会以更快的速度、更高的质量获得发展。

虽然"材料科学与工程"学科在过去几年取得了巨大进步,但技术挑战依然存在。开发更为精细、特殊应用的材料以及考虑材料生产对环境的影响,还需要更多的材料科学与工程技术的支撑。从这个层面来说,将"材料科学与工程"学科分为"材料科学"与"材料工程"两个分支学科更利于材料学习。这是因为材料科学的核心问题是结构与性能的关系。一般地说,科学是属于研究"为什么"的范畴。材料科学的基础理论体系,能为材料工程提供必要的设计依据,为更好地选择材料、使用材料、发挥材料的潜力、发展新材料等提供理论基础,并可以节省时间、提高可靠性和质量、降低成本和能耗、减少对环境的污染等。

材料工程属于工程性质的领域,而工程是属于解决"怎样做"的问题。其目的在于经济地而又能为社会所接受地控制材料的结构、性能和形状。材料工程的研究需要对材料进行5个判据的考虑,即经济判据、质量判据、资源判据、环保判据、能源判据。

材料科学和材料工程是紧密联系、互相促进的。材料工程为材料科学提出了丰富的研究课题,材料工程技术也为材料科学的发展提供了客观物质基础。材料科学和材料工程间的不同主要在于各自强调的核心问题不同,它们之间并没有一条明显的分界线,在解决实际问题时,很难将科学因素和工程因素独立出来考虑。因此,人们常常将二者放在一起,称为"材料科学与工程"。

"材料科学与工程"有以下几个特点:

(1)材料科学是多学科交叉的新兴学科。对于每一类材料而言,其本身即可归属于某一学科。如与金属材料有关的物理冶金和冶金学等,有机高分子材料传统上是有机化学的一个分支,陶瓷材料则是无机化学中的一部分,都积累了丰富的专业知识和基础理论。此外,材料科学与许多基础学科还有不可分割的关系,如固体物理学、电子学、光学、声学、固体化学、量子化学、有机化学、无机化学、胶体化学、数学与计算科学等。作为正在发展中的生物材料,当然脱离不开生物学,乃至医学。因此,材料科学的边界并不固定,其范围随科学技术的发展而不断变化,研究对象的内涵也在变化。因此,材料科学工作者既要有广阔而坚实的基础知识,也要有因需要而变更研究课题的能力和素质。

(2)材料科学与工程技术有不可分割的关系。材料科学研究材料的组织结构与性能的关系,从而发展新型材料,并合理有效地使用材料;但是一个新型材料想要实现商品化,必须以材料工程角度,设计出一条经济优化的工艺流程。反之,工程要发展,也需要研制出新的材料才能实现。因此,材料科学与工程是相辅相成的。广义而言,控制材料的微观结构也是一种工程,例如,分子工程是发展高分子材料最重要的手段,界面工程是当前控制陶瓷材料和复合材料韧性、结合力的一个有效途径。

(3)"材料科学与工程"有很强的应用目的和明确的应用背景，这和材料物理有重要区别。研究材料中的基本规律，目的在于为发展新型材料提供新途径和新技术、新方法或新流程；或者为更好地使用已有材料，充分发挥其作用，进而能对使用寿命作出正确的估算。因此，"材料科学与工程"是一门应用基础科学，它既要探讨材料的普遍规律，又有很强的针对性。材料科学研究往往通过具体材料的研究找出普遍性的规律，进而促进材料的发展和推广使用。

根据上述的学科性质，将"材料科学与工程"定义为：关于材料组成、结构、制备工艺与其性能及使用过程间相互关系的知识开发及应用的科学，用图 1-3 来表示。

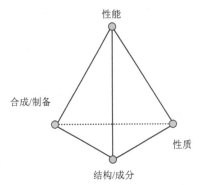

图 1-3　"材料科学与工程"的四要素关系

"材料科学与工程"所包括的内容，除了图 1-3 中四要素关系，还涵盖学科基础与应用对象。不仅要更容易看清材料科学与工程涉及的范围及相互关系，需要通过基础学科已有的知识指导材料成分、结构与基本性能的研究，还要通过工艺流程的发展和优化(制备与加工)生产出可供使用的工程材料。而工程材料在使用过程中所暴露的问题(气氛、温度、受力状态等环境影响因素)，再反馈到成分、组织结构与性能的研究，进而改进工艺过程，得到更为合适的工程材料，这里所指工程材料包括结构材料和功能材料。如此反复，使材料不断改进而更加成熟(使用性能)，如图 1-4 所示。这些都是"材料科学与工程"的研究内容。

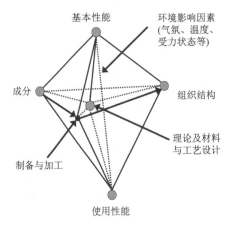

图 1-4　"材料科学与工程"的研究内容

1.4　集成电路材料科学与工程概述

进入 21 世纪以来,在经济全球化和社会信息化的背景下,国际制造业竞争日益激烈,对先进制造技术的需求更加迫切。云计算、大数据、移动互联网、物联网、人工智能等新兴信息技术与制造业的深度融合,正在引发对制造业研发设计、生产制造、产业形态和商业模式的深刻变革,科技创新已成为推动先进制造业发展的主要驱动力。集成电路产业不仅是信息化社会的基石,更是支撑经济社会发展和保障国家安全的战略性、基础性和先导性产业。

2014 年,国务院印发《国家集成电路产业发展推进纲要》,将集成电路产业发展上升为国家战略,明确了"十三五"期间国内集成电路产业发展的重点及目标。同年 9 月,国家集成电路产业投资基金设立,首期总金额超 1300 亿元。2018 年 3 月,政府工作报告在"实体经济"部分中提出"推动集成电路、第五代移动通信、飞机发动机、新能源汽车、新材料等产业发展"。集成电路产业排在实体经济第一位,集成电路产业迈进实体经济新征程。近几年,国内诸多地方响应国家战略,大力投资集成电路产业,比如合肥、泉州、厦门、成都等。目前产业布局主要集中在以北京为核心的京津冀地区、以上海为核心的长三角、以深圳为核心的珠三角及四川、重庆、陕西、湖北、湖南、安徽等中西部地区。近年来安徽省在晶圆制造、DRAM 内存芯片制造、晶圆凸块封测等方面取得突破。

集成电路材料作为集成电路产业链中细分领域最多的一环,贯穿集成电路制造的晶圆制造、前道工艺(芯片制造)和后道工艺(封装)整个过程,按照产业链主要分为衬底材料、工艺材料(包括光刻胶、掩模版、工艺化学品、电子气体、抛光材料、靶材)以及封装(测试)材料三大类(图 1-5)。

每种大类材料又包括几十种甚至上百种具体产品,细分子行业多达上百个。据 SEMI 统计,2018 年全球集成电路材料产业规模已超 600 亿美元,其中衬底材料、工艺材料和封装材料比例约为 1:2:2。从区域来看,我国自 2017 年以来已跃居第一大材料消费地区(图 1-6),且市场容量高速增长,显示出巨大的市场需求潜能。

按照演进过程,衬底材料可分为三代:以硅、锗等元素半导体材料为代表的第一代,奠定微电子产业基础;以砷化镓(GaAs)和磷化铟(InP)等化合物材料为代表的第二代,奠定信息产业基础;以氮化镓(GaN)和碳化硅(SiC)等宽禁带半导体材料为代表的第三代,支撑战略性新兴产业的发展。

目前硅已经成为应用最广的一种半导体材料。从半导体器件产值来看,2017 年全球 95% 以上的半导体器件和 99% 以上的集成电路采用硅作为衬底材料,而化合物半导体市场占比在 5% 以内。从衬底市场规模看,2017 年硅衬底年销售约 87 亿美元,GaAs 衬底年销售额约 8 亿美元,GaN 衬底年销售额约 1 亿美元,SiC 衬底年销售额约 3 亿美元。硅衬底销售额占比达 85%,其主导地位仍不会动摇。

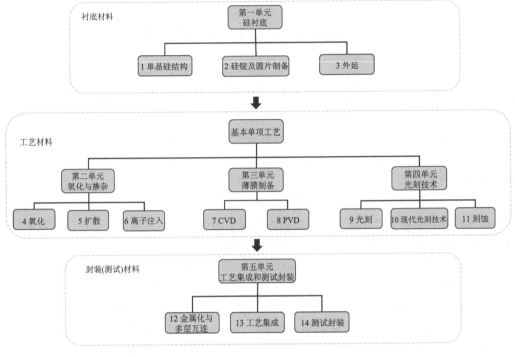

图 1-5　集成电路工艺与材料框架图

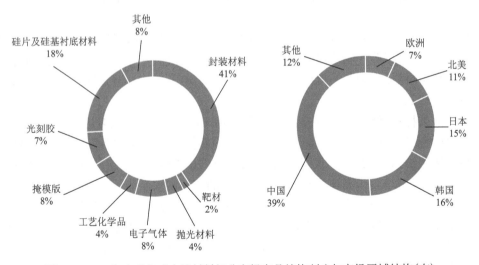

图 1-6　2017 年全球集成电路材料细分市场产品结构(左)与市场区域结构(右)

整体来说，国内企业在衬底材料方面的产能规模仍然较小，大尺寸晶圆生产能力不足，市场主要掌握在外资企业中。以 5G 芯片及其集成技术为代表的新兴差异化应用的发展需要多种关键衬底材料的支撑。除了硅片、化合物半导体以外，硅锗、硅基压电材料也是 5G 所需的关键材料。我国在这些高质量特殊衬底材料制备方面基础薄弱，相关产品尚处于实验室或中试阶段。因此，新型衬底材料及其内在物理机理的研究迫在眉睫。

工艺材料涉及面最广，如光刻环节需要使用掩模版和光刻胶及清洗用的各类湿电子化学品，刻蚀环节需要用到硅片、电子气体等。

全球光刻胶市场基本被日本 JSR、东京应化、住友化学、信越化学，美国罗门哈斯等几家大型企业所垄断，市场集中度非常高。国内芯片制造厂向 28 nm 以下更小节点不断发展，先进工艺对高端光刻胶的需求不断增大。但高端光刻胶因技术受卡，始终依赖进口，国产化率低。我国掩模版生产公司以外资为主，整体而言，国内企业掩模版加工能力有限，高端掩模版技术与国外先进水平差距较大。我国迄今仅有芯恩报道了在掩模基板和掩模保护膜相关领域的探索性布局。此外，掩模工艺中辅助光刻胶工艺的基础功能性材料同样依赖进口，"卡脖子"情况严重，急需开展高品质低熔点玻璃粉及助剂等关键工艺材料的研制。

电子气体从生产到分离提纯以及运输供应阶段同样都存在较高的技术壁垒，市场准入条件高，全球市场主要被几家跨国巨头垄断。美国空气化工、普莱克斯、德国林德集团、法国液化空气、日本大阳日酸株式会社等公司占据了全球电子气体 90% 以上的市场份额。国内电子气体企业的生产技术与国外存在较大差距，电子气体市场仍被外企主导。截至 2016 年底，美国空气化工、普莱克斯、日本昭和电工、英国 BOC 公司、法国液化空气、日本酸素等六家公司合计占据了我国电子气体 85% 的市场份额。虽然国内企业已经基本具备了生产部分高纯电子气体的能力，但是由于本土电子气体的生产和供应商规模较小，产品质量稳定性差，国内电子产品的包装、储运未能和现代电子工业的要求接轨等原因，目前大部分电子气体还不能全面进入集成电路领域。近年来虽然我国在抛光液领域取得了点的突破，但是整体上我国抛光液的国产化率约为 5%，主要为铜及其阻挡层抛光液、TSV 抛光液和硅的粗抛液，其他的 CMP 工艺抛光液(硅片精抛液，化合物半导体抛光液，14 nm 以下 FinFET 工艺抛光液，钴、铷等新金属互连材料的抛光液，STI 抛光液等)及其抛光磨料还是依赖进口。由此可见，对于典型工艺材料的长期研究、不断探索尤为重要。

封装材料与工艺主要包括芯片封装工艺流程、厚膜/薄膜材料与技术、焊接材料、印制电路、元器件与电路板的连接、封胶材料与技术、陶瓷封装、塑料封装、气密性封装、封装可靠性工程、封装分析以及先进封装技术等。以安徽省为例，通富微电子有限公司发展快速，技术先进性逐步发挥，主要经济指标大幅增长。其采用的高密度技术，在战略上将传统封装做大做强，形成成本优势。合肥新汇成微电子有限公司晶圆凸块封测项目(一期)于 2017 年 4 月正式投产。合肥晶合集成电路有限公司 12 英寸制造线开始量产。安徽富芯微电子有限公司 5 英寸 IDM 产线量产。合肥长鑫集成电路有限公司 DRAM 内存芯片制造项目进展顺利。华进半导体晶圆级扇出型封装产业化项目和 COF 半导体显示芯片封测项目等落户合肥，将为合肥封测业发展注入新的动力。

随着层叠封装、系统级封装及多维封装等新型封装技术的发展，芯片的集成度越来越高。如芯片封装的可塑性绝缘介质灌封固定工艺，需要基岛焊接和特定聚合物作为支撑材料；如 3D 封装在封装体内垂直堆叠多层芯片，加剧了热量的局部聚集，因此如何解决高散热已成为现阶段集成电路封装面临的首要挑战。随着电子器件朝着高频高速、多功能、高性能和高可靠性方向发展，热管理材料在新一代电子封装材料中发挥着越来越重要的作用，如热界面材料、塑封塑料、导热脂、焊接材料、基板材料等。

　　目前，高性能集成电路散热材料约 95%依赖于国外进口，主要是住友化学、三井株式会社等日本企业提供。高效热管理材料逐渐成为集成电路封装领域的重要战略物资，急需国产化。聚合物具有质量轻、加工方便、成本低、绝缘性好等优点，在目前封装材料中占主导地位，但其自身的热导率仅有 0.2 W/(m·K) 左右，开发具有优异高导热的聚合物基复合材料是未来的发展趋势。大部分企业主要是在现有进口散热材料基础上，偏重封装工艺的优化设计，较少整体考虑散热问题的解决方案和新型材料的设计应用。因此，迫切需要结合新型热管理材料的研究开发，开展相应的集成电路封装技术的设计与应用研究，提供高效散热的系统解决方案。

　　随着集成电路技术节点的不断进步，对于所用原材料的纯度、尺寸及一系列物理化学性质的要求越来越严格，原材料的成本也随之提升，原材料市场规模不断上升。同时，集成电路使用的材料种类层出不穷，材料成分也更复杂，集成电路性能的提升越发依赖材料技术的底层创新。

　　尽管我国集成电路材料产业持续壮大，但相对我国市场的需求和发展，材料自给能力还远远不够。近几年，受国家政策支持以及国内市场需求的双重驱动，我国集成电路材料发展到了一个新的高度，关键材料实现从无到有，产业增长进一步加快，培育了一批富有创新活力、具备一定国际竞争力的骨干企业。根据集成电路材料和零部件产业技术创新战略联盟(ICMTIA)统计，我国集成电路材料营收十年翻两番，江丰电子、安集微电子等公司的溅射靶材和抛光液等上百种关键材料通过大生产线认证进入批量销售，打入国内外先进芯片厂供应链。但是，我国集成电路材料还很弱小，自主可控和参与国际竞争能力远远不足，主要产品还集中在中低端，高端产品严重依赖进口，"卡脖子"问题严峻(图 1-7)。根据工信部对 30 多家大型企业 130 多种关键基础材料调研结果显示，32%的关键材料在我国仍为空白，52%依赖进口。集成电路材料遭"卡脖子"，严重制约我国集成电路产业健康发展。

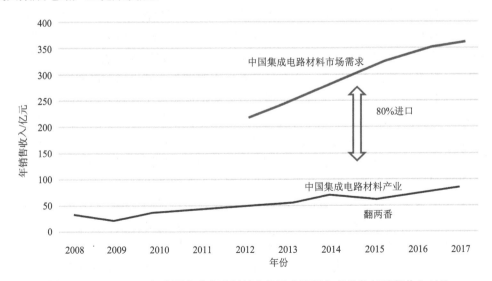

图 1-7　2008～2017 年我国集成电路材料市场需求及国产半导体年销售收入对比

从"材料科学与工程"学科和研究内容的角度,集成电路材料的核心内容与其他领域材料并没有区别。基于集成电路材料的"要素四面体"(性能-化学成分-合成工艺-微观结构)研究是其设计、开发、优化和工程化应用的基础。但集成电路材料更凸显"料要成材,材要成器,器要好用"这一工程内涵。

在第 2、3 和 4 章中,将结合集成电路材料的特点,讲述材料结构基础、材料组成与结构、材料的性能三部分的材料科学与工程基础内容,再过渡到集成电路材料与制备工艺(第 5 章),以"器要好用"(集成电路衬底、工艺、封装材料制备、成型加工与制造工艺)为引,讲述集成电路材料的种类、制备原理和关键工艺,以及特定条件下的材料性能,重点理解集成电路材料的合成加工,微观结构与其性能的关系,启发性研究集成电路材料从合成到服役的全过程,阐述怎样将原材料转变成有用的集成电路构(部)件或设备。

习 题

1. 什么是材料科学?材料科学与工程的特点和主要研究内容是什么?

2. 按其组成和结合键的性能,材料分为哪几类?每类有哪些特点?

3. 我国集成电路领域关键材料遭"卡脖子"。试着从"材料科学与工程"学科和研究内容的角度,结合材料研究的"要素四面体",谈一谈如何实现集成电路关键材料及技术的底层创新,以及集成电路材料凸显"料要成材,材要成器,器要好用"的工程内涵。

第2章 材料结构基础

本章与第 3 章主要介绍材料结构和组成的普遍原理，第 4 章重点讲解材料的性能，在此过程中，结合集成电路关键材料认识和研究各类材料在结构和性能方面所表现出来的个性和共性。

2.1 物质的组成与状态

物质组成了世界。物质有两大类型，即物体和场(引力场、电磁场、核力场等)。日常所见到的物体以三种状态——固态、液态和气态的形式存在于自然界。除此之外还有高空的等离子态，地球内部高温高压作用下的塑态等状态。

自然界中所有的物体都是由化学元素及其化合物组成的，即由原子和分子组成。由于原子的排列状态及相互作用的不同，物体便表现出各种形态。在人们已发现的元素中，有的以固态形式存在，有的则以液体或气态形式存在。

物质按其状态可分为固体、液体和气体。这完全是由于它们之间原子或分子结构的不同而产生的。当原子或分子之间相距较远、相互之间的作用力较小时，则原子或分子的运动显得非常自由，此时原子或分子的排列没有规则，客观上表现出物质既没有一定的形状，也没有一定的体积，此时物质为气体形态。当原子间力(或分子间力)较大而使原子或分子之间不能轻易脱离时，又未强制限制原子或分子的自由运动，此时分子或原子的排列出现局部有序的现象，宏观的物质表现为有一定的体积但无一定的形状，这种形态称为液体。当原子间力(或分子间力)非常强大足以使原子或分子不能自由运动，迫使它只能在某一平衡位置作振动时，物体表现为具有一定的形状，又有一定的体积，此时物体的状态称为固体。处于固体的物质其原子或分子的排列既可以是有规则的，也可以是无规则的。固体分为晶体与非晶体两大类。

2.2 材料的原子结构

固体材料的一些重要性质既取决于原子的几何排列，也取决于原子或分子之间的相互作用。本节将着重介绍一些重要的基本概念，包括原子结构、原子中的电子构型和元素周期表，以及固体物质各种形式的原子间的主价键和次价键。

2.2.1 基本概念

每个原子由很小的原子核和环绕原子核运动的电子构成，原子核由质子和中子构成。电子和质子均带电荷，电荷的大小为 1.6×10^{-19} C，质子带正电，电子带负电，中子是电中性的。这些亚原子粒子的质量极小，质子和中子质量差不多，为 1.67×10^{-27} kg，

远大于电子质量 9.11×10^{-31} kg。

每个化学元素是由原子核中的质子数大小定义的，称为原子序数(Z)。对于完整的原子(电中性)，原子序数等于核外电子数。原子序数为整数。

每个原子的原子质量(A)用原子核里质子与中子质量之和表示。虽然所有给定元素的质子数是相同的，但中子数(N)可以变化。质子数相同而中子数不同的元素称为同位素。某元素的原子量是自然界现存的该元素包括同位素在内的原子质量的平均值。原子质量单位可用于计算原子量。一个原子质量单位被定义为碳元素原子质量(A=12.00000)的 1/12。

$$A \cong Z + N \qquad\qquad (2.1)$$

元素的原子量或化合物的分子量用每个原子或分子的原子质量或每摩尔物质的质量来表示。1 mol 物质有 6.022×10^{23}(阿伏伽德罗常数)个原子或分子。

例如，铝的原子量为 26.98 或 26.98 g/mol。有时用原子量比较方便，但在一些情况下用 g/mol(或 kg/mol)则更合适。

2.2.2　原子中的电子

1. 原子模型

19 世纪末期，人们发现涉及固体材料中电子的许多试验现象，无法用经典力学解释。而量子力学的建立可以用于解释原子和亚原子实体的原理和规律。了解原子和晶体中电子的行为必然涉及量子力学概念的讨论。详细地解释量子力学原理超出了本书的范围，这里只做一些简要的介绍。

在量子力学诞生的初期，出现了简化的波尔原子模型，波尔原子模型是假设电子在它们各自的固定轨道上围绕原子核运行，所有电子都在其对应的轨道上。该原子模型如图 2-1 所示。

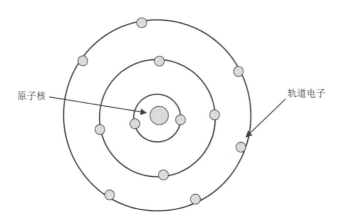

图 2-1　波尔原子模型示意图

量子力学的另外一个重要原理是电子的能量是量子化的，即能量值不连续，只能为某特定的值。电子的能量可以改变，能量改变时必须发生量子跃迁，要么到更高能级(吸收能量)，要么到更低的能级(放出能量)。通常把电子能量与能级或能态联系起来考虑。这些能态不是连续改变的，即相邻的能级被一定能量隔开。因此，波尔模型代表了人们早期按照位置(电子轨道)和能量(量子化的能级)来描述原子中的电子的一种表达。

人们发现用波尔原子模型解释涉及电子的一些物理现象仍然具有局限性。后来通过波动力学原子模型成功解决了这一问题。在波动力学原子模型中，电子呈现波动和粒子两象性。电子的运动不再是在固定的轨道上，而是被认为电子在原子核外各位置上出现的概率，即位置通过概率分布和电子云描述。

2. 量子数

原子中的每个电子都可以用波动力学中的四个参数，即量子数描述。电子概率密度(或者轨道)的大小、形状和空间位向均由该量子数中的三个量子数决定。波尔能级可以分裂成电子亚壳层，量子数表示每一个亚壳层的状态数目。通常用主量子数 n 表示电子壳层。n 为整数，从 1 开始，分别取 $n=1, 2, 3, 4, 5\cdots$有时这些能级也可以用字母 K, L, M, N, O$\cdots$分别表示 $n=1, 2, 3, 4, 5\cdots$时的状态。只有主量子数与波尔模型有关联。主量子数的大小与电子距核远近，即位置有关，n 越大，能级越高。

第二个量子数角量子数 l 表示次能级(电子亚壳层)，分别用小写字母 s、p、d、f 来表示次能级电子云的形状。此外，次能级上的次量子数受到主量子数 n 大小的限制。对于次能级的能态数由第三个量子数 m_l 决定。处于 s 状态的电子，只有一个能级态，而对于 p、d、f 次能级上的电子，则分别有 3、5、7 种能级状态存在。

电子除绕核运动外，还有自旋运动，有向上和向下两种方向。第四个量子数自旋量子数 m_s 用来确定电子的自旋方向，只能取 1/2(自旋向上)或–1/2(自旋向下)，每个值表示一种方向。因此，波动力学引入了三个新量子数来描述每个能级的电子次能级态，使波尔模型进一步完善。

图 2-2 是用波动力学模型描述的一个完整的各主能级和次能级的能级图。首先，主量子数越小，能级越低，例如，1s 能级小于 2s 能级，2s 能级小于 3s 能级。其次，在每个能级层，次能级层的能量随量子数 l 值的增大而增加，例如，3d 能级高于 3p 能级，3p 能级高于 3s 能级。最后，在相邻的能级之间还存在能量大小重叠的现象，特别是 d 和 f 能级，例如，3d 能级高于 4s 能级。

3. 电子构型

前面主要讨论了电子态允许电子填充的能级。为了决定电子填充这些能态的方式，要应用另一量子力学概念——泡利不相容原理。该原理说明每个电子能级态只能容纳不超过两个电子，且必须是自旋相反的。于是 s、p、d、f 轨道可以分别容纳 2、6、10 和 14 个电子。

当然，原子中不是所有的能级都填充满了电子。对大多数原子，电子只占据尽可能低的能态和次能态，每个能态只容纳两个自旋相反的电子。遵从能量最低原理从低到高填充，两个自旋方向相反的电子占据一个能态。当所有电子占据了能量最低的状态，该原子即处于基态。电子可以跃迁到较高能态。电子构型可以表示这些能级被电子填充的

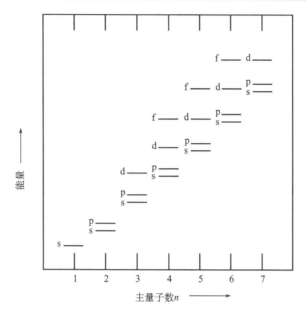

图 2-2　不同壳层和亚壳层电子的相对能级示意图

方式。每个次能级上的电子数用次能级字母上标的数字表示。例如，氢、氦、钠的电子构型分别为：$1s^1$、$1s^2$、$1s^2 2s^2 2p^6 3s^1$。

　　电子构型及表达十分必要。价电子是占据原子最外层轨道的电子。这些电子是极其重要的，因为它们参与成键形成原子和分子团。许多固体物质的物理和化学性质都与这些价电子有关。

　　一些原子具有"稳定的电子构型"结构，最外电子层即价电子层是全充满的。如氖、氩、氪等，通常最外电子层 s、p 轨道上总共有 8 个电子。氦是例外，它只有两个 1s 电子。这些元素（氦、氖、氩、氪）都是不活泼的惰性气体，实际上不参与化学反应。而某些元素的原子通过失去或获得电子得到稳定的电子构型形成带电的离子，或与其他原子共用电子形成稳定的电子排布。这些就是化学反应的基础，也是固体原子键的基础。

　　在特殊情况下，s 和 p 轨道结合形成杂化的 sp^n 轨道，这里 n 代表 p 轨道的数量，分别可以取 1、2、3。元素周期表（见下小节）中 ⅠA、ⅣA 和 ⅤA 族元素最可能形成杂化轨道。形成杂化轨道的驱动力是杂化可以降低价电子的能量。对于碳元素，sp^3 杂化在有机和聚合物化学中具有重要意义。聚合物中 sp^3 杂化轨道的形状是四面体结构，每两条链的夹角为 109°。

4. 元素周期表

　　元素周期表是按照电子构型对所有元素进行的分类排列。元素周期表里的元素按原子序数从小到大进行排列，共有 7 行，每行为一个周期。每列或族上的元素具有相似的价电子结构，以及相似的化学和物理性质。在每个周期水平方向，这些性质呈现周期性的变化。

　　位于最右边的 0 族元素是惰性气体，最外层填满了电子，具有稳定的电子构型。ⅦA 和ⅥA 族分别是缺一个和两个电子就变为稳定结构的元素。ⅦA 族元素（F、Cl、Br、I

和 At)也叫卤素元素。元素周期表 I A 和 IIA 族分别为碱和碱土金属，分别失去一个和两个电子即变为稳定结构。在 3 个长周期元素中，IIIB 到 IIB 族为过渡金属，部分填充了 d 电子。IIIA、IVA、VA 族(B、Si、Ge、As 等)的元素由于它们的价电子结构，呈现出金属和非金属间的性质。

元素周期表中金属元素也叫电正性元素，它们容易失去外层较少的价电子变为正离子。而位于周期表右边的是电负性元素，它们容易获得电子变为负离子。有时它们也与其他原子共用电子。电负性大小的一般规律是从左到右、从下到上增加。如果原子最外电子层的电子接近饱和，它们更容易接受电子，外层电子距离原子核越近，受到的"屏蔽"越小，接受电子的能力越强。

2.3 原子间相互作用和结合

2.3.1 键合力与键能

材料的许多物理性质可以通过把原子结合在一起的原子键力来解释。原子键力的原理，可以通过两个隔离的原子从无限远处彼此相互靠近时它们之间的相互作用来说明。当距离很大时，相互作用力可以忽略不计；当靠近时，每个原子就会把力作用在其他原子身上。这种力分成吸引力和排斥力两种，其大小是原子间距离大小的函数。吸引力 F_A 与两个原子之间键合类型有关，它的大小随距离而改变，如图 2-3(a)所示。

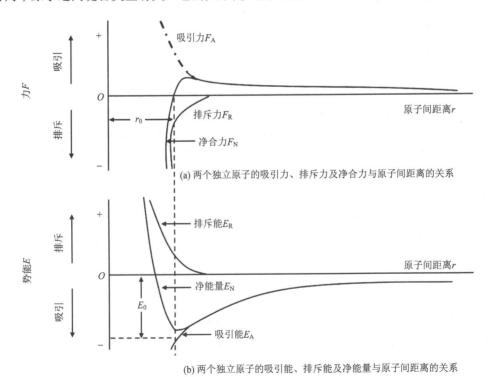

(a) 两个独立原子的吸引力、排斥力及净合力与原子间距离的关系

(b) 两个独立原子的吸引能、排斥能及净能量与原子间距离的关系

图 2-3 两个独立原子的力、势能与原子间距离的关系

当两个原子的外围电子层出现重叠时，排斥力 F_R 开始起作用。两原子的净合力 F_N 为吸引力和排斥力之和，即

$$F_N = F_A + F_R \tag{2.2}$$

净合力 F_N 也是原子间距离的函数，如图 2-3（a）。当 F_A 和 F_R 相等时，没有净合力，即

$$F_A + F_R = 0 \tag{2.3}$$

此时是一种平衡状态，两原子中心之间的距离 r_0 为平衡距离。对大多原子，r_0 约为 0.3 nm。在此位置，任何试图将两个原子分开的力都会受到原子间吸引力的抵抗，同样任何试图将两个原子拉近的力都会被原子间的斥力所抑制。

相比原子间作用力，用两个原子间的势能表示原子结合作用更为方便。能量(E)和作用力(F)数学上的关系为

$$E = \int F \mathrm{d}r \tag{2.4}$$

对于原子体系：

$$E_N = \int_\infty^r F_N \mathrm{d}r \tag{2.5}$$

$$E_N = \int_\infty^r F_A \mathrm{d}r + \int_\infty^r F_R \mathrm{d}r \tag{2.6}$$

$$E_N = E_A + E_R \tag{2.7}$$

式中，E_N、E_A、E_R 分别为两个独立的相邻原子间的净能量、吸引能和排斥能。

图 2-3（b）画出了吸引能、排斥能和净能量与两原子间距离的关系。同样，平衡距离 r_0 对应于势能曲线的极小值。原子间的平衡键能 E_0 就是相应于该点的能量，它表示把两个原子分开到无限远处所需要的能量。

以上只研究了两个原子存在的理想状态，然而类似的但更为复杂的情况常出现在固体材料中，所以必须考虑许多原子存在时的相互作用力和能量。与上面讨论的 E_0 类似，键能与每个原子都有关。键能的大小以及键能与原子距离大小的关系曲线随材料(原子键的类型)不同而改变。材料许多性质也取决于 E_0、曲线形状和键的类型。例如，常温下具有较大键能的固体材料通常有较高的熔点，气体有较小的键能，液体的键能则介于两者之间。材料的力学硬度(即弹性模量)也取决于构成材料的原子间作用力与原子间距离的曲线关系。较硬的固体材料的原子间作用力与原子间距离的曲线的波谷较深，而较软的材料则波谷较浅。许多材料的热胀冷缩(即它的线性热膨胀系数)也与它的 E_0-r_0 曲线形状有关。深且窄的 E_0-r_0 曲线形状的材料键能较高，有较低的热胀系数，温度变化时，尺寸变化较小。

固体材料有三种不同类型的主要的化学键：离子键、共价键和金属键。每种键的类型都与价电子有关。也就是说，键的性质取决于构成原子的电子结构。一般说，这三种键的形式都与原子构成物质时趋向获得稳定的电子结构相关，就像惰性气体，最外层电子层被全填满的状态。

在许多固体材料中，也发现了次价键，称为二次键或物理键。与主价键相比，次价键较弱，但是也会影响材料的一些物理性质。

2.3.2　主价键

1. 离子键

离子键是较容易描述和想象的。离子键化合物由元素周期表水平线两端的金属和非金属元素构成。金属元素容易失去它们的外层价电子给非金属元素。这一过程使得金属和非金属的所有原子获得稳定的结构，即惰性气体结构，并且变为带电的离子。氯化钠是典型的离子键材料。这时钠原子具有氖的电子结构(带一个正电荷)，失去一个 3s 价电子给氯原子。经过电子转移，氯离子带一个负电荷，电子构型与氩相同。在氯化钠中，所有钠和氯以离子形态存在。

离子键的吸引力是库仑力，即正负电荷通过静电吸引相互结合在一起。对两个分开的离子，吸引能 E_A 是原子间距离的函数，遵从以下关系：

$$E_A = -A/r \tag{2.8}$$

排斥能 E_R 为

$$E_R = B/r^n \tag{2.9}$$

式中，A、B、n 是与离子体系有关的常数。n 值约等于 8。

离子键没有方向性，键的大小在任何方向都是相同的。离子键十分稳定，在三维方向所有正离子与负离子都相邻。陶瓷材料就是典型的离子键材料。陶瓷材料在集成电路产业中的工艺和封测两大环节中，应用较多，如用于 PN 结保护的玻璃粉和用于双列式或针格式密封的硼硅酸玻璃材料。

离子键的键能相对较大，一般为 600~1500 kJ/mol(相当于 3~8 eV/atom)，因此离子键材料具有较高的熔点。表 2-1 列出了几种离子键材料的键能和熔点。离子键材料通常硬度高，脆性大，导电和导热能力差。正如下一章将要讨论的，离子键材料的这些特性直接与它们的电子构型和/或离子键的性质有关。

表 2-1　一些物质的键能和熔点

主价键	物质	键能/(kJ/mol)	熔点/℃
离子键	NaCl	640	801
	Lif	960	848
	MgO	1000	2800
	CaF$_2$	1548	1418
共价键	Cl$_2$	121	−102
	Si	450	1410
	InSb	523	942
	C(钻石)	713	>3550
	SiC	1230	2830

续表

主价键	物质	键能/(kJ/mol)	熔点/℃
金属键	Hg	68	−39
	Al	330	660
	Ag	285	962
	W	850	3410
范德华键*	Ar	7.7	−189 (@ 69 kPa)
	Kr	11.7	−158 (@ 73.2 kPa)
	CH_4	18	−182
	Cl_2	31	−101
氢键**	HF	29	−83
	NH_3	35	−78
	H_2O	51	0

*、**的值是分子或原子(分子间)之间的能量,不是分子内部(分子内)原子之间的能量。

2. 共价键

共价键中稳定的电子构型由相邻原子间共用电子对来实现。构成共价键的两个原子,每个至少要拿出一个电子形成共价键,共用的电子属于两个原子。共价键具有方向性,只能在一定方向上与共用电子的相邻原子形成共价键。

许多非金属元素分子(H_2、Cl_2、F_2 等)和一些分子(CH_4、H_2O、HNO_3、HF 等)是共价键材料。共价键也存在于一些元素构成的材料中,如金刚石(碳)、硅、锗以及元素周期表右侧的元素构成的化合物,如砷化镓(GaAs)、锑化铟(InSb)和碳化硅(SiC)等。

共价键的数量可以通过组成共价键的原子的价电子数计算得到。一个原子如果有 N' 个价电子,它最多可以与($8-N'$)个其他原子形成共价键。如氯原子有 7 个价电子,它最多可以与 1($8-7=1$)个其他原子形成共价键,例如 Cl_2。同样,碳原子有 4 个价电子,每个碳原子有 4($8-4=4$)个价电子可以共用。金刚石是一种三维方向碳原子之间简单相连的结构,每个碳原子与它相邻的 4 个碳原子共用 4 个电子。

共价键,如金刚石很强、很硬且具有很高的熔点,熔点>3550℃;共价键,如铋较弱,熔点仅为 270℃。聚合物是典型的共价键材料,其基本分子结构聚合物长链上,每个碳原子与其他两个碳原子形成共价键。通常剩下的两个键与其他原子也形成共价键。

事实上,只有很少的化合物是纯的离子键或共价键,化合物中离子键和共价键各占一部分是完全可能的。对于某种化合物,一种键所占分量取决于构成该化合物的原子在周期表中的位置和元素电负性值的大小差异。两者在元素周期表中无论水平或垂直方向隔得越开,从左下角到右上角隔得越远(即电负性值相差越大),则该化合物的离子键程度越高。反之,如果两者在周期表中靠得越近,电负性值相差越小,则该化合物的共价键程度越高。元素 A、B 构成的键的离子键百分含量可以表示为

$$离子键\% = \left\{ 1 - \exp\left[-(0.25)(X_A - X_B)^2 \right] \right\} \times 100\% \tag{2.10}$$

式中，X_A、X_B 分别是 A、B 元素的电负性值。

3. 金属键

最后一种主价键是金属键。金属和它们的合金中的成键都属于金属键。金属键结构可以用一种比较简单的模型来说明(图2-4)。金属键材料有一个或两个，最多三个价电子。在金属键模型中，这些价电子并没有束缚在任何特定的金属原子周围，而是在整个金属中自由地漂移。这些电子属于整个金属，形成所谓"电子海"或"电子云"。其余的非价电子和原子核形成所谓"离子核"，带净电的正电荷，大小等于单位原子总价电子所带电荷。自由电子靠静电排斥力把带正电的离子核相互隔离开，并充斥在金属离子核的周围，因此，金属键没有方向性。此外，这些自由电子又像"胶"一样把离子核粘在一起。表 2-1 列出了几种金属的键能和熔点。金属键键能有弱有强，范围从汞的 68 kJ/mol (0.7 eV/atom)到金属钨的 850 kJ/mol(8.8 eV/atom)。它们的熔点分别为–39℃和3410℃。

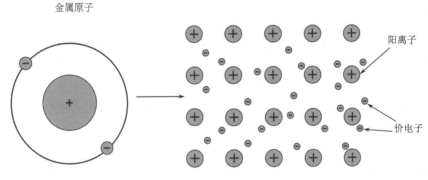

图 2-4　金属键示意图

元素周期表中，IA 和 IIA 族元素中都可以发现金属键。所有金属元素单质中都存在金属键。各种材料(如金属、陶瓷、聚合物)的基本性质可以用化学键的类型来解释。例如，由于存在自由电子，金属具有良好的导电和导热性。反之，由于不存在大量自由电子，离子键和共价键材料都是典型的电和热的不良导体。在常温下，大多数金属和它们的合金都具有延展性，即它们要经历相当大的永久变形后才发生断裂。这种行为可以用变形机理来说明，实际上与金属键的特性有关。相反，在常温下，离子键材料是很脆的，这是由于组成离子键材料中带电荷性的离子引起的。

2.3.3　次价键

与主价键即化学键相比，次价键或者范德华力形成的键合作用，即物理键较弱，键能只有 4～30 kJ/mol(0.04～0.3 eV/atom)。实际上在所有原子和分子中都存在次价键。一般情况下如果存在某种主价键，次价键则是可以忽略不计的。但具有稳定电子构型的惰性气体分子之间存在明显的次价键，尽管它们的分子中存在的是共价键。

次价键的作用力由原子或分子的偶极子引起。实际上，只要原子或分子正负电荷中心不重合就会产生电偶极子。如图 2-5 所示，带相反电荷的相邻的电偶极子依靠库仑引力相互吸引形成次价键。电偶极子的相互作用发生在诱导偶极子之间、诱导偶极子与极性分子间(具有永久偶极子)以及极性分子之间。氢键则是一种特殊形式的次价键，其存在于一些具有氢原子的分子之间。

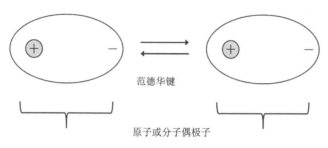

图 2-5　两个偶极子之间的范德华键示意图

1. 波动的诱导偶极子键

偶极子可以从电荷分布对称的原子或分子中产生或诱导产生。图 2-6(a)是电子在带正电的原子核周围呈空间对称分布的图形。由于所有原子都在经历不停地振动，这种运动会导致短暂的原子或分子中电荷分布的变形，产生小的电偶极子，如图 2-6(b)所示。这些偶极子又会影响相邻的原子或分子，导致相邻分子或原子电荷分布的变化，产生新的电偶极子，这些偶极子依靠弱的静电引力相互吸引结合在一起，这就是范德华键的一种形式。这些吸引力存在于大量的原子或分子之间，产生的力是暂时的，随时间而波动。

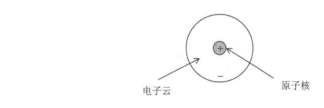

(a) 电荷对称原子示意图

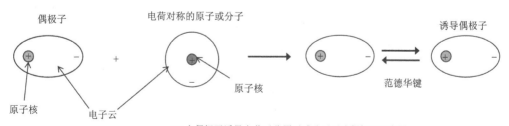

(b) 电偶极子诱导电荷对称原子或分子形成偶极子示意图

图 2-6　偶极子产生示意图

在某些条件下，惰性气体、电中性和对称的分子，如 H_2 和 Cl_2，之所以能实现液化和固化就是因为存在这种形式的键。诱导偶极子键起主要作用的材料的熔点和沸点都很低，在所有分子键合作用中，它是最弱的。表 2-1 也列出了氩和氯的键能和熔点。

2. 极性分子-诱导偶极子键

由于分子中正负电荷的不对称分布，永久偶极矩存在于某些分子中，这种分子叫作极性分子。图 2-7 是氯化氢(HCl)分子的示意图，永久偶极矩分别由 HCl 分子两端分别带正电的氢和带负电的氯作用产生。

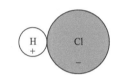

(a) HCl分子(偶极子)示意图

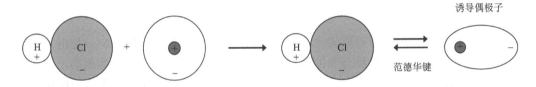

(b) HCl分子诱导电荷对称原子(或分子)形成偶极子示意图

图 2-7 极性分子-诱导偶极子产生示意图

极性分子可以诱导相邻的非极性分子产生偶极子，这样就会导致极性分子-诱导偶极子键的产生，形成吸引两个分子的作用力。极性分子-诱导偶极子键能比波动诱导偶极子键能大。

3. 永久偶极子键

范德华力也存在于相邻的极性分子之间。这种键能远大于诱导偶极子形成的键能。

最强的次价键是氢键，氢键是一种特殊的极性分子键。它出现在氢与氟(如 HF)、氧(如 H_2O)和氮(如 NH_3)共价成键的分子中。对于每个 H—F、H—O 或 H—N 键，氢原子的一个电子与其他原子共用。因此，在成键的氢原子末端实际上存在一个未被电子屏蔽的带正电的裸露质子。这种带强正电性的分子端对相邻的分子负电荷中心具有强烈的吸引力，如图 2-8 中的 HF 分子所示。本质上这个质子为两个带负电荷的原子之间搭了一座桥。氢键通常大于其他任何形式的次价键，如表 2-1 所示，可以达到 51 kJ/mol (0.52 eV/atom)。按照 HF 和 H_2O 的小分子量，它们不应有那么高的熔点和沸点，之所以如此，就是因为其中的氢键在起作用。

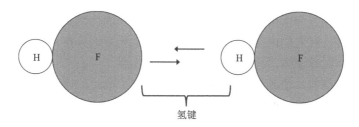

氢键

图 2-8 HF 中的氢键示意图

2.3.4 分子

分子定义为原子通过主价键结合在一起的原子团。离子键和金属键形成的固体可以认为是单分子。许多物质共价键起主要作用,包括双原子分子(氟气、氧气和氢气等),以及许多化合物(水、二氧化碳、硝酸、苯、甲烷等)。在凝聚态的液体和固体材料中,分子键是较弱的。因此,分子材料具有相对较低的熔点和沸点。由几个原子构成的小分子,大多数在常温和常压下是气体。许多高分子材料(聚合物)以固态形式存在,其一些性质取决于范德华键和氢键的存在。

以上几小节总结了原子结构基础,提出了电子在原子中的波尔和波动力学模型。波尔原子模型假设电子在它们各自的固定轨道上运行,而波动力学认为电子像波一样运动,电子的位置用概率分布描述。电子的能态按照量子数即电子所在的能级层或次能级层描述。电子在各能级层或次能级层的填充,即原子的电子构型,服从泡利不相容原理。元素周期表是按照各种元素的价电子构型对所有元素进行的分类排列。固体中的原子键可以按照吸引力和排斥力或吸引能和排斥能来定义。固体中的三种主价键是离子键、共价键和金属键。对于离子键,由于价电子从一个原子转移到另一个原子形成带电的离子,作用力是库仑力。相邻原子共用价电子形成共价键。在金属键中,价电子形成"电子海",均匀分布在金属离子核周围,并像"胶"一样把金属离子粘在一起。范德华键和氢键都是次价键,与主价键相比较弱。它们通过电偶极子产生的吸引力形成,有两种类型的电偶极子,即诱导偶极子和永久偶极子。当氢与非金属元素(例如氟)共价成键时,形成高极性的分子,就会产生氢键。这些原子结构基础在"量子力学""固体物理""无机化学"等课程和相关书目中有更详细的介绍,在此只做简述。

2.4 固体中原子有序

2.4.1 结晶体的特点与性质

自然界的物质中,晶体是非常广泛的存在形式。固体物质绝大多数是晶体。气体、液体和非晶物质在一定条件下也可以转变成晶体。晶体是由原子(或离子、分子)在空间周期性长程有序排列构成的固体物质。原子(或离子、分子)在晶体中按一定的间距及方位重复有序地出现于较长尺度空间,且这种排列具有三维空间的周期性。几乎所有金属、大部分陶瓷以及一些聚合物在其凝固时都要发生结晶,从而形成有序排列的晶体。结构简单、规整性高、相互间作用力强的组分易于结晶。在固体物质中有些是非晶体，如玻璃、塑料和松香等，在它们内部原子像液体那样杂乱无章地分布，基本没有周期性排列的规律，可以看作过冷液体，称为玻璃体或非晶态物质。

晶体的周期性结构，使晶体具有下列共同的性质：确定的熔点；自发地形成规则多面体外形的能力；稳定性，即晶体中的化学成分处于热力学上的能量最低状态；各向异性，即在晶体中不同的方向上呈现不同的物理性质；均匀性，即同一晶体各部分的宏观性质相同。所以晶体是一种均匀而各向异性的结构稳定的固体。晶体的均匀性来源于晶体中原子周期的排布，因其周期短，宏观观察分辨不出微观的不连续性。气体、液体和玻璃体也有均匀性，那是由于原子杂乱无章地分布，其均匀性来源于原子分布的统计规律。

按照键合的种类，可以将晶体划分为金属晶体、离子晶体、共价晶体和分子晶体四大类。

2.4.2 晶体学基础

固体材料可以根据原子或离子的空间排列是否有规律来分类。晶体材料是原子在很长一段距离都呈现周期性重复排列的一类物质，即存在长程有序，这种现象取决于固化，原子在三维空间竞争排列，每个原子与最相邻原子紧紧相连。所有金属、许多陶瓷和某些高分子在通常的固化条件下形成晶体结构。非晶体材料原子排列不符合长程有序性。这些非晶态及无定形材料在集成电路产业中也有广泛应用。

晶体固体的一些性质取决于它的晶体结构，也就是材料中的原子、离子或分子在空间排列的方式。很多不同的长程有序的晶体结构，从相对较简单的金属到较复杂的陶瓷和聚合物材料差异较大。

当描述晶体结构的时候，原子(或离子)被看作具有一定直径的实心小球的集合。这就是原子硬球模型，该模型中的硬球就是那些相互紧密靠在一起的原子。如图 2-9 所示的常见金属材料中的原子排列。在该例中，所有原子是相同的。这时，晶体结构要用到晶格这一术语。晶格代表与原子位置(球心)相一致的三维点的排列。

(a) 原子硬球模型

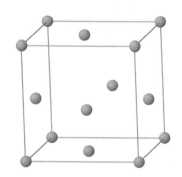

(b) 晶胞模型

图 2-9　金属材料示例

1. 晶胞

晶体固体中的原子有序排列是指一组原子形成的重复排列单元。在描述晶体结构时，把晶体划分成小的可重复的结构单位在理解时更为方便，这种结构单元叫晶胞。对大部分晶体，晶胞是平行六面体或棱柱，有三组平行的平面，从聚集的球体中可单独画出单位晶胞，如图 2-9(b)所示。选择单位晶胞可用来表示晶体结构的对称性，晶体中所有原子的位置可以沿着单位晶胞的边长的整数倍的距离找到。因此，单位晶胞是构成晶体结构的基本结构单位，通过它的几何结构和原子的位置可定义晶体结构。为了便于讨论，通常规定平行六面体的顶角与硬球原子核心一致。对于特定的晶体结构，有多种不同的晶胞选择方式，但是通常采用具有最高几何对称性的晶胞来表示。

2. 晶系

由于存在许多不同种类的晶体结构，因此需根据它们的晶胞结构或原子排列方式进行分类。有一种分类方法就是基于晶胞的几何形状进行的，即选择合适的平行六面体晶胞形状，而不考虑晶胞内原子的位置。在这种分类框架下，选取晶胞的一个顶点作为原点，然后建立 xyz 坐标系；x，y 和 z 轴分别与平行六面体的 3 条棱重合，这 3 条棱都是从晶胞的一个顶点扩展而来的，如图 2-10 所示。晶胞的几何形状完全由 6 个参数来定义：3 个边长 a，b 和 c，3 个轴间角 α，β 和 γ。这些参数在表 2-2 中都已标出，有时也称这些参数为晶体结构的点阵常数。在此基础上，存在 7 种不同的 abc 和 $\alpha\beta\gamma$ 的组合，每种组合都代表了一个不同的晶系。七大晶系包括：立方晶系、六方晶系、四方晶系、三方晶系(斜方晶系)、正交晶系、单斜晶系和三斜晶系。表 2-2 列出了每种晶系的点阵参数关系和晶胞示意图。立方晶系由于 $a=b=c$ 且 $\alpha=\beta=\gamma=90°$，而具有最高对称性。三斜晶系由于 $a\neq b\neq c$ 且 $\alpha\neq\beta\neq\gamma$，对称性最低。

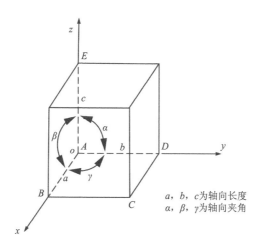

图 2-10　xyz 坐标系晶胞示意图

表 2-2 七大晶系晶胞的几何形状以及晶格常数之间的关系

晶体	晶轴关系	轴间角	晶胞示意图
立方晶系	$a = b = c$	$\alpha = \beta = \gamma = 90°$	
六方晶系	$a = b \neq c$	$\alpha = \beta = 90°, \gamma = 120°$	
四方晶系	$a = b \neq c$	$\alpha = \beta = \gamma = 90°$	
三方晶系 (斜方晶系)	$a = b = c$	$\alpha = \beta = \gamma \neq 90°$	
正交晶系	$a \neq b \neq c$	$\alpha = \beta = \gamma = 90°$	

续表

晶体	晶轴关系	轴间角	晶胞示意图
单斜晶系	$a \neq b \neq c$	$\alpha = \gamma = 90° \neq \beta$	
三斜晶系	$a \neq b \neq c$	$\alpha \neq \beta \neq \gamma \neq 90°$	

3. 点坐标

在讨论晶体材料时，通常需要标定晶胞内一个特定的点、一个特定的晶向或一些由原子组成的特定晶面。现已确立了用 3 个数字或指数来标定点位置、晶向和晶面的方法。如图 2-11 所示，晶胞是确定这些指数的基础，在晶胞中建立一个右手坐标系，该坐标系由 3 个坐标轴 (x，y 和 z 轴) 在晶胞的一个顶点处形成，这 3 个坐标轴与晶胞的棱重叠。需要注意的是，对于一些晶系，如六方晶系、三方晶系和三斜晶系，它们的 3 个坐标轴并不是互相垂直的。

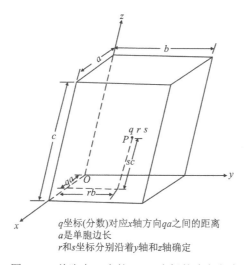

q 坐标(分数)对应 x 轴方向 qa 之间的距离
a 是单胞边长
r 和 s 坐标分别沿着 y 轴和 z 轴确定

图 2-11　单胞中 P 点的 q,r,s 坐标的确定方式

有时需要详细标定晶胞内一个阵点的位置。通过使用 3 个点坐标指数$(q, r$ 和 $s)$ 来确定阵点的位置。这些指数都是晶胞边长 a, b, c 的分数倍数，即 q, r 和 s 分别沿着 x，y 和 z 轴，是 a, b, c 长度的一部分，即

$$qa = 相对 x 轴的阵点位置 \tag{2.11}$$

$$rb = 相对 y 轴的阵点位置 \tag{2.12}$$

$$sc = 相对 z 轴的阵点位置 \tag{2.13}$$

例如，在图 2-11 中，在位于晶胞顶点处建立 xyz 坐标系，P 点为阵点位置。图中注明了 P 点位置的 q, r, s 坐标指数与晶胞边长的关系。

4. 晶向

晶向是两阵点之间的一条直线，它是一个矢量。通过下面的步骤来确定晶向的三个方向指数：

(1)首先建立一个右手 xyz 坐标系，坐标系的原点选在晶胞的一个顶点处。

(2)确定位于方向矢量(相对于坐标系)上的两个阵点坐标。例如，矢量末端的阵点 1，坐标为 x_1, y_1, z_1；矢量前端的阵点 2，坐标为 x_2, y_2, z_2。

(3)用矢量前端的点坐标减去矢量末端的点坐标，即 $x_2 - x_1, y_2 - y_1, z_2 - z_1$。

(4)分别将这些坐标差除以相对应的晶格常数 a, b, c 后得到 3 个数，即 $\dfrac{x_2 - x_1}{a}$，$\dfrac{y_2 - y_1}{b}$，$\dfrac{z_2 - z_1}{c}$。

(5)如果必要，将这 3 个数乘以或除以一个公因数，将它们化简成最小的整数值。

(6)将简化后的 3 个指数加上方括号，不用逗号隔开，即为晶向指数 $[uv\omega]$。

u, v, ω 指数可以通过下述公式来确定：

$$u = n\left(\frac{x_2 - x_1}{a}\right) \tag{2.14}$$

$$v = n\left(\frac{y_2 - y_1}{a}\right) \tag{2.15}$$

$$\omega = n\left(\frac{z_2 - z_1}{c}\right) \tag{2.16}$$

式中，n 是一个将 u, v, ω 简化为最小整数的系数。

每个坐标轴都有正的和负的坐标，因此，存在负指数，通常在指数上加一横来表示负指数。例如，晶向指数 $[1\bar{1}1]$ 表示在 $-y$ 轴方向上有一个指数。改变所有指数的符号会得到一个反向平行的晶向，如 $[\bar{1}11]$ 与 $[1\bar{1}\bar{1}]$ 方向相反。对于一个特定的晶体结构，如果需要标定的方向(或平面)不止一个，那么就有必要使正-负标定方法保持前后一致。图 2-12 给出了一些常见的晶向，如[100]、[110]和[111]。

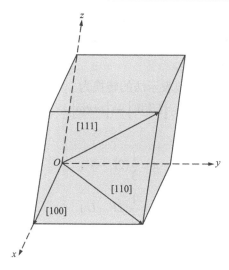

图 2-12　晶胞中的[100]、[110]和[111]晶向

对于晶体结构，一些拥有不同指数的、不平行的晶向之间是等价的，这意味着原子间距在每个方向上都是相同的。例如，在立方晶体中，由[100]、[$\overline{1}$00]、[010]、[0$\overline{1}$0]、[001]、[00$\overline{1}$]指数组成的所有晶向都是等价的。为了方便起见，将这些等价的晶向归于一个晶向族，晶向族用角括号表示，如〈100〉。此外，在立方晶体中，即使改变 3 指数顺序或符号，只要晶向指数 3 个数值不变，则这些晶向也是等价的。如[123]和[$\overline{2}$1$\overline{3}$]晶向是等价的，但是对于其他晶系来说，这些规律通常是不成立的。例如，对于四方晶系的晶体，它的[100]和[010]晶向是等价的，而[100]和[001]晶向不等价。

对于拥有六方对称的晶体，存在这样一个问题：一些等价晶向的指数并不相同。例如，[111]晶向等价于[$\overline{1}$01]晶向，却不等价于由指数 1 和–1 组合而成的晶向。这种情况可以通过使用 4 坐标轴或米勒–布拉维坐标系(图 2-13)来解决。其中，a_1、a_2 和 a_3 三个

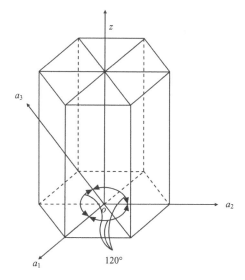

图 2-13　六方晶胞的坐标轴体系(米勒–布拉维点阵)

轴在同一个平面(称为底面)上,且相互之间的夹角为 120°, z 轴垂直于这个底面。晶向指数用 4 个指数来表示,如 $[uvt\omega]$。通常,矢量坐标差 u、ω、t 分别相对于底面上的 a_1、a_2、a_3 轴,第 4 个指数对应着 z 轴。

晶向的 3 指数表示法到 4 指数表示法的转换为

$$[UVW] \rightarrow [uvt\omega]$$

通过下述公式来完成:

$$u = \frac{1}{3}(2U - V) \tag{2.17}$$

$$\upsilon = \frac{1}{3}(2V - U) \tag{2.18}$$

$$t = -(u + \upsilon) \tag{2.19}$$

$$\omega = W \tag{2.20}$$

其中,大写字母 U、V、W 为 3 指数表示的数值(不同于之前的 u、υ、ω),而小写字母 u、υ、t、ω 为米勒-布拉维 4 指数表示的数值。例如,利用这些转换公式,[010]晶向可以变为 $[1\bar{2}\bar{1}0]$。

5. 晶面

晶体结构中晶面的取向也是通过类似的方法确定。如图 2-12 所示,带有三轴坐标系的晶胞是基础。除了六方晶系外的所有晶系,晶面都是用 3 个米勒指数 (hkl) 来表示的。任何两个相互平行的平面是等价的,且它们的晶面指数是相同的。确定指数 h、k、l 的步骤如下:

(1)如果平面经过所选的原点,可以通过合适的平移在晶胞内建立与该面平行的平面,或者在相邻晶胞的顶点处建立一个新的坐标原点。

(2)此时晶面与 3 个坐标轴中的任何一个相交或者平行。确定晶面与每个轴的交点坐标(相对于坐标系的原点)。这些与 x、y、z 轴的截距分别被定义为 A、B、C。

(3)求这些截距的倒数。对于平行于坐标轴的平面,可以把该平面与其平行的坐标轴的截距看做无穷大,因此倒数之后指数为 0。

(4)求完倒数后,分别乘上对应的晶格常数 a、b、c 后得到 3 个数,即 $\frac{a}{A}$、$\frac{b}{B}$、$\frac{c}{C}$。

(5)如果需要,就将这 3 个指数通过乘以或者除以公因数使其简化成最小整数。

(6)最后,给这些整数指数加上圆括号,不加逗号,便得到晶面指数 (hkl)。

总之,晶面指数 h、k、l 可以通过下述公式来确定:

$$h = \frac{na}{A} \tag{2.21}$$

$$k = \frac{nb}{B} \tag{2.22}$$

$$l = \frac{nc}{C} \qquad (2.23)$$

式中，n 是将 h、k、l 简化为整数的常数。

在位于原点负方向的截距通过在指数上方加一横或一个负号来表示。此外，改变所有晶面指数的符号得到的是一个与之平行的、方向相反的且到原点距离相等的平面。

在立方晶体中，拥有相同指数的晶面和晶向是互相垂直的。在其他晶系中，拥有相同指数的晶面和晶向就不存在这样简单的几何关系。

对于拥有六方对称的晶体(六方晶体)，与六方晶系中晶向一样，可以通过米勒-布拉维坐标系来实现。在多数情况下，倾向于使用 4 指数方法，用 $(hkil)$ 表示，因为它可以很清楚地标明六方晶体中一个平面的方向。其中 i 由 h 与 k 的和来确定，即

$$i = -(h+k) \qquad (2.24)$$

式中，指数 h、k、l 与之前 3 指数体系下的相同。

这些指数所用的方法类似于之前所描述的其他晶系所用的方法，即取坐标轴截距的倒数。

图 2-14 给出了六方晶体中一些常见的晶面。

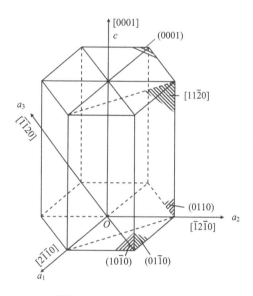

图 2-14　六方晶系中的晶面

上述讨论了晶体中的点坐标、晶向指数、晶面指数，表 2-3 总结了相关内容。

2.4.3　晶体的类型

按照键合的种类，将晶体划分为金属晶体、离子晶体、共价晶体和分子晶体四大类。

表 2-3　点坐标、晶向指数、晶面指数的总结

坐标类型	指数符号	代表公式	公式中的符号
点	qrs	qa 相对于 x 轴的阵点位置	—
晶向		$u=n\left(\dfrac{x_2-x_1}{a}\right)$	x_1=尾坐标–x 轴　　x_2=头坐标–x 轴
非六方晶系	$[uuev]$，$[UVW]$，$[uv\omega]$	$u=3n\left(\dfrac{a_1'-a_1''}{a}\right)$	a_1'= 头坐标–a_1 轴　　a_1''= 尾坐标–a_1 轴
六方晶系		$u=\dfrac{1}{3}(2U-V)$	—
晶面 非六方晶系	(hkl)，$(hkil)$	$h=\dfrac{na}{A}$	A=平面截距–x 轴
六方晶系		$i=-(h+k)$	

1. 金属晶体

晶胞结构金属在固态时一般都是晶体。由于金属键无方向性，因而其能量最低的结构是每个原子的周围都有尽可能多的相邻原子。一个原子最邻近的、等距离的原子数称为配位数。金属结构的配位数高，结构紧密。如果把原子视为刚性的均匀小球，它们组成密切堆积的结构。最常见的金属结构有面心立方(face centered cubic，FCC)、体心立方(body centered cubic，BCC)和密排六方(hexagonal close-packed，HCP)三种。元素周期表中从左起直至 I B 族的铜、银、金，大多具有上述三类结构。这些晶体结构的特征用点阵类型、点阵常数(晶格常数)、最近的原子间距、晶胞中原子数、配位数、致密度等表示，见表 2-4。其中致密度是指一个晶胞中原子占有的总体积与整个晶胞体积之比，可以看到，面心立方和密排六方的致密度为 0.74，此为均匀钢球的最大堆积密度。从面心立方的晶胞和体心立方的晶胞中原子、原子半径与面对角线的关系中，可以看出真实晶胞中的原子数和推导出点阵常数等与原子半径的关系。

表 2-4　典型金属结构晶体学特点

结构特征	结构类型		
	体心立方(BCC)	面心立方(FCC)	密排六方(HCP)
点阵类型	体心立方	面心立方	简单六方
点阵常数	a	a	$a,c,c/a=1.633$
最近的原子间距 (原子直径)	$d=\dfrac{\sqrt{3}}{2}a$	$d=\dfrac{\sqrt{2}}{2}a$	$d=\sqrt{\dfrac{a^2}{3}+\dfrac{c^2}{4}}=a$
晶胞中原子数	$1+\dfrac{1}{8}\times 8=2$	$\dfrac{1}{8}\times 8+\dfrac{1}{2}\times 6=4$	6
配位数	8	12	12
致密度	$\dfrac{2\times\left(\dfrac{4}{3}\pi\right)\left(\dfrac{\sqrt{3}}{4}a\right)^3}{a^3}=0.68$	$\dfrac{4\times\left(\dfrac{4}{3}\pi\right)\left(\dfrac{\sqrt{2}}{4}a\right)^3}{a^3}=0.74$	0.74

面心立方和密排六方的致密度都是 0.74，并非偶然。这是两种最密排的方式，差别只是最密排面的堆垛方式不同，密排六方是按 *ABAB*··· 方式排列，而面心立方是按 *ABCABC*··· 方式堆砌而成。

虽然金属的结构紧密，但球体密堆结构中仍有大量间隙。如图 2-15 所示，密堆的原子间存在着两种间隙，分别位于晶胞中由近邻金属原子为顶点构成的四面体和八面体的中心。晶胞中的间隙大小和位置在体心立方与面心立方中有所不同。体心立方中四面体间隙较大，而面心立方中八面体间隙较小，间隙数量和大小见表 2-5。

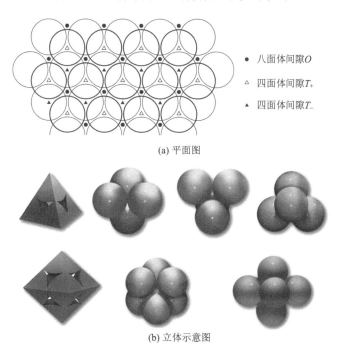

● 八面体间隙 *O*

△ 四面体间隙 *T*₊

▲ 四面体间隙 *T*₋

(a) 平面图

(b) 立体示意图

图 2-15　四面体间隙(*T*)和八面体间隙(*O*)示意图

表 2-5　面心立方、密排六方与体心立方晶胞中的间隙

晶胞类型	四面体间隙			八面体间隙		
	配位数	数量	间隙大小	配位数	数量	间隙大小
面心立方	4	8	0.225*R*	6	4	0.414 *R*
密排六方	4	12	0.225*R*	6	6	0.414 *R*
体心立方	4	12	0.291*R*	6	6	<100>方向 0.154 *R* <110>方向 0.633 *R*

2. 离子晶体

由于离子键不具有方向性和饱和性，有利于离子在空间作密堆积，因此，离子晶体的堆积形式主要取决于正负离子的电荷数和正负离子的相对大小。

正负离子在空间堆积时，每个正离子都倾向于有尽可能多的负离子包围它。正负离子的密堆积条件是负离子之间不相互重叠，负离子与中心正离子相互接触。离子晶体的结构可以看作众多正离子在空间无限延伸排布构成离子晶体的空间点阵，以任一正离子为中心，多个负离子在其周围形成负离子配位多面体(离子周围最邻近的反号离子数，亦称配位数)。正离子在空间的无限延伸就构成了离子晶体的空间点阵。负离子配位多面体的形状(即离子的配位形式)就决定了离子晶体的空间构型。离子晶体中正负离子半径比、离子配位数与负离子配位多面体的关系如表 2-6 所示。表 2-7 给出了当配位数为 6 时一些正负离子的半径。

表 2-6　正负离子半径比、离子配位数与负离子配位多面体

配位数	正负离子半径比	配位图形	负离子配位多面体
2	<0.155		线性配位
3	0.155～0.225	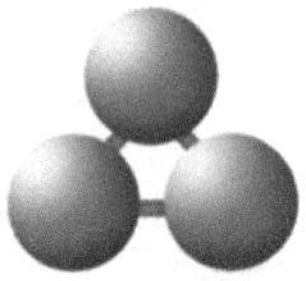	等边三角形
4	0.225～0.414		正四面体
6	0.414～0.732		正八面体
8	0.732～1.0		立方体

表 2-7　当配位数为 6 时，一些正负离子的半径

正离子	离子半径/nm	负离子	离子半径/nm
Al^{3+}	0.053	Br^-	0.196
Ba^{2+}	0.136	Cl^-	0.181
Ca^{2+}	0.100	F^-	0.133
Cs^+	0.170	I^-	0.220

续表

正离子	离子半径/nm	负离子	离子半径/nm
Fe^{2+}	0.077	O^{2-}	0.140
Fe^{3+}	0.069	S^{2-}	0.184
K^+	0.138		
Mg^{2+}	0.072		
Mn^{2+}	0.067		
Na^+	0.102		
Ni^{2+}	0.069		
Ti^{4+}	0.040		

3. 共价晶体

由于共价键具有严格的方向性和饱和性，一个特定原子的最邻近原子数是有限制的，并且这些原子只能在特定的方向与该原子进行键合。因此共价晶体中原子在空间的排布达不到密堆积程度。

共价晶体多由元素周期表中右边ⅣA、ⅤA、ⅥA 族元素组成，其特点是每个原子都趋向于享有 8 个电子，能与邻近的原子形成稳定的共价结合。每个第 N 族的非金属元素的原子可以提供 $(8-N)$ 个价电子，与 $(8-N)$ 个邻近的原子形成 $(8-N)$ 个共价(单)键。因此共价晶体结构服从 $(8-N)$ 法则，即结构中每个原子都有 $(8-N)$ 个最近邻的原子。

严格地说，只有ⅣA 族元素间完全由共价键构成三维空间的晶体结构；ⅥA 族磷链间和ⅤA 族砷层状间不是共价键合，而是范德华键合，并非完全的共价晶体。

4. 分子晶体

分子晶体的基本组元是分子而不是原子，是分子间通过范德华力和氢键等物理相互作用形成晶体结构。

由于范德华键没有方向性和饱和性，分子晶体都有形成密堆积的趋势。一般共价分子都有一定的非球形几何形状，故它们在堆积成晶体时，虽然存在尽量减少空隙的趋势，但实际的堆积仍然不能像球形的原子或离子堆积那么紧密，所以多数分子晶体，特别是有机化合物晶体的堆砌密度都比较低。极性分子永久偶极之间的静电相互作用，会进一步限制晶体中分子的堆砌方式。由于氢键具有饱和性和方向性，因此存在氢键的分子晶体的堆砌密度最低。

由于长链大分子结构的特殊性，有机高分子晶体的结晶结构存在较大差异，这将在第 3 章中详细讨论。

5. 单晶

对于晶态材料，当原子的周期性和重复性排列非常完美，延伸到整个样品而没有中断，那么就可以获得"单晶"。所有的晶胞以相同的方式连接并且具有相同取向。自然界中存在单晶，也可以通过人工生长得到单晶。当然，单晶一般很难生长，因为其生长环境必须精细地控制。

如果允许单晶在没有任何外部约束的条件下生长，那么该晶体将呈现出规则的几何形状，正如宝石一样；所生长的形状与晶体结构相关。图 2-16 石榴子石原石单晶材料照片，这颗红棕色调的石榴子石有着 4.3 亿年的地质历史，表面光滑干净、无其余矿物附着，直径达 15 cm，重超过 4 kg，是罕见的大颗单晶石榴子石原石。

在许多现代技术中，单晶的作用变得非常重要，尤其是在集成电路领域，经常使用硅单晶和其他半导体单晶。

图 2-16　1885 年发现的石榴子石原石单晶

6. 多晶

大多数晶体固体是由许多小的晶体或颗粒构成的，这种材料叫作多晶体。多晶材料固化形成的步骤为：首先，在几个不同位置形成小的晶体或晶核。这些小晶粒具有四方形状，在空间随机取向。然后，这些小晶粒在来自外部液体的原子补充下不断生长长大。最后，相邻的晶粒生长靠在一起的时候，固化过程就接近完成。每个晶粒的晶体学取向不同。在两个颗粒相邻的区域存在某些原子的错排，这样的区域叫作晶界。

如果一化合物存在两种或两种以上不同的晶体结构形式，则称该化合物存在多晶型现象。多晶型现象在自然界中很普遍，当外界条件变化时，晶体结构形式可能发生改变。碳、硅、金属的单质、硫化锌、氧化铁、二氧化硅以及其他很多物质均有这一现象。例如，铁在 906～1401℃温度范围内为面心立方结构，而超出这一范围则为体心立方结构。碳在自然界中存在金刚石和石墨两种晶型，从热力学观点来说，在一定条件下一种是稳定的晶型，另一种是介稳的晶型。它们之间虽然存在晶型的变化，但由于其变化速度很缓慢，一旦某种晶型形成以后，可以在自然界中长期存在。

多晶型现象可大致分为四类。

(1) 不改变配位情况的多晶型现象。在许多化合物的多晶型晶体中，离子的配位情况基本上不变，但是配位体的连接方式发生改变或是配位多面体发生一定位移。

(2) 改变配位情况的多晶型现象。这类多晶型现象常发生于金属键和离子键型的晶体中。共价键晶体的结构不容易改变配位情况。

（3）分子热运动形成的多晶型现象。当温度升高时，晶体中的分子或某些离子团通过自由旋转，取得较高的对称性而改变晶体的结构。

（4）具有键型改变的多晶型现象。这类多晶型现象并不常见。白锡和灰锡的转变是个例子。金刚石和石墨是碳的两种晶型，由于相互间结合力性质的差异，晶型间的转变非常缓慢而且困难。

上述四种多晶型转变，总是由于温度、压力等外界条件变化而发生变化。对于压力这个因素的影响较单纯，当压力增高时，促使晶体结构往高密度和高配位的方向转变。而温度因素的影响比较复杂，一般升高温度往往配位数下降，而晶体的对称性提高。表 2-8 和表 2-9 举例列出压力和温度对多晶型转变的影响情况。

表 2-8　压力对结构的影响实例

物质	结构晶型		高压晶型	
	结构形式	配位数	结构形式	配位数
RbCl				
RbBr	NaCl 型	6∶6	CsCl 型	8∶8
RbI				
Cs	立方体心	8	立方面心	12
Fe				
GeO$_2$	石英型	4∶2	金红石型	6∶3

表 2-9　温度对结构的影响实例

物质	低温晶型		转变温度/℃	高温晶型	
	结构形式	配位数		结构形式	配位数
CaCl	CsCl 型	8∶8	445	NaCl 型	6∶6
RbCl	CsCl 型	8∶8	−190	NaCl 型	6∶6
Ti					
Zr	六方最密堆积	12	—	立方体心	8
Tl					
CaCO$_3$	文石型	9	—	方解石型	6
KNO$_3$	文石型	9	128	方解石型	6

7. 液晶

1）液晶的状态

一些分子晶体受热熔融或被溶剂溶解之后，虽然表观上失去了固态物质的刚性，变成具有流动性的液态物质，但结构上仍保持着一维或二维有序排列，从而在物理性质上呈现出各向异性，形成一种兼有部分晶体和液体性质的过渡状态，这种中间状态称为液晶相，又称为中间相，处在这种状态下的物质称为液晶，又称为中间物。图 2-17 说明，几何形状各向异性较大的分子形成的晶体在加热至完全熔融的过程中，由于位置有序或取向有序的变化，形成不同的结构。在加热过程中，当晶体失去位置有序时，即转变为具有取向有序的液晶结构，进一步加热失去取向有序后转化为清亮的各向同性的液体。

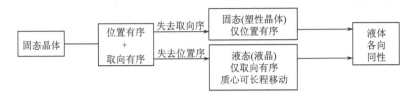

图 2-17　加热过程中分子晶体结构的有序性变化与液晶的产生

　　从成分和出现的物理条件来看，液晶大体可以分为热致液晶和溶致液晶两大类。热致液晶是指单成分的纯化合物或均匀混合物在温度变化下出现的液晶相。典型的热致液晶的分子质量一般在 200～500 g/mol，分子的轴比(长宽比)Z 在 4～8，实验室里通常用的热致液晶有氧化偶氮茴香醚和 N-(4-甲氧基亚苄基)-4-丁基苯胺。前者的熔点和清亮点分别为 118.2℃ 和 135.5℃，后者分别是 21℃ 和 48℃。热致液晶中所有的分子对长程有序都具有同等的作用。

　　溶致液晶是两种以上组分形成的液晶，其中一种是水或其他的极性溶剂。在一定浓度下，溶液出现液晶相。溶致液晶中的溶质在温度变化下常常是不稳定的，因此可以忽略温度引起相变的问题。溶致液晶中的长棒状分子一般要比构成热致液晶的长棒状分子大得多。最常见的溶致液晶有肥皂水、洗衣粉溶液、表面活化剂溶液等。溶致液晶中引起长程有序的原因主要是溶质与溶剂之间的相互作用，溶质与溶质之间的相互作用是次要的。溶致液晶在生物系统中大量存在，生物膜就具有液晶特征。因此，溶致液晶的研究对生物学颇为重要。

　　2) 液晶的结构类型

　　目前，已知的液晶大多数由长形有机化合物分子构成。根据分子的排列形式和有序性的不同，液晶有三种不同的基本结构类型，即丝状相、螺旋状相和层状相。

　　(1) 丝状相(向列相)，如图 2-18(a)所示。丝状相这个名词是由于早期对处在这种相的液晶材料进行显微镜观测时，普遍地看到有线状的条纹而提出的，化学上又称它为"向列相"。丝状相的特点是分子具有长程取向有序，局部区域的分子趋向于沿同一方向排列。两个不同排列取向区的交界处，在偏光显微镜下显示为丝状条纹。这就是丝状这个名词的来源。对于长棒状分子构成的丝状相液晶，在同一排列取向区，分子的排列很像丝线中纤维的顺丝排列。

　　(2) 螺旋状相(胆甾相)，如图 2-18(b)所示。螺旋状相与丝状相的差别在于分子的排列取向沿着一条螺旋轴螺旋式地变换方向。出现螺旋状相的材料许多都是胆甾醇的衍生物，因此化学上称它为"胆甾相"。在丝状液晶中添加少量具有旋光性的分子(手征性分子)，也同样可以获得具有螺旋状相的材料。这种材料常被称为"扭曲丝状液晶"。通常把胆甾相液晶和扭曲丝状液晶统称为螺旋状液晶。虽然螺旋状相中分子的排列取向为螺旋式地改变方向，但在局域地区分子的排列仍然同丝状相一样是沿同一方向排列。丝状

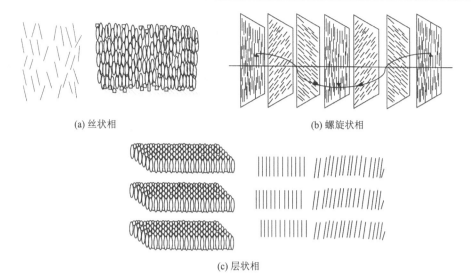

(a) 丝状相　　　　　　　　　　　　　(b) 螺旋状相

(c) 层状相

图 2-18　晶相中分子排列示意图

相可以说是螺旋状相的一个特例，就是沿螺旋轴方向要经过无限远的距离，分子排列取向转动有限角的螺旋状相。不过由于丝状相系统比较简单，螺旋状相比丝状相只多了取向旋转的因素，因此人们常反过来说螺旋状相是丝状相的一个分支。从热力学角度来看二者是相当的，螺旋状相中分子也是具有长程取向有序。近年来在螺旋状相中又分出了一个"蓝相"。蓝相是具有稳定点阵缺陷的螺旋状相。

（3）层状相（近晶相），如图 2-18(c) 所示。一般把不属于丝状相和螺旋状相的热致中介相都归为层状相，因此它不是一个很确切的相，又称为"近晶相"。目前至少已提出了 9 种不同的层状相，分别称为层状 A 相、B 相、…、I 相。层状相中分子除具有取向有序外，还有一些位置有序，甚至还有键取向有序。长程键取向有序状态可以看作失去了晶体点阵的平移有序，但是保留着分子相互作用力的取向各向异性的状态。

8. 非晶体

非晶体是一类在相对较大的原子距离内缺乏系统的和有序的原子排列的材料。由于非晶体的原子结构跟液体的非常类似，有时也被称为无定形材料或者过冷液体。

二氧化硅（SiO_2）可以在晶体和非晶体两种状态下存在。因此，通过对比二氧化硅陶瓷的晶态和非晶态结构来说明无定形状态。图 2-19 为二氧化硅在两种状态下的二维结构示意图。在这两种状态下，每个硅离子都与 3 个氧离子相结合，但对于非晶态，它的结构更加无序和不规则。

无论是晶体还是非晶体，它们的形成与凝固过程中原子结构从随机状态向有序状态转化时的难易程度相关。因此，非晶态材料的特征是原子或分子结构相对复杂且有序性差。此外，淬冷将导致原子没有充分的时间进行有序排列，因此有利于形成非晶态固体。

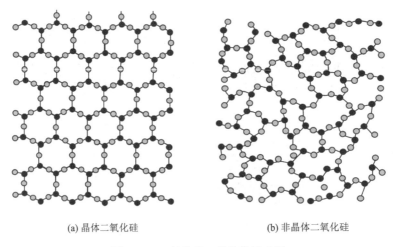

(a) 晶体二氧化硅　　　　　　　　　　(b) 非晶体二氧化硅

图 2-19　二氧化硅二维结构示意图

金属通常是晶体，一些陶瓷材料也是晶体，而无机玻璃是非晶体。高分子可能是完全的非晶体，也可能形成具有一定程度结晶度的半晶体。更多关于非晶陶瓷和高分子材料的结构与性质，将在第 3 章和第 4 章进行讨论。

2.5　固体中原子无序

2.5.1　固溶体

外来组分(离子、原子或分子)分布在基质晶体晶格内，类似溶质溶解在溶剂中一样，但不破坏晶体的结构，仍旧保持一个晶相，称固溶体。通常所说的固溶体具有以下两个基本特征。①固溶体的点阵类型和溶剂的点阵类型相同。例如，少量的锌溶解于铜中形成的以铜为基的固溶体(亦称黄铜)，就具有溶剂(铜)的面心立方点阵，而少量铜溶解于锌中形成的以锌为基的固溶体，则具有锌的密排六方点阵。②固溶体有一定的成分范围，即组元的含量可在一定范围内改变而不会导致固溶体点阵类型的改变。某组元在固溶体中的最大含量(或溶解度极限)称为该组元在该固溶体中的固溶度。由于成分范围可变，故固溶体的化学式通常用含有待定参数的化学式来表示。

固溶体可从不同角度分类，如根据相图划分(端部固溶体、中间固溶体)、根据溶质位置划分(置换型固溶体、间隙型固溶体)和根据固溶度划分(有限固溶体、无限固溶体)等。下面以溶质位置划分为例，介绍置换型固溶体和间隙型固溶体。

1. 置换型固溶体

当溶质原子溶入溶剂中形成固溶体时，溶质原子占据溶剂点阵的阵点，或者溶质原子置换了溶剂点阵的部分溶剂原子，这种固溶体称为置换型固溶体。

金属元素彼此之间一般都能形成置换型固溶体，但溶解度视不同元素而异，有些能无限溶解，有的只能有限溶解。影响溶解度的因素很多，主要有以下几个因素。

1) 晶体结构

晶体结构相同是组元间形成无限固溶体的必要条件。只有当组元 A 和 B 的结构类型相同时，B 原子才有可能连续不断地置换 A 原子，如图 2-20 所示。如果两组元的晶体结构类型不同，组元间的溶解度只能是有限的。形成有限固溶体时，若溶质与溶剂元素的结构类型相同，则溶解度通常也比不同结构时大。表 2-10 列出一些合金元素在铁中的溶解度，可以说明这一点。

图 2-20　两组元 A 和 B 原子连续置换示意图

表 2-10　合金元素在铁中的溶解度

元素	结构类型	在 γ-Fe 中最大溶解度/%	在 α-Fe 中最大溶解度/%	室温下在 α-Fe 中的溶解度/%
C	六方 金刚石型	2.11	0.0218	0.008 (600℃)
N	简单立方	2.8	0.1	0.001 (100℃)
B	正交	0.018~0.026	~0.008	<0.001
H	六方	0.0008	0.003	~0.0001
P	正交	0.3	2.55	~1.2
Al	面心立方	0.625	~0.36	3.5
Ti	β-Ti 体心立方 (>882℃) α-Ti 密排六方 (<882℃)	0.63	7~9	~2.5 (600℃)
Zr	β-Zr 体心立方 (>862℃) α-Zr 密排六方 (<862℃)	0.7	~0.3	0.3 (385℃)
V	体心立方	1.4	100	100
Nb	体心立方	2.0	α-Fe 1.8 (989℃) δ-Fe 4.5 (1360℃)	0.1~0.2
Mo	体心立方	~3	37.5	1.4
W	体心立方	~3.2	35.5	4.5 (700℃)
Cr	体心立方	12.8	100	100
Mn	δ-Mn 体心立方 (>1133℃) γ-Mn 面心立方 (1095~1133℃) α, β-Mn 复杂立方 (<1095℃)	100	~3	~3
Co	β-Co 面心立方 (>450℃) α-Co 密排六方 (<450℃)	100	76	76
Ni	面心立方	100	~10	~10
Cu	面心立方	~8	2.13	0.2
Si	金刚石型	2.15	18.5	15

2）原子尺寸因素

实验表明，在其他条件相近的情况下，原子半径差 $\Delta r<15\%$ 时，有利于形成溶解度较大的固溶体；而当 $\Delta r\geqslant 15\%$ 时， Δr 越大，则溶解度越小。

原子尺寸因素的影响主要与溶质原子的溶入所引起的点阵畸变及其结构状态有关。Δr 越大，溶入后点阵畸变程度越大，畸变能越高，结构的稳定性越低，溶解度则越小。

3）化学亲和力（电负性因素）

溶质与溶剂元素之间的化学亲和力越强，即合金组元间电负性差越大，倾向于生成化合物而不利于形成固溶体；生成的化合物越稳定，则固溶体的溶解度就越小。只有电负性相近的元素，才可能有大的溶解度。各元素的电负性是有一定的周期性的，在同一周期内，电负性自左向右（即随原子序数的增大）而增大；而在同一族中，电负性由上到下逐渐减小。

4）原子价因素

实验表明，当原子尺寸因素较为有利时，在某些以一价金属（如 Cu、Ag、Au）为基的固溶体中，溶质的原子价越高，其溶解度越小。如 Zn、Ga、Ge 和 As 在 Cu 中的最大溶解度分别为 38%、20%、12% 和 7%；而 Cd、In、Sb 和 Sb 在 Ag 中的最大溶质分别为 42%、20%、12% 和 7%。溶质原子价的影响实质是"电子浓度"所决定的。所谓电子浓度就是合金中价电子数目与原子数目的比值，即 e/a。电子浓度按下式计算：

$$e/a = \frac{A(100-x)+Bx}{100} \tag{2.25}$$

式中，A、B 分别为溶剂和溶质的原子价；x 为溶质的原子数分数（%）。如果分别算出上述合金在最大溶解度时的电子浓度，可发现它们的数值都接近于 1.4，这就是所谓的极限电子浓度，超过此值时，固溶体不稳定而要形成另外的相。极限电子浓度与溶剂晶体结构类型有关。对一价金属溶剂而言，若其晶体结构为 FCC，极限电子浓度为 1.36；BCC 时为 1.48；HCP 时为 1.75。

除了上述讨论的因素外，溶解度还与温度有关，在大多数情况下，温度升高，溶解度升高；而对少数含有中间相的复杂合金，情况则相反。

2. 间隙型固溶体

溶质原子分布于溶剂晶格间隙而形成的固溶体称为间隙型固溶体。

当溶质与溶剂的原子半径差百分比大于 30% 时，不易形成置换固溶体；而当溶质原子半径很小，致使 $\Delta r>41\%$ 时，溶质原子就可能进入溶剂晶格间隙中而形成间隙固溶体。原固溶体的溶质原子通常是原子半径小于 0.1 nm 的一些非金属元素，如 H、B、C、N、O 等。

在间隙型固溶体中，由于溶质原子一般都比晶格间隙的尺寸大，所以当它们溶入后，会引起溶剂点阵畸变，点阵常数变大，畸变能升高。因此，间隙型固溶体都是有限固溶体，而且溶解度很小。

间隙型固溶体的溶解度不仅与溶质原子的大小有关，还与溶剂晶体结构中间隙的形状和大小等因素有关。例如，C 在 γ-Fe 中的最大溶解度质量分数为 $w(C)=2.11\%$，而在

α-Fe 中的最大溶解度质量分数仅为 $w(C)$=0.0218%。这是因为固溶于 γ-Fe 和 α-Fe 中的碳原子均处于八面体间隙中，而 γ-Fe 的八面体间隙尺寸比 α-Fe 的大。另外，α-Fe 为体心立方晶格，而在体心立方晶格中四面体和八面体间隙均是不对称的，尽管在(100)方向上八面体间隙比四面体间隙的尺寸小，仅为 $0.154R$，但它在(110)方向上却为 $0.633R$，比四面体间隙 $0.291R$ 大得多。因此，当 C 原子挤入时，只要推开 Z 轴方向的上下两个铁原子即可，这比挤入四面体间隙要同时推开四个铁原子较为容易。虽然如此，但是其实际溶解度仍是极微的。

　　图 2-21 为固溶体中溶质原子的分布示意图。事实上，完全无序的固溶体是不存在的。在热力学上处于平衡状态的无序固溶体中，溶质原子的分布在宏观上是均匀的，但在微观上并不均匀。在一定条件下，它们甚至会呈现规则分布，形成有序固溶体。这时溶质原子存在于溶质点阵中的固定位置，而且每个晶胞中的溶质和溶剂原子之比也是一定的。有序固溶体的点阵结构有时也称超结构。固溶体中溶质原子的分布方式主要取决于同类原子间的结合能 E_{AA}、E_{BB} 和异类原子间的结合能 E_{AB} 的相对大小。如果 $E_{AA} \approx E_{BB} \approx E_{AB}$，则溶质原子倾向于呈无序分布；如果 $(E_{AA}+E_{BB})/2<E_{AB}$，则溶质原子呈偏聚状态；如果 $E_{AB}<(E_{AA}+E_{BB})/2$，则溶质原子呈部分有序或完全有序排列。

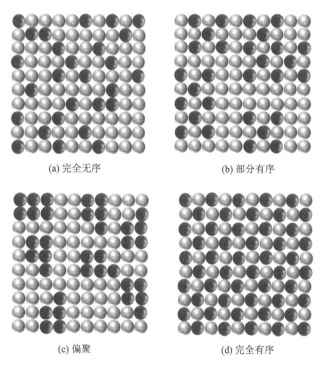

(a) 完全无序　　　　　　　　　　　　(b) 部分有序

(c) 偏聚　　　　　　　　　　　　(d) 完全有序

图 2-21　固溶体中溶质原子分布示意图

　　为了了解固溶体的微观不均匀性，可引用短程序参数 a 加以说明。假定在一系列以溶质 B 原子为中心的各同心球面上分布着 A、B 组元原子。如在 i 层球面上共有 c 个原子，其中 A 原子的平均数目为 n_i 个，已知该合金成分中 A 的原子数分数为 m_A，则此层

上 A 原子数目应为 $m_A c_i$，短程序参数 a_i 定义为

$$a_i = 1 - \frac{n_i}{m_A c_i} \tag{2.26}$$

显然，当固溶体为完全无序分布时，$n_i = m_A c_i$，即 $a_i = 0$。若 $n_i > m_A c_i$ 时，a_i 为负值，表明 B 原子与异类原子相邻的几率高于无序分布，即处于短程有序状态。若 $n_i < m_A c_i$ 时，a_i 为正值，则固溶体处于同类原子相邻几率较高的偏聚状态。

和纯金属相比，由于溶质原子的溶入，固溶体的点阵常数、力学性能、物理和化学性能产生了不同程度的变化。

1）点阵常数

形成固溶体时，虽然仍保持着溶剂的晶体结构，但由于溶质与溶剂的原子大小不同，总会引起点阵畸变并导致点阵常数发生变化。对置换型固溶体而言，当原子半径 $r_B > r_A$ 时，溶质原子周围点阵膨胀，平均点阵常数增大；当 $r_B < r_A$ 时，溶质原子周围点阵收缩，平均点阵常数减小。对间隙型固溶体而言，点阵常数随溶质原子的溶入总是增大的，这种影响往往比置换型固溶体大得多。

2）力学性能

和纯金属相比，固溶体的一个最明显的变化是由于溶质原子的溶入，固溶体的强度和硬度升高。这种现象称为固溶强化。

3）物理和化学性能

固溶体合金随着固溶度的增加，点阵畸变增大，一般固溶体的电阻率 ρ 升高，同时电阻温度系数 a 降低。又如 Si 溶入 α-Fe 中可以提高磁导率，质量分数 ω（Si）为 2%～4% 的硅钢片是一种应用广泛的软磁材料。再如 Cr 固溶于 α-Fe 中，当 Cr 的原子数分数达到 12.5% 时，Fe 的电极电位由 –0.60 V 突然上升到 +0.2 V，从而有效地抵抗空气、水汽、稀硝酸等腐蚀。因此，不锈钢中含有 13% 以上的 Cr 原子。

有序化时因原子间结合力增加，点阵畸变和反相畴存在等因素都会引起固溶体性能突变，除了硬度和屈服强度升高，电阻率降低外，有些非铁磁性合金有序化后会具有明显的铁磁性。例如，Ni_3Mn 和 Cu_2MnAl 合金，无序状态时呈顺磁性，但有序化形成超点阵后则成为铁磁性物质。

2.5.2　晶体结构缺陷

即使在 0K 时，实际晶体中也不是所有原子都严格地按照周期性规律排列的，因为晶体中存在一定的缺陷，在缺陷区域内，原子排列的周期性受到破坏。按照缺陷区相对晶体的大小及其维数，将晶体缺陷分为以下四类：点缺陷、线缺陷、面缺陷、体缺陷。它们可以近似地分别看成零维、一维、二维和三维的缺陷。

不论哪种晶体缺陷，其浓度（或缺陷总体积分数）都非常低，但缺陷对晶体性质的影响却非常大。例如，它影响到晶体的力学性质、物理性质（如电阻率、扩散系数等）、化学性质（如耐蚀性）以及冶金性能（如固态相变）等。

1. 点缺陷

如果在任何方向上缺陷区的尺寸都远小于晶体或晶粒的线度，那么这种缺陷就称为点缺陷。例如，溶解于晶体中的杂质原子就是点缺陷。晶体点阵点上的原子进入点阵间隙中时，便同时形成两个点缺陷——空位和间隙原子。

空位和间隙原子是点缺陷的两种基本形式。前者是未被占据的(或空着的)阵点原子位置(图 2-22(a))，后者则是进入点阵间隙中的原子(图 2-22(b))。

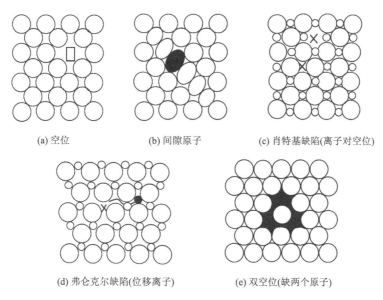

(a) 空位 　　　　(b) 间隙原子 　　　　(c) 肖特基缺陷(离子对空位)

(d) 弗仑克尔缺陷(位移离子) 　　　　(e) 双空位(缺两个原子)

图 2-22　点缺陷

晶体中的空位和间隙原子的形成，与原子的热运动或机械运动有关。固体中的原子是围绕其平衡位置做热振动的。由于热振动的无规则性，原子在某一瞬时可能获得较大的动能或振幅而脱离平衡位置。如果此原子是表面上的原子，它就会脱离固体而"蒸发"掉，接着次表面的原子就会迁移到上述表面原子的空余位置，于是在晶体内部形成一个空位。如果此原子是晶体内部的原子，它就会从平衡原子进入附近的点阵间隙中，于是在晶体中同时形成一个空位和一个间隙原子。

在金属晶体中，空位是最简单的点缺陷，所有晶体都含有空位。实际上空位的存在增加了晶体的熵。材料的平衡态空位数量 N_V 与温度相关，如下式：

$$N_V = N \exp\left(-\frac{Q_V}{kT}\right) \tag{2.27}$$

式中，N_V 为原子位置的总数；Q_V 是形成一个空位所需的能量；T 为热力学温度；k 为玻耳兹曼常数(1.38×10^{-23} J/K)。可见，空位数量随温度升高而呈指数增加。在金属晶体中，因为原子明显大于间隙的空间，挤进间隙的原子将对周围阵点引起较大的变形。所以这种缺陷的形成可能性不大，仅以非常小的浓度存在，远小于空位。

离子晶体至少含有两种离子，每种离子都可能形成空位和间隙原子。但由于负离子相对较大，不易挤进较小的间隙空间，故其间隙原子浓度不大。离子晶体形成的缺陷还需维持电中性（电荷平衡）的条件。在正负离子等价的晶体中，由一个正离子空位和一个负离子空位组对形成的缺陷称为肖特基缺陷，可看作一对离子从晶体内部移出所致。由一个正离子空位和一个间隙正离子组对形成的缺陷称为弗仑克尔缺陷，可看作一正离子从其原位置移动到一间隙位置所致。

在实际晶体中，点缺陷的形式更为复杂。例如，即使在金属晶体中，也可能存在两个、三个，甚至多个相邻的空位，分别称为双空位、三空位或空位团。从能量上讲由多个空位组成的空位团是不稳定的，很容易沿某一方向"塌陷"成空位片（即在某一原子面内有一个无原子的小区域）。同样，间隙原子也未必都是单个原子，而有可能是 m 个原子均匀地分布在 n 个原子位置的范围内（$m>n$），形成所谓的"挤列子"。

2. 线缺陷（位错）

如果在某一方向上缺陷区的尺寸可以与晶体或晶粒的线度相比拟，而在其他方向上的尺寸相对于晶体或晶粒的线度可以忽略不计，那么这种缺陷就称为线缺陷或位错。实际晶体在结晶时受到杂质、温度变化或振动产生的应力作用，或由于晶体受到打击、切削、研磨等机械应力的作用，使晶体内部质点排列变形，原子行列相互滑移，而不再符合理想晶格的有秩序排列，就会形成位错。

1）棱位错

如图 2-23 所示，晶体受到压缩作用后，使 ABEFGH 滑移了一个原子间距时，造成质点滑移面和未滑移面的交界为一条线 EF，称为位错线。在这条线上的原子配位就和其他原子不同了。位错线的周围区域呈现一定的局部晶格畸变，上部原子被挤得更紧密，下部原子被撕得更稀疏。其原子间的距离出现疏密不均匀现象，因此它是一种线缺陷。由于额外半片原子面似刀刃劈进晶体，一般称它是棱位错或刃位错，其特征是滑移方向 BB' 和位错线 EF 垂直。图 2-24 是晶体棱位错的立体图形，可以更清晰地看到位错线上原子的排列。离子晶体的位错比较复杂，为了保持电中性，一个位错必须保持正负离子比，图 2-25 示出了由 Mg^{2+} 和 O^{2-} 构成两个额外的半片平面。

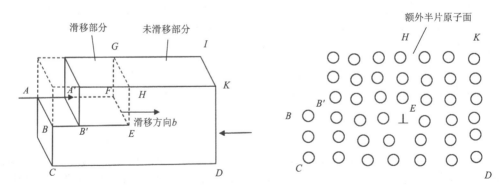

图 2-23　棱位错示意图

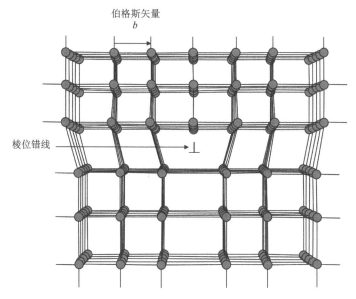

图 2-24　晶体棱位错的立体图形

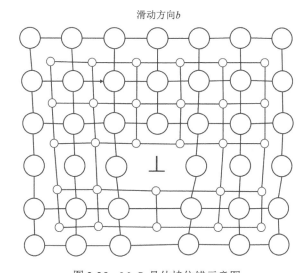

图 2-25　MgO 晶体棱位错示意图

　　一些单晶材料,受到拉应力超过弹性限度后,会产生永久形变,即所谓塑性形变。其原因就是晶体被拉长时,晶体各部分沿某族晶面形成位错直至发生了相对移动,即滑移,造成了永久形变。

　　2) 螺旋位错

　　螺旋位错(图 2-26),是由于剪应力的作用,使晶体的晶面相互滑移,并在晶体中滑移部分与未滑移部分的相交线 AD 周围呈现一定的局部晶格畸变,AD 即为位错线。位错线与滑移方向 B'B 是平行的。由于和位错线 AD 垂直的周围原子面不再是水平的,而呈现出斜坡状与螺旋形迹,故称螺旋位错。在滑移面上质点的排列,如图 2-26(b),空圆圈和实圆点分别代表在滑移面左右侧的同一种质点。

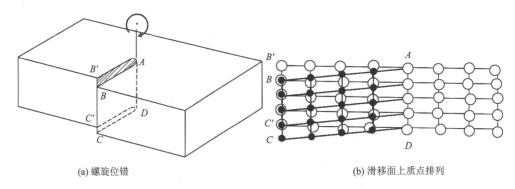

(a) 螺旋位错   (b) 滑移面上质点排列

图 2-26 螺旋位错示意图

3) 混合位错

在晶体材料中，绝大多数位错可能既不是纯的刃位错，也不是纯的螺旋位错，而显示出这两种位错的不同组合程度的特征，它们都称为混合位错。偏离两个晶面的晶格畸变均为混合位错，混合位错从一种纯位错到另一种纯位错演变时，两种纯位错呈现出不同的组合程度。

4) 位错的伯格斯矢量

从研究中发现位错有两个特征：一个是位错线的方向，它表明给定点上位错线的方向；另一个是为了表明位错存在时，晶体一侧的质点相对于另一侧质点的位移，即与位错相关的晶格畸变的大小和方向，用伯格斯矢量 b 表示。伯格斯矢量是指该位错的单位滑移距离，其方向和滑移方向平行。

从伯格斯矢量知道，它的方向与伯格斯回路是顺时针还是逆时针转向有关，转向不同，它的方向刚巧相反。不同的书上所采用的转向是不一致的。但是必须注意对同一条位错线或同一个晶体内分布的各条位错线，确定伯格斯矢量时是要统一转向的。

尽管位错线方向逐点变化，但对一条位错线来说，只能有一个伯格斯矢量。由此得出位错线具有伯格斯矢量守恒性的重要概念。这一科学概念对分析实际晶体中位错结构有重要指导意义。

5) 位错的滑移和爬移

(1) 位错在平行滑移面方向的运动，称位错的滑移运动。具有刃位错的单晶，以刃位错和滑移方向组成的平面(即滑移面)为界的两部分晶体，它们相对移动是比较容易的。这就是无位错晶体的屈服应力比实际晶体的屈服应力大的原因。

(2) 爬移。在一定温度下，由于热运动晶体中存在一定数量的空位和间隙原子。在刃位错线处的一系列原子，也可以由热运动移去他处成为间隙原子或该处吸收他处空位而显现类似的移去效果，这就使位错线向上移一个滑移面。反之在刃位错附近，其他处的间隙原子移入而增添一列原子，将使位错线向下移一个滑移面。位错在垂直滑移面方向的运动，称为位错的爬移运动。位错的爬移运动和滑移运动是性质完全不同的两种位错运动。前者与晶体中空位和间隙原子的数目有关，后者与外力有关。

在实际单晶生产中，利用位错的爬移运动来消灭位错，使位错吸附扩散来的空位或间隙原子，一面交换位置，一面移到表面来，直至消失。例如，拉伸没有位错的单晶硅时，先提高拉伸速率，然后骤然冷却，使空位在晶体内形成过饱和，并使生长的晶体逐渐变细形成一个细颈，这些措施的目的都是促使位错吸收空位、爬移到表面而消失。

3. 面缺陷

在共面的各方向上，如果缺陷的尺寸可与晶体或晶粒的线度相比拟，而在穿过该面的任何方向上缺陷区的尺寸都远小于晶体或晶粒的线度，则这类缺陷称为面缺陷。

用 X 射线测定单晶晶面取向时，发现晶体摆动很小角度后仍能得到反射。也就是说，有一个取向差存在。其原因是单晶晶体不是理想晶体，而是由许多结合得并不十分严密的微小晶粒构成的聚集体。这些晶粒边长约 10^{-5} m，晶粒和晶粒之间不是公共面，而是公共棱，相互之间仅仅是以极微小角度倾斜着。因而可以认为各晶粒相互取向基本上是平行的。如此的晶体构造称"镶嵌构造"。形成原因是：单晶在成长过程受热、机械应力或表面张力作用而产生的。这样的构造也是一种缺陷，但是和线缺陷不同，这种缺陷可以看成有许多刃位错排列汇集成一个平面，称为"镶嵌界面缺陷"或"小角度晶界"。这种缺陷导致镶嵌块之间有微小角度差。相邻的同号位错间距离 D 的表达式为

$$D = \frac{b}{\theta} \tag{2.28}$$

式中，b 是伯格斯矢量的大小；θ 是一个小的旋转角。

同样一颗晶粒垂直晶粒界面的轴旋转微小角度，也能形成由螺旋位错构成的扭转小角度晶界。

4. 体缺陷

如果在任意方向上缺陷区的尺寸都可以与晶体或晶粒的线度相比拟，那么这种缺陷就是体缺陷。例如，亚结构(嵌镶块)、沉淀相、空洞、气泡、层错四面体等都是体缺陷。

2.5.3　非晶体

1. 非晶材料

在某些材料中，并没有长程有序。这些材料包括液体、玻璃、绝大多数的塑料和少数从液态快速冷却下来的金属。原则上，可把这种缺乏重复性的结构视为体积范围内的(或三维的)无序，并看作点缺陷、线缺陷和二维的晶界面的扩展，与晶体材料相对比，称这种材料为非晶型(也称无定形，按定义"没有定形"的意思)材料。

由于不存在平移对称性，没有长程有序，所以用来定义晶体的结构及对晶体进行分类的方法对非晶体都失效了。人们也无法确定其无穷多个原子的坐标。不仅如此，对于这类原子组态，即使人们真正"看到"了每个原子的确切位置，也不可能用无穷多个原子的坐标来描述非晶固体的结构，这种描述也无法真正揭示原子排布的规律性。

在晶体中，一种结构只对应一种构型，如果构型改变，则结构也改变，并成为另一

种晶体。而非晶态结构与晶体结构相比，由于平移对称性的消失，其原子的分布仅具有统计的规律。

非晶材料原子位置的排布完全不具有周期性，有的原子形成紧密的乱堆垛形式，如玻璃态金属合金；有的形成一种无规则的网络结构，大多数氧化物玻璃、非晶半导体都属于这类结构。

2. 分布函数

通过实验方法，人们可以获得非晶固体物质中原子分布的信息，至今为止，最主要的实验手段是 X 射线衍射。由于在非晶固态物质中，同种原子分布不存在周期性，衍射得到的信息非常有限，所以最重要、最直接的信息是原子分布的径向分布函数。

衍射的基本原理是利用波长稍短于材料中原子间距的入射粒子与样品中的原子相遇后产生的相干散射，然后通过计算得到有关材料结构的信息。最主要的结构信息是分布函数，它常用来描述非晶态材料中的原子分布。例如，从衍射数据得出的双体分布函数 $g(r)$ 就相当于取某一原子为原点($r=0$)时，在离开原点 r 处找到另一个原子的概率，由此可以描述原子的排列情况。

通过 X 射线衍射，可以得到平均每个原子所产生的相干散射强度 $I(K)$，进而求得距原点 r 处原子的数目密度 $\rho(r)$。经过归一化处理和傅里叶变换，就可以得出非晶态材料的径向分布函数 $G(r)$：

$$G(r) = 4\pi r\left[\rho(r) - \rho_0\right] = \frac{2}{\pi}\int_0^\infty K[I(K)-1]\sin Kr\mathrm{d}r \qquad (2.29)$$

式中，ρ_0 是整个样品的平均原子数密度；$K=4\pi\sin\theta/\lambda$，λ 是入射 X 射线的波长，θ 是布拉格角。

再求出材料的径向分布函数 $J(r)$ 或双体分布函数 $g(r)$：

$$J(r) = 4\pi r^2 \rho(r) \qquad (2.30)$$

$$g(r) = \frac{\rho(r)}{\rho_0} \qquad (2.31)$$

双体分布函数 $g(r)$ 的含义是：以某原子为原点，距离 r 处找到另一原子的概率，图 2-27 是双体分布函数的示意图。当原子的排列情况不同时，$g(r)$ 曲线也不同。

图 2-28 画出了气体(A)、液体(B)和固体(C)中的原子排列及对应的分布函数曲线示意图。气体中，各原子间的相互关系很弱，原子的平均自由程很大，除了在小于原子最小间距 a_0 以内的距离上不存在原子，即 $g(r)=0$ 以外，在所有距离大于 a_0 的其他的 r 处，入射粒子所遇到的都是原子的平均数密度，故 $g(r)=1$，如图 2-28(a)所示。在液体中，原子的排列比气体中要致密得多，原子的平均自由程减小，原子间的相互作用较强，因此可在一定的距离上发生相干散射，这样在 $g(r)$ 曲线上就出现峰和谷，如图 2-28(b)所示。晶体是长程有序的固体，原子局域在晶格点附近，即原子只出现在离原点一定的距离上，而在其他距离上原子出现的概率为零，因此 $g(r)$ 曲线是不连续的，如图 2-28(c)所示。

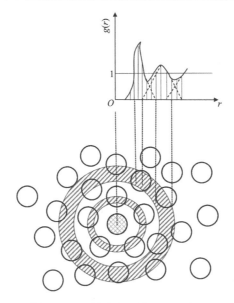

图 2-27　双体分布函数 $g(r)$ 示意图

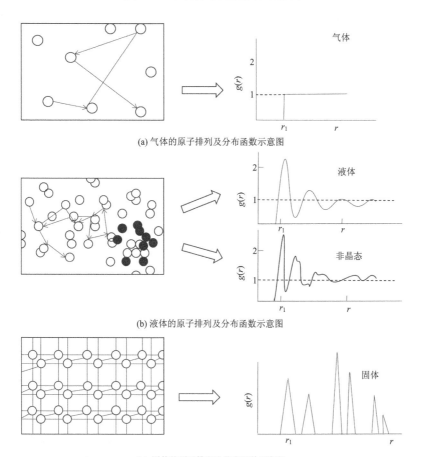

(a) 气体的原子排列及分布函数示意图

(b) 液体的原子排列及分布函数示意图

(c) 固体的原子排列及分布函数示意图

图 2-28　原子排列及分布函数示意图

在图 2-28 中还画出了非晶态材料的 $g(r)$ 曲线。非晶态材料的黏度比液体大，但和液体一样，原子的排列也是长程无序而又存在某种程度的短程有序。这可以从 $g(r)$ 曲线看出，和液体一样，曲线也出现一系列的峰和谷，但曲线不如液体的那样光滑。

根据径向分布函数曲线，可以求得两个重要的参数：配位数和原子间距。最邻近原子数目可以由 $g(r)$ 曲线上第一个峰下面所包含的面积求得；第一、第二……峰的位置则相应表示最邻近原子、次邻近原子……的距离。

3. 非晶态结构模型

径向分布函数常用来描述非晶态结构的主要特征，但仍有很大局限性，远远不能反映非晶态材料中原子排列的细节。因此，人们采用结构模型来研究非晶态材料中原子的排列。模型归纳起来可分为两大类：第一类是不连续模型，如微晶模型、聚集团模型。微晶模型认为非晶态材料由晶相非常小的微晶粒组成，微晶内的短程有序和晶态相同，但各个微晶的取向是散乱分布的，因此造成长程无序。该模型计算的分布函数与 X 射线衍射实验结果仅是定性相符，定量上差距较大。第二类是连续模型，又称拓扑无序模型，如硬球无序密堆模型、无规网络模型等。

(1) 硬球无序密堆模型。在硬球无序密堆模型中，把原子看作不可压缩的硬球，"无序"是指在这种堆积中不存在晶格那样的长程有序，"密堆"则是指在这样一种排列中不存在足以容纳另一个硬球那样大的间隙。这一模型最早是由贝尔纳 (Bernal) 提出，并用来研究液态金属结构。他在一只橡皮袋中装满了钢球，并进行搓揉挤压，使得从橡皮袋表面看去，钢球呈现不规则的周期排列。贝尔纳经过仔细观察，发现无序密堆结构仅由 5 种不同的多面体组成，称为贝尔纳多面体，如图 2-29 所示。多面体的面均为三角形，其顶点为硬球的球心。图 2-29 中前两种多面体分别是四面体和正八面体，这在密堆晶体中也是存在的；而后 3 种多面体只存在于非晶态结构中。在非晶态结构中，最基本的结构单元是四面体或略有畸变的四面体。这是因为构成四面体的空间间隙较小，因而模型的密度较大，比较接近实际情况。但若整个空间完全由四面体单元所组成，而又保留为非晶态，那也是不可能的，因为这样堆积的结果会出现一些较大的孔洞。有人认为，除四面体外，尚有 6% 的八面体、4% 的十二面体和 4% 的十四面体等。人们把这种模型与非晶态 NiP 合金径向分布函数进行了比较，两者基本符合，这类模型已成为讨论非晶态金属结构的主要模型。

实验中得到的无规密堆密度上限值为 0.637±0.001，与有序密堆结构的面心立方和六方密堆的密度值 0.7405 相差 0.1039。这说明无规密堆达到的不是真正的密堆，真正的密堆应该是有序的，无规密堆中的四面体结构只是一种短程的、局部的密堆结构。

(2) 无规网络模型。无规网络模型被用来描述二氧化硅玻璃的结构。在二氧化硅玻璃中，仍保留着硅氧四面体结构单元，硅氧四面体通过桥氧相互连接。但是其 O—Si—O 键角 α 在一定范围内有变化，而 Si—O—Si 键角 β 的变化范围更大，如图 2-30 所示。由于键角 α、β 均有一定程度的变化，因此最终形成的原子组态是无规则网络的结构。

从结构上看，该模型的特点是保留了晶体中具有的短程有序单元，从短程有序上看，晶态与非晶态相差甚小，晶态与非晶态结构的主要差别是单元之间的相互联结情况。

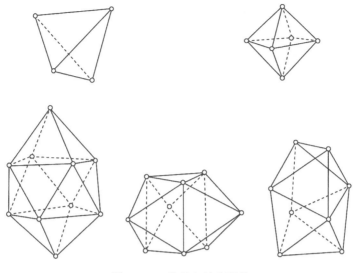

图 2-29　5 种贝尔纳多面体

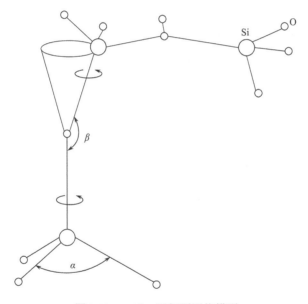

图 2-30　α-SiO$_2$ 无规则网络模型

　　该模型计算的 Si—O—Si 键角平均值为 153°，与实验值 151.5°～152.2° 十分接近，而且计算的径向分布函数与实验值符合甚好。

　　如前所述，原子或分子通过化学的或物理的相互作用，结合成了固态的有序的晶体结构和无序的非晶体结构。通常晶体结构是一种能量最低的稳定态结构，而非晶体结构是一些能量较高的不稳态结构或亚稳态结构。然而，由于外界温度、压力或环境应力的变化，以及多元体系中各组元化学势的不同，导致原子或分子在固体材料中产生扩散运动或改变原有的结合方式，使得不稳态的结构转变为亚稳态的结构，能量较高的亚稳态结构转变为能量较低的亚稳态结构，亚稳态结构转变为稳态结构等，并且一种稳态结构也可能转变为另一种稳态结构。对于多元体系，则可能由均匀混合体系发生相分离，形成不同组成或结构的相，以及进一步发生相转变。从热力学角度讲，体系吉布斯自由能的变化是影响固体材料结构稳定性(即结构转变)的主要原因。而动力学因素则对固体材料结构转变的速度、对原子或分子的扩散速度产生决定性的影响。本节将从固体材料中主要存在的结构转变类型、体系的热力学平衡与相变、相图等方面进行讨论。

非晶态材料是亚稳态的，在一定条件下，有的非晶态材料可以通过成核和晶核长大过程发生晶化。非晶态的许多性质经过晶化之后，会发生十分显著的变化。

晶化使非晶态材料原有的某些优良性能消失，此时必须防止这种晶化过程的发生，这也决定了材料使用的极限条件，如使用的最高温度。

如果结晶过程使非晶态发生部分晶化或形成微晶态并改进材料的某些性质，那么将有意使其发生结晶过程。非晶态的晶化过程与熔体冷凝形成非晶态过程中可能发生的结晶过程，既有共同点，又有区别。它们的共同点是最终都形成了晶态，都是由亚稳态向晶态的相变，整个过程都受成核与晶体生长两个阶段的控制。它们的不同点如下：

(1)非晶态的结晶，在 T_g 以下温度进行，这时体系的黏滞性很大，基本特性是固相内的扩散，且扩散过程比较缓慢。而熔体冷却过程中发生的晶化，是从熔点直到 T_g 温度整个冷却过程中进行的，扩散过程进行的速度随温度改变有较大的变化。在略低于熔点时，扩散过程基本特点是液体内的扩散，在 T_g 点附近，接近固相内扩散。

(2)非晶态的结晶，在 T_g 以下温度进行，过冷度非常大，因此相变驱动力十分大。由成核功表示式可知，成核功与相变驱动力平方成反比，所以成核功十分小。熔体冷却过程中发生的结晶，过冷度由 0 变为 $\Delta T = T_m - T_g$，相变驱动力也随温度下降而加大。

以上两点说明，非晶态晶化过程是相变驱动力大，成核功小，而扩散系数也小的过程。相变驱动力大、成核功小，有利于成核和晶体生长，但扩散系数小，则又不利于成核和晶体生长，而有利于保持非晶状态。

以非晶态形式存在的二氧化硅(SiO$_2$)叫作熔融二氧化硅，或玻璃质二氧化硅。其他的氧化物(如 B$_2$O$_3$ 和 GeO$_2$)也可以形成玻璃态结构和多面体氧化物结构，这些材料以及二氧化硅都是网状形的。

用于制作容器、玻璃窗等的无机玻璃是二氧化硅玻璃中加入了其他一些氧化物，例如氧化钙和氧化钠。这些氧化物不会形成多面体网络。相反，它们的阳离子会调变硅氧四面体网络结构，正因如此，这些氧化物添加剂叫作网络调整剂。然而其他氧化物(如氧化钛和氧化铝)也不形成网络，但具有部分取代硅稳定网络的作用，这些叫做媒介体。从实际应用效果看，加入调整剂和媒介体降低了玻璃的熔点和黏度，有利于玻璃的低温成型。高品质低熔点玻璃粉是集成电路芯片制造的基础材料，直接影响 PN 结钝化保护和表面焊接效果，决定着芯片的性能。开发用于集成电路芯片制造的玻璃粉既需要满足低温成型，又需要有足够的成型硬度。

以上介绍了晶态固体中的原子有序和原子无序。非晶和无定型材料原子排布是随机和无序的。对于晶体物质，可以用实心小球来代表原子，晶体结构就是这些实心小球的空间排列。各种晶体结构可以按照不同的平行六面体单位晶胞进行分类，该单位晶胞几何形状不同，原子所处位置也不同。

最普通的金属至少以三种最简单的晶体结构中的一种出现，这三种最简单的结构是：面心立方、体心立方和密排六方。晶体结构的两个重要特征是配位数（最近邻原子数）和致密度（单位晶胞中原子所占体积分数）。面心立方和密排六方的配位数和致密度是相同的。

陶瓷材料可能存在晶态和非晶态两种结构。这些材料中原子键的形式主要是离子键，离子键大小程度可用每种离子的电荷和离子半径大小确定。金属和晶体陶瓷材料的理论密度可以根据单位晶胞和原子量数据计算。面心立方和密排六方晶体这两种结构可以通过原子密堆积面而产生。对某些陶瓷晶体结构，阳离子填充在由相邻密排阴离子面堆积构成的间隙中。

对于指定的晶体结构，每一个晶面或晶向指数由单位晶胞定义的坐标轴决定。晶向指数按照在坐标轴上的矢量值计算得到，而晶面指数要从在每个坐标轴上截柜的倒数计算得到。对于密排六方晶体用 4 个指数来表示晶向和晶面更为方便。等价的晶向和晶面分别与原子线密度和面密度有关。

在晶面上原子填充密度（面密度）取决于晶面指数和晶体结构。对于指定的晶体结构，具有相同面密度但是晶面指数不同的一类晶面属于相同的晶面簇。

单晶体是在整个晶体中原子排列次序未受到破环的晶体，在某些情况下具有平的表面和规则的几何形状。最大量的晶体存在形式是多晶体固体，它们是由许多小的位相不同的晶体或晶粒组成的。

2.5.4　扩散

处理材料的许多过程常常十分依赖物质的传质，即固体中的传质（通常在微观尺度），或来自液体、气体及其他固体相材料的物质传递。扩散是材料中原子的运动引起的物质迁移现象。本节将讨论扩散的原子机理，即扩散机制，以及温度和扩散条件对扩散速度的影响。

扩散现象可以用扩散偶来说明，扩散偶是用两根不同的金属棒的两个端面紧密联结在一起形成的。扩散偶被加热到很高温度（温度低于两种金属的熔点），保温一段时间，然后冷却到室温。由一种金属原子扩散到另一种金属原子中去的过程叫作互扩散，或杂质扩散。

互扩散可以通过显微分析不同时间成分浓度的变化进行观测。原子从高浓度向低浓度有一个净的迁移。扩散现象也可发生在纯金属中，只是这时交换位置的原子都是同类型原子，这种扩散叫作自扩散。当然，自扩散观察不到金属浓度的变化。

从原子的尺度看，扩散是原子从一个晶格位置到另一个晶格位置的过程。事实上，固体材料中的原子处在不停的运动之中，并迅速地改变位置。原子要发生移动必须满足两个条件：一是邻近需有空位；二是原子必须有足够的能量挣断与邻近原子形成的键，以及抵抗由于位置变化引起周围的晶格变形，这种能量是原子振动能。在特定的温度下，一部分原子会产生扩散运动。由于获得较大的振动能，随着温度增加，产生扩散运动的原子所占分数增加。

1. 扩散机理

迄今为止已经提出多种原子运动扩散的模型，但是对于金属材料的扩散，两种机制起主要作用。

(1)空位扩散：原子从正常的晶格位置移向邻近空位，这种扩散机制称为空位机制。空位机制的实现条件是：扩散原子的近邻有空位，在高温下，金属内部存在大量空位。由于扩散原子与空位交换位置，原子运动的方向与空位运动的方向相反。自扩散和互扩散都可以以这种形式发生，对于后者，杂质原子必须取代主体原子。

(2)间隙扩散：间隙扩散机理涉及原子从间隙位置移向邻近的间隙空位。这种机制是在杂质的相互扩散中发现的，如碳、氢、氮、氧的扩散，原子必须很小以能够进入间隙中去。这种扩散叫作间隙扩散。主体和置换型杂质原子不能形成间隙间的扩散。在大多数金属合金中，间隙扩散比空位扩散更快，因为间隙原子更小，更容易移动。间隙浓度远高于空位浓度，因此间隙原子运动的概率大于空位扩散。

从宏观上看，扩散是与时间有关的，即原子从一个位置迁移到另一个位置是时间的函数。扩散速度通常以扩散通量(J)表示，扩散通量的定义为单位时间物质通过固体单位截面积的量。数学表达式为

$$J = \frac{M}{At} \tag{2.32}$$

式中，A 为扩散通过的横截面积；t 为扩散时间；M 表示扩散通过物质的量。

它的微分表达形式是

$$J = \frac{1}{A}\frac{dM}{dt} \tag{2.33}$$

式中，J 的常用单位是 kg/(m²·s)或原子/(m²·s)。

如果扩散通量不随时间变化，则稳态扩散条件成立。稳态扩散的一个普通实例是气体原子通过一块金属片的扩散，金属片两个表面保持一定的扩散物质浓度(或压力)。

当用浓度 C 和固体内的位置 x(或距离)作图，得到的曲线就是浓度分布曲线。曲线上特定点的斜率就是浓度梯度：

$$浓度梯度 = \frac{dC}{dx} \tag{2.34}$$

在该情况下，浓度分布曲线是线性的，即

$$浓度梯度 = \frac{\Delta C}{\Delta x} = \frac{C_A - C_B}{x_A - x_B} \tag{2.35}$$

有时按照单位体积扩散的质量，即用浓度来表示扩散更方便。

在 x 一维方向的稳态扩散数学是比较简单的，因为扩散通量与浓度梯度成正比，即

$$J = -D\frac{dC}{dx} \tag{2.36}$$

式中，比例常数 D 称为扩散系数，单位为 m²/s。负号是表示扩散方向与浓度降低的方向一致，浓度从高到低。式(2-36)被称作菲克第一定律。

有时要用到迫使反应发生的驱动力这个词。对于扩散反应，几种驱动力是可能的。但是当扩散服从式(2-36)时，驱动力就是浓度梯度。

稳态扩散的一个实际例子是氢气的净化。薄的金属钯片的一侧是不纯的气体，由含有氮气、氧气和水蒸气等其他气体的氢气组成。氢气能够选择性地扩散片到钯片的另一侧，混合气一侧则维持恒定的和较低的氢气压力。

2. 非稳态扩散

大多数扩散都属于非稳态扩散。也就是说，在固体中某一特定点的浓度梯度和扩散通量随时间而变，扩散会产生净的累积和耗空现象。当扩散处于非稳态，即各点的浓度随时间而改变时，式(2.36)不再有效，此时要用到菲克第二定律的偏微分方程：

$$\frac{\partial C}{\partial t} = \frac{\partial}{\partial x}\left(D\frac{\partial C}{\partial x} \right) \qquad (2.37)$$

如果扩散系数与组分无关(对于每个特定的位置应该是改变的)，方程(2.37)可以简化为

$$\frac{\partial C}{\partial t} = D\frac{\partial^2 C}{\partial x^2} \qquad (2.38)$$

当具有物理意义的边界条件确定后，解这个方程(就是求出浓度与位置和时间的关系式)是完全可能的。一个实际重要的解是半无限固体，表面浓度为常数。通常扩散样品源是气相，它的分压维持不变。还有以下假设：

(1)扩散前，在固体中的溶质原子均匀分布，具有浓度值 C_0；

(2)表面 x 值为零，距离随进入固体的多少而增加；

(3)扩散开始时的时间为零。

这些边界条件可以简单表示为：

(1)对于 $t=0$，在 $0 \leqslant x \leqslant \infty$，$C=C_0$；

(2)对于 $t>0$，在 $x=0$ 处，$C=C_s$(表面浓度一定)；在 $x=\infty$，$C=C_0$。

应用这些边界条件，方程(2.38)可以产生解：

$$\frac{C_x - C_0}{C_s - C_0} = 1 - \mathrm{erf}\left(\frac{x}{2\sqrt{Dt}} \right) \qquad (2.39)$$

式中，C_x 表示时间为 t、距离为 x 时的浓度。表达式 $\mathrm{erf}(x/2\sqrt{Dt})$ 是高斯误差函数，它的值与 $x/2\sqrt{Dt}$ 的关系以数学表格的方式给出。于是，方程(2.39)证明了浓度、位置和时间的关系，即 C_x 是无因次变量 $x/2\sqrt{Dt}$ 的函数，如果已知 C_0、C_s、D，就可以确定任何时间任何位置时的 C_x 值。

假定在合金中存在一特定的浓度 C_1，方程(2.39)的左边可以表示为

$$\frac{C_1 - C_0}{C_s - C_0} = 常数$$

3. 影响扩散系数的因素

扩散系数 D 的大小是原子扩散速度的量度。扩散样品和主体元素都会影响扩散系数。例如，500℃时，铁和碳在 α-Fe 中的扩散，自扩散和互扩散系数大为不同，前者 D 为 3.0×10^{-21}，后者为 2.4×10^{-12}，远大于前者。铁的自扩散通过空位扩散机理进行，而碳在 α-Fe 中的扩散服从间隙机理。

扩散系数 D 与温度 T 的关系都服从下式：

$$D = D_0 \exp\left(-\frac{Q_d}{RT}\right) \tag{2.39}$$

式中，D_0 是与温度无关的常数（m^2/s）；Q_d 是扩散活化能（J/mol，cal/mol 或 eV/atom）；R 是气体常数（8.31 J/(mol·K)，1.987 cal/(mol·K) 或 8.62×10^{-5} eV/(atom·K)）；T 是热力学温度（K）。

扩散速度和方向受诸多因素影响。由式（2.39）可知，凡对 D 有影响的因素都影响扩散过程。温度对扩散系数和扩散速度有最大的影响。例如，铁在 α-Fe 中的自扩散，温度从 500℃ 升到 900℃，扩散系数增加了 6 个数量级（从 3.0×10^{-21} 到 1.8×10^{-15} m^2/s）。

活化能是每摩尔原子扩散运动所需要的能量。大的扩散活化能导致相对较小的扩散系数。

如果把方程（2.39）取自然对数，即

$$\ln D = \ln D_0 - \frac{Q_d}{R}\left(\frac{1}{T}\right) \tag{2.40}$$

或取常用对数：

$$\lg D = \lg D_0 - \frac{Q_d}{2.3R}\left(\frac{1}{T}\right) \tag{2.41}$$

因为 D_0、Q_d 和 R 都是常数，方程（2.41）可以化为直线形式：

$$y = b + mx$$

这里 y 和 x 分别代表变量 $\lg D$ 和 $1/T$。因此，如果用 $\lg D$ 和绝对温度的倒数作图，就可得到一条直线，直线的斜率和截距分别是 $-Q_d/2.3R$ 和 $\lg D_0$。D_0、Q_d 可以通过实验测定。

4. 短路扩散

实际上原子迁移还可以沿着位错、晶粒界和外表面进行。有时把这些扩散叫作"短路扩散"，因为它们比体扩散要快得多。在大多数情况下，短路扩散在整个扩散通量中所占的份额是很小的，因为这些通道的截面是极小的。

5. 在离子和聚合物材料中的扩散

离子型化合物扩散的情况比金属更复杂，因为必须考虑带有两种相反电荷的离子的扩散运动。这些材料中的扩散通常按照空位扩散机理进行。为了维持离子材料的电中性，离子空位具有以下方式：①离子空位成对出现（肖特基缺陷）；②形成非计量化合物；

③具有不同电荷的杂质离子取代本体原子形成空位。在任何情况下，单个离子的扩散运动都与电荷的运动有关。为了使运动离子附近具有局部电中性，必须伴随有一个等量的带相反电荷样品的扩散运动出现。带这种电荷的样品可以是空位、杂质离子和电子载流子(自由电子或空穴)。这些带电样品的扩散速度受到移动最慢的样品扩散的限制。

当在离子固体外部施加一个电场的时候，带电离子的运动(或扩散)受到电场力的影响。离子扩散速度随电流增加而加快，而且导电率是扩散系数的函数。因此离子型固体的许多扩散数据来自电导率的测量。

对于聚合物材料，需要关注的是外来分子(如氧、水、二氧化碳、甲烷)在分子之间的扩散运动。聚合物的渗透性和吸附性与外来物质扩散进入聚合物的程度有关。外来物质的进入会导致聚合物的溶胀、与聚合物发生化学反应，也会导致材料的力学和物理性质的恶化。

聚合物中的扩散速度在无定型区比结晶区更快，因为在无定型区，材料的结构更"松散"。聚合物中的扩散机理类似于金属中的间隙扩散机理，即在聚合物中，扩散运动从一个开放的无定型区走向另一个开放的无定型区。

外来的分子大小也会影响其在聚合物中的扩散速度。分子越小扩散速度越快。而那些化学惰性的分子比化学性质活泼(可能与聚合物发生反应)的分子扩散速度更快。

对于某些应用而言，期望聚合物的扩散速度较慢，因为聚合物材料常被用作食品、饮料包装袋和汽车的内外轮胎。聚合物膜材料常被用作过滤的隔膜材料和选择性地分离某些化学物质的材料(例如水的脱盐)。在这种情况下，通常过滤去掉的物质的扩散速度远大于其他物质的扩散速度。

下面对扩散在材料研究中的应用做个小结。固态扩散是原子在固体材料中迁移传质的一种方式。自扩散是主体原子之间发生的迁移，而互扩散是杂质原子与主体原子发生相对位移的一种传质方式。空位和间隙扩散两种机理都可能存在。对于给定的金属，一般间隙原子的扩散速度更快。

对于稳态扩散，扩散样品的浓度分布曲线与时间无关，扩散通量即扩散速度与浓度梯度的负值成正比，服从菲克第一定律。非稳态扩散可以用菲克第二定律偏微分方程描述。它的数值解要用到边界条件和高斯误差函数。

扩散系数的大小反映了原子运动速度的高低，受温度影响极大，随着温度升高成指数增加。

离子材料中的扩散按照空位扩散机理，由于成对的带电空位和带电单元同时进行扩散运动，材料中局部电中性得以维持。在聚合物中，外来的小分子在聚合物链之间的扩散服从间隙扩散机理，分子从一个无定型区走向相邻的另一个无定型区。

集成电路中，芯片的制造是一种应用固态扩散的技术，其是将杂质精确融入硅晶的微小空间区域内(原子扩散)。一般有两步：预沉积(杂质原子通过气相扩散进入硅中)和注入扩散。

习　题

1. 用波尔原子模型来说明两个重要的量子力学概念，并试着用波动力学作补充说明。

2. 两个相邻离子的净势能 E_N 可以用 $E_N = -A/r + B/r^n$ 表示。试计算键能 E_0，用参数 A、B 和 n 表示；如果净势能 E_N，用 $E_N = -C/r + D\exp(-r/\rho)$ 表示，式中 r 为离子间距，常数 C、D 和 ρ 取决于材料本身的性质，那么 E_0 的表达式又是什么？

3. 橡胶、黄铜(铜锌合金)和尼龙中分别有哪种键？

4. 碳纳米管具有很高的强度、硬度和较大的韧性。单壁纳米管的拉伸强度在 30～200 GPa，弹性模量值约为 1 TPa，是目前最强的材料之一。碳纳米管也被称为"最终的纤维"，是非常有前途的复合材料强化物。近期，有报道指出平面全彩的显示器用碳纳米管制备了场至发射阴极，该产品与阴极射线管显示屏和液晶显示屏相比，生产成本低，耗费功率低。请查找文献，并试着从晶体结构基础出发，谈一谈碳纳米管结构特点，以及键合作用与材料性能的关系。

5. 列出下图钙钛矿晶体结构晶胞中钛、钡和氧离子的点坐标。

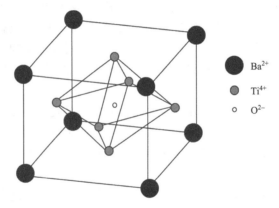

6. 画出一个四方晶胞，并在晶胞内画出 (1/2, 1, 1/2) 和 (1/4, 1/2, 3/4) 点坐标的位置。

7. 在立方晶胞内，画出以下方向：$[\bar{1}10]$、$[0\bar{1}2]$、$[\bar{1}1\bar{1}]$、$[12\bar{3}]$、$[\bar{1}21]$、$[\bar{1}22]$、$[\bar{1}03]$。

8. 为什么大多数多晶材料为各向同性？

9. 查找 $CaCl_2$ 标准 X 射线衍射峰，依据 BCC 反射规律标上指数(即 $h+k+l$ 的和必须为偶数)。列出 FCC 晶体结构的 h、k 和 l 的四分之一衍射峰指数，其中全为奇数或偶数。

10. 结合课程学习，查找文献，谈一谈高分子结晶度对熔点和玻璃化转变温度的影响。

11. 何种材料的原子键中离子键占主要地位？为什么固化过程中形成非结晶固体而不是共价键物质？

12. 试解释为何变压器磁芯中使用的铁合金磁性材料属于各向异性，即晶粒(或单晶)在 <100> 方向比其他任意方向更易具有磁性。

第3章　材料组成与结构

理解材料的组成与结构是非常重要的，这是因为材料的组成和结构决定了材料的性质，而材料的性质是材料特定应用范围的依据。材料组成是指构成材料的基本单元的成分及数目。材料结构是指材料的组成单元(分子、原子)之间相互吸引和相互排斥作用达到平衡时彼此结合的形式、状态及在空间的几何分布。材料的结构包括多个层次，从微观结构(原子分子水平)、介观结构到宏观结构。

3.1　金属材料的组成与结构

3.1.1　金属材料

金属材料是人类认识和开发利用较早的材料之一，公元前 3000 年出现的青铜器被认为是最早的人工合成材料。金属材料通常由一种或多种金属元素组成，原子之间通过金属键相互作用。金属键的显著特征是成键电子能够在整个聚集体中流动，使得金属呈现出特有的属性，比如，具有金属光泽和良好的导热性、导电性、延展性等。

金属材料最常见的结构形态为晶体结构，是指金属原子在一定介观空间内按一定周期排列。决定晶体结构的内在因素是原子、离子以及分子间键合的类型和键的强弱，又因为金属键具有无饱和性和方向性的特点，使得金属内部的原子趋于紧密堆积。除了少数十几种金属具有复杂的晶体结构外，大多数金属具有高度对称性的简单晶体结构。其中，最典型和常见的金属晶体结构有面心立方、体心立方和密排六方晶体结构。如表 3-1 所示，许多金属中可以找到原子位于立方体各个顶点和各个立方面中心的晶胞所构成的晶体结构，称为面心立方晶体结构，常见的铜、铝、银、金、镍、铂、铅等金属具有面心立方结构。体心立方晶体结构的晶胞中 8 个顶点各有一个原子和一个立方体中心的原

表 3-1　常见金属在室温时的晶体结构

元素	晶体结构	元素	晶体结构
铝	面心立方	钼	体心立方
铍	密排六方	镍	面心立方
镉	密排六方	铌	体心立方
铬	体心立方	铂	面心立方
钴	密排六方	钾	体心立方
铜	面心立方	银	面心立方
金	面心立方	钠	体心立方
铁	体心立方	钛	密排六方
铅	面心立方	锌	密排六方
锂	体心立方	镁	密排六方

子，铬、铁、钨、钼、钒、铌等金属具有体心立方晶体结构。并非所有的金属都具有立方对称的结构，六方对称性的晶胞也是常见的金属晶体结构。密排六方晶体结构的晶胞的顶面和底面由 7 个原子组成，一个原子在中间，7 个原子围绕着它形成规则六边形。夹在晶胞顶面和底面中间的面由 3 个额外的原子组成，中间面的原子与相邻两个面原子接触，镉、钴、镁、钛、锌、铍等金属具有密排六方晶体结构。

整个金属单质晶体可以看作同种金属元素的正离子周期性排列而成，这些正离子的最外层电子结构都是全充满或半充满状态，它们的电子分布基本上是球形对称的。而同种元素的原子半径都相等，因此可以把它们看成一个个等径圆球。金属原子在组成晶体时，总是趋向于形成密堆积结构，其特点是堆积密度大，相互的配位数高，能够充分利用空间，整个体系能量最低。

3.1.2　合金材料

虽然纯金属在工业中有着重要的用途，但由于单一金属性能的局限性，往往不能满足生活生产中的多种需求，在实际工业应用最广泛的金属材料绝大多数是合金。合金材料是指由两种或两种以上金属元素与金属元素或非金属元素经熔炼、烧结或其他方法形成的具有金属特性的物质。例如，应用最普遍的碳钢和铸铁是以铁和碳为主要元素经熔炼而成的合金。和纯金属相比，合金种类繁多，成本低廉，并且具有优异的强度、硬度、电、磁、化学等物理化学性质。

在金属或合金中，化学成分相同、晶体结构相同并与其他部分有界面分开的均匀组成部分称为相。组成合金的最简单、最基本、能够单独存在的物质称为组元。根据合金组成元素及其原子相互作用的不同，固态下所形成的合金相可分为固溶体和金属间化合物两大类。

1. 固溶体

合金结晶时，组元相互溶解所形成的固相晶体结构与组成合金的某一组元相同，则这类固相称为固溶体。其中，固溶体中含量较多的组元称为溶剂，含量较少的组元称为溶质。因而，固溶体合金又可以认为是一种或多种溶质组元溶入晶态溶剂并保持溶剂的晶格类型所形成的晶态固体。

按照溶质原子在溶剂晶格中所处的位置，将固溶体分为置换型固溶体和间隙型固溶体。置换型固溶体是指溶质原子置换了一部分溶剂原子，并占据溶剂晶体中某些晶格点位置所形成的固溶体。通常情况下，当 A、B 两种金属的结构型式相同，原子半径相近，原子的价电子层结构和电负性相近时，则 A、B 两种金属之间能够形成置换固溶体，甚至溶质可按任意比例溶入溶剂，形成无限固溶体(连续固溶体)。晶体结构相同是组元间形成无限固溶体的必要条件。置换固溶体的结构仍保持 A 和 B 原来的结构型式，只是一部分金属原子 A 的位置被另一种金属原子 B 取代。

间隙固溶体是指溶质原子进入溶剂晶体中的间隙位置所组成的固溶体，通常是由原子半径较小(一般小于 0.1 nm)的非金属原子渗入到金属晶格的间隙位置所形成的固溶体，如 B、C、N、O、H 等。由于晶体中的空隙有限，能进入的异质原子或者离子数目有限，因此，间隙固溶体是一种有限固溶体。间隙固溶体的溶解度不仅与溶质原子的大小有关，还与溶剂晶体结构中间隙的形状和大小等因素有关。

虽然固溶体仍保持溶剂的晶格类型，但由于形成固溶体的溶质原子和溶剂原子的尺寸和性质不同，溶质原子的引入必然引起溶剂晶格的畸变。形成间隙固溶体时，溶质和溶剂原子尺寸差别越大，溶剂中溶入的溶质原子越多，所形成的固溶体晶格畸变越严重。这样的晶格畸变必然增强位错运动的阻力，使得间隙固溶体在外力作用下位错的移动受到阻碍。其结果是合金的硬度比纯金属的高，熔点也明显提高。通过控制溶质元素的溶入量可以获得不同硬度和熔点的合金。这种通过溶入溶质元素形成固溶体，使金属材料的变形抗力增加，硬度和强度提高的现象称为固溶强化。它是金属材料特别是非铁金属材料的一种重要强化手段。

2. 金属间化合物

A 和 B 两种组元形成合金时，除了能形成以 A 或 B 为基的固溶体外，还可能形成晶体结构与 A 或 B 均不同的新相。这类新相常位于相图的中间位置，并且具有一定的金属特性，故称之为金属间化合物。一般情况下，当合金组元的原子半径、原子电负性、价电子层结构，以及单质的结构型式间相差较大时，倾向于形成金属间化合物。根据金属间化合物的形成条件和结构特点，可将其分为正常价化合物、电子价化合物、间隙化合物。

正常价化合物是指严格遵守化合价规律的金属间化合物，其成分固定，可用化学式表示。正常价化合物常由一些金属元素和电负性较强的IVA、VA、VIA 族的一些元素组成，一般为 AB、A_2B、A_3B_2 型，例如，Mg_2Si、Mg_2Sn、$MgSe$ 等，具有硬度高、脆性大的性能特点。正常价化合物的晶格结构通常对应于同类分子式的离子化合物结构，如 $MgSe$ 为 $NaCl$ 型；Mg_2Si 为 CaF_2 型。正常价化合物的稳定性与组元间电负性差有关，电负性差越小，化合物越不稳定，越趋于金属键结合。电负性差越大，化合物越稳定，越趋于离子键结合。

电子价化合物是指不遵守原子价规律而取决于化合物中的价电子数与原子数比值所形成的金属间化合物。电子价化合物主要由第 I 族或过渡金属元素与第 II 至第 V 族金属元素结合而成。电子价化合物虽然可以用化学式表示，但不符合化学价规律，并且实际上其成分在一定范围内变化，因此可以把它看作以电子化合物为基的固溶体，其电子浓度(合金相中各组元价电子总数与原子总数之比)也在一定范围内变化。电子价化合物中原子间的结合方式以金属键为主，具有明显的金属特性。电子价化合物的晶体结构与合金的电子浓度密切相关，例如，当 Cu-Zn 合金的电子浓度为 21/14 时，Cu-Zn 具有体心立方结构，称为 β 相；电子浓度为 21/13 时，Cu_5Zn_8 为复杂立方结构，称为 γ 相；电子浓度为 21/12 时，$CuZn_3$ 具有密排六方结构，称为 ε 相。

间隙化合物与间隙固溶体在结构上具有一定相似之处。当原子半径较大的过渡族金属(如 Fe、Mn、Cr、Mo、W、V 等)与原子半径很小的非金属(如 C、N、H 等)形成稳定的化合物，其组元之间原子半径之比大于 0.59 时，就形成具有复杂晶格的间隙化合物，例如，渗碳体 Fe_3C 就属于间隙化合物。

金属间化合物的结构特征主要有：金属间化合物的结构型式一般不同于纯组分在独立存在时的结构型式；在金属 A 和 B 形成的金属间化合物中，各种原子在结构中的位置已经有了分化，它们已分为两套不同的结构位置，而两种原子分别占据其中的一套。

易于形成组成可变的金属间化合物是合金独有的化学性能。虽然金属间化合物种类繁多，晶体结构或简单或复杂，但它们都具有共同的特性：高的熔点、高的化学稳定性、高的硬度以及较大的室温脆性等，是各类合金钢、硬质合金和有色合金的重要组成部分。当合金中存在金属间化合物时，通常能够提高合金的强度、硬度和耐磨性，但也会使其塑性和韧性降低。根据这一特性，绝大多数工程材料将金属间化合物作为重要的强化相，而不作为基体相。大部分工业合金为固溶体和少量金属间化合物构成的混合物，通过调整固溶体的溶解度和金属间化合物的形态、数量和分布，可使合金的力学性能在较大范围波动，从而满足不同的性能要求。

此外，由于结合键和晶格类型的多样性，金属间化合物具有许多特殊的电、磁、声、电子、催化、高温性能等。例如，金属间化合物砷化镓(GaAs)，其性能远超过现在广泛应用的硅半导体材料；NiTi 是形状记忆合金材料；$LaNi_5$ 是新一代能源储氢材料。

3. 合金结构与性能

在固态下合金既可以形成均匀的单相合金，也可以是由几种不同的相组成的多相合金。

1) 单相合金

工业上应用的单相合金都是单相固溶体，其性能决定于溶剂金属的性质和溶质元素的种类、数量和溶入方式。对于一定的溶剂和溶质，溶入的溶质越多，溶剂晶格畸变越大，固溶体强度、硬度和电阻越高。单相固溶体具有较高的塑性、韧性和耐蚀性。

2) 多相合金

多相合金中各相仍保持各自的性能特点，因此其性能一般是组成相的算术平均值。除了组成相性能和相对数量外，决定多相合金性能的还有组成相的形状、大小和分布情况。

最常见的多相合金结构是以一种固溶体为基体，在其上分布着第二相。第二相一般是硬而脆的化合物或以化合物为溶剂的固溶体，又称为脆性相。这种合金塑性变形主要在基体内进行，第二相则对基体变形起着阻碍作用，因此塑性变形能力低于单相固溶体。根据第二相的作用情况，多相合金分为以下四种情况。

(1) 第二相以网状分布于基体的晶界上。由于基体晶粒被脆性相包围，在空间形成硬壳，使基体的塑性变形能力无从发挥，脆性的第二相又几乎不能塑性变形，因此合金的塑性、韧性都很低。由于晶粒间结合力下降，晶粒变形受阻而导致较大的应力集中，合金的强度也降低。如果网状分布的第二相熔点低，则合金被加热至高温时，由于第二相的熔化，大大削弱了晶粒之间的结合力，使得合金在承受外力或内部应力作用时发生断裂，即合金具有热脆性。热脆性将严重影响合金的热加工性能和焊接性能。

(2) 第二相以片状分布于基体晶粒内。由于第二相不连续，不致严重破坏基体的变形能力，因而合金塑性比网状分布的好。由于第二相在基体晶粒内呈片状分布，导致相界面积增加，晶格畸变程度加重，位错的移动被限制在层片的短距离中，增加了塑性变形的抗力,因而合金有较高的强度和硬度。层片越细,合金的强度、硬度越高。

(3)第二相以颗粒状分布于基体晶粒内。由于较高塑性的基体几乎是连成一片,使第二相对基体塑性变形的阻碍作用大为减少,所以合金塑性比网状和片状都好。用于冷冲压、冷挤压、冷镦的钢材都要求有这种类型的组织。在弥散度相同的条件下,由于颗粒的表面积比片状的小,相界面积减小,对塑性变形的抗力减小,因此,合金的强度、硬度比片状低。

(4)第二相呈弥散的质点分布于基体晶粒内。由于脆性的第二相以非常微小的质点均匀地分布于基体的晶粒内,大大增加了相界面积,从而阻碍位错的运动并增大变形抗力,所以合金具有较高的强度和硬度。靠弥散的第二相质点提高合金强度的方法称为弥散强化,又称为析出强化或沉淀强化。弥散强化是工业合金最有效、应用最广的强化方法之一。大部分高强度钢以及用作仪表、电器、接触弹簧、电焊机滚焊、点焊电极的铍青铜等有色合金,都是靠弥散强化的手段来获得高强度的。

3.1.3 铁碳合金

现代制造工业中应用最为广泛的钢铁材料,是以铁和碳为基本组元的合金。铁碳合金是非常重要的工程结构材料,其产量比其他金属类型的合金大,应用广泛。这是因为铁化合物大量存在地壳内;金属铁和钢合金可以使用相对经济的提取、精炼、合金化和制造技术获得;铁碳合金可通过加工获得范围广泛的力学和物理性能。纯铁质软,一般不作为材料使用,共有α-Fe、γ-Fe 和δ-Fe 三种同素异构体。常温下呈α-Fe 相(体心立方结构),升温至 941℃,转变为γ-Fe 相(面心立方结构),继续升温至 1390℃,转变为δ-Fe 相(体心立方结构)。铁的这一特性是钢铁材料通过热处理获得多种组织结构与性能的理论依据。半径较小的碳原子易进入到铁的晶格中,在一定条件可形成以下几种合金结构。

1)奥氏体

奥氏体是碳溶于γ-Fe 中所形成的间隙固溶体,呈面心立方结构,晶界呈规则多边形。γ-Fe 面心立方晶格具有尺寸较大的间隙,在 1148℃时能够容纳的含碳量达最高值为2.11%,随着温度降低,其溶解度下降。奥氏体在高于727℃的高温下才能稳定存在,其强度、硬度不高,但塑性好。钢材的热压力加工一般都是加热到奥氏体状态进行。

2)马氏体

马氏体是碳在α-Fe 中的过饱和固溶体,呈体心四方结构。马氏体通常由中高碳钢快速冷却至一个相对较低的温度后获得,具有较高的强度和硬度。只有当淬火速度快到足以阻止碳的扩散,才会发生马氏体相变。任何扩散反应都会导致铁素体和渗碳体的形成。骤冷的钢或马氏体一般可经回火过程转化为由铁素体和渗碳体组成的机械性能优异的钢料。控制马氏体的回火过程可以控制形成铁素体和渗碳体的颗粒大小和组织结构等,从而控制钢的机械性能。这一原理是钢热处理过程的理论基础。

3)铁素体

铁素体是碳溶于α-Fe 中所形成的间隙固溶体,呈体心立方结构。由于α-Fe 体心立方晶格的间隙尺寸较小,溶碳能力较差,在 727℃时能够容纳的含碳量达到最高值仅0.02%,随着温度的降低,溶解度进一步减小,室温时的含碳量仅为 0.0008%,所以铁素

体成分上更接近 α-Fe。在碳钢和低合金钢的热轧和退火组织中,铁素体是主要形成相。铁素体的组成和组织对钢的工艺性能具有重要影响,在某些场合对钢的使用性能也有影响。铁素体的力学性能特点是塑性、韧性好,而强度、硬度低。

4)渗碳体

渗碳体是碳与铁形成的 Fe_3C 化合物,含碳量为 6.67%,呈复杂的正交晶格,是一种具有极高硬度的脆性化合物,塑性、韧性几乎为零。渗碳体不稳定,长时间退火后将最终分解出石墨状态的自由碳。在铁碳合金中有不同形态的渗碳体,其数量、形态和分布对铁碳合金的性能有直接影响。渗碳体通常固溶有其他元素,例如,碳钢中,一部分铁为锰所置换;合金钢中,部分铁原子为铬、钨、钼等元素所置换,形成合金渗碳体。

5)珠光体

一种铁素体和渗碳体相间成层排列的混合物,由于在显微镜下图像类似珠母,故称为珠光体。珠光体是由奥氏体冷却时,在 727℃发生共析转变的产物,是钢中最常见的组织之一,力学性能介于铁素体与渗碳体之间,强度较高,硬度适中,塑性和韧性较好。珠光体的片间距离取决于奥氏体分解时的过冷度,过冷度越大,所形成的珠光体片间距离越小。

铁系合金材料的性能与掺杂元素组成、晶格形态等多层次因素相关,不同的加工工艺导致不同的结构状态,从而表现出不同的性能。钢铁是以铁和碳为基本元素的合金体系的总称,通常将碳含量大于 2.14 wt%的归类于生铁(铸铁),将碳含量小于 0.02 wt%的归类于纯铁,在这中间的归类于钢。在钢中,按含碳量多少,将含碳量小于 0.25 wt%的称为低碳钢,介于 0.25 wt%~0.60 wt%的称为中碳钢,含碳量介于 0.6 wt%~1.4 wt%的称为高碳钢。

在各种不同类型的钢中,低碳钢是产量最大的钢种。通常情况下,低碳钢对热处理不敏感,倾向于形成马氏体,通过冷加工可使其强化。低碳钢的显微组织由铁素体和珠光体组成,硬度、强度均较低,但具有优良的塑性和韧性,并可切削加工、焊接,生产成本低。低碳钢已广泛应用在汽车车身构件、结构型材和管线、桥梁等。

中碳钢可通过奥氏体化热处理、淬火及回火来提高力学性能。它们通常在较为温和的环境下使用,具有回火马氏体组织。普通中碳钢具有低的硬化性,仅在非常薄的构件和极快的淬火速率下才可成功进行热处理。热处理后的合金强度高于低碳钢,但塑性和韧性降低。中碳钢主要应用于铁路车轮和轨道、齿轮、曲轴、机械零件等。

高碳钢是硬度和强度最高,而延展性最低的碳钢。高碳钢大多数利用其淬火和回火状态,具有优良的耐磨损性和锋利的切削刃。高碳钢常用于制造切削工具、材料成型模具、刀具、剃须刀、弹簧、高强度钢丝等。

3.1.4 非铁金属及合金

铁系合金消耗量大,应用广泛,但它们也有一些明显的局限性,主要为密度相对较高、电导率相对较低、易腐蚀性等。因此,在许多应用中,利用其他具有更合适组合性能的合金是有利的,甚至是必需的。金属领域中常把金属分为两大类:黑色金属和有色金属。实际上,纯铁是银白色的,但由于铁的表面常常生锈,盖着一层黑的四氧化三铁和棕褐色的三氧化二铁混合物，导致铁看上去是黑的，故称为黑色金属。有色金属又称为非铁金属，是指除铁以外的金属。与黑色金属相比，非铁金属及其合金具有许多特殊的物理、化学性能，因而成为现代工业、国防等领域中不可缺少的工程材料。

1. 轻金属及其合金

在有色金属中，铝、镁、钛等金属的密度较小，常被称为轻金属，其对应的铝合金、镁合金、钛合金称为轻合金。

1）铝合金

铝是地壳中储量最丰富的元素之一，约占全部金属的三分之一。铝及其合金的密度相对较小，比强度高，导电和热导率高，在大气环境中具有耐腐蚀性，并且具有易于成型、价格低廉等优点，已广泛应用于航空航天、交通运输、轻工建材等领域，仅次于钢铁，成为第二大金属材料。但铝的主要缺点是熔点低（660℃），这限制了它在高温环境的应用。

铝合金中常用的合金元素，包括铜、镁、硅、锰、锌及稀土元素等。根据合金元素和加工工艺特性，将铝合金分为变形铝合金和铸造铝合金两大类。变形铝合金是指可以通过压力加工制造成型材，要求合金具有良好的塑性应变能力，适用于锻造、轧制和挤压。铸造铝合金是指合金具有良好的铸造性能，按其主要合金元素的不同，分为 Al-Si、Al-Cu、Al-Mg、Al-Zn 等合金系列。

铝的力学性质可以通过冷加工和合金化增强，但这两个过程会降低耐腐蚀性。因此，铝合金的研制，在不断提高强度的同时，更加注重改善其抗应力腐蚀性能和断裂韧性，以提高构件的工作可靠性。目前，高强、高韧是铝合金发展的主要方向。例如，硬铝合金（Al-Cu-Mg 系合金）中，除了铜、镁外，还含有少量的锰。其中，铜和镁可溶于铝中形成固溶体，并在超过溶解度极限后形成 $CuAl_2$ 和 $CuMgAl_2$ 强化相，称为硬铝。$CuMgAl_2$ 的结构比 $CuAl_2$ 复杂，强化效果也更显著。在铜多镁少时，主要强化相是 $CuAl_2$。随着镁含量的增多，$CuMgAl_2$ 的量相对增加，上升为主要强化相。但镁含量过多时，强化效果反而会下降。锰的加入可改善合金的抗腐蚀能力、细化晶粒、提高强度的作用，但过多的锰会使合金塑性下降，故一般控制在 1% 以下。硬铝合金是比强度较高的结构材料，常用来制造飞机的大梁、螺旋桨、铆钉和蒙皮等，在仪器制造中也得到广泛应用。超强硬铝合金（Al-Mg-Zn-Cu 系合金）是室温中强度最高的铝合金。5%～7% 的锌能够溶于固溶体中而使固溶体强化，并能与铜、镁等共同形成多种复杂的强化相而使合金强度显著提高。这种合金的强度已与中碳钢相似，而密度却小很多，其比强度远高于钢，可用于航空工业中承力的飞机结构件和超音速飞机的蒙皮。

近年来，铸造铝基复合材料、喷射沉积铝合金以及快速凝固/粉末冶金铝合金发展迅速。例如，铸造 Al-Si 基 SiC 颗粒增强复合材料，提高了合金的性能，尤其是刚性和耐磨性，并已成功应用到航空航天、汽车等领域。

2）镁合金

镁在地壳中的含量约为 35%，并且在 20℃时的密度仅为 1.7 g/cm^3，是常用结构材料中最轻的金属，镁的这一特征与其优越的力学性能相结合成为大部分镁基结构材料的应用基础。镁合金的主要特点：重量轻；比强度、比刚度较高；弹性模量较低，当受到外力时，应力分布更均匀；良好的减振性；优良的切削加工性能和铸造性能。常用的镁合金分为变形镁合金和铸造镁合金。变形镁合金经过挤压、轧制和锻造等工艺后具有比相同成分的铸造镁合金更优异的性能，例如 Mg-Al 系合金、Mg-Zn-Zr 系合金。Mg-Al 系变形镁合金具有良好的强度、塑性和耐磨性等特点，且价格低廉，是常用的合金系列。Mg-Zn-Zr 系变形镁合金是高强度镁合金，具有强度高、耐腐蚀性好、无应力腐蚀倾向，且热处理工艺简单等特点，适用于制造形状复杂的大型构件。铸造镁合金中以含稀土元素的铸造镁合金为主。通过添加稀土金属进行合金化，提高了镁合金熔体的流动性，降低孔隙率，减轻疏松和热裂倾向，并提高耐热性。耐热性差是限制镁合金广泛应用的主要原因之一，当温度升高时，镁合金的强度和抗蠕变性能急剧下降，使它难以作为关键零部件材料在汽车等工业广泛应用。目前常用稀土元素提高镁合金的耐热性，但稀土元素高昂的价格限制了镁合金的广泛应用。

与铝合金相比，目前对镁合金的研究与应用还很有限，这主要是因为镁元素极为活泼，镁合金在熔炼和加工过程中极易氧化燃烧，导致镁合金生产难度大；镁合金的生产技术还不成熟和完善，特别是镁合金的成型技术急需进一步发展；镁合金的耐腐蚀性较差；现有工业镁合金的高温强度、蠕变性能较差，限制了镁合金在高温场合的应用；镁合金的常温力学性能，如强度、塑性、韧性等有待进一步提高；镁合金的合金系列相对较少；变形镁合金研究开发严重滞后，难以适应不同场合的应用需求。目前虽然铸造镁合金产品用量大于变形镁合金，但经变形的镁合金材料可获得更高的强度，延展性及多样化的力学性能，可以满足不同场合的使用需求。因此，开发变形镁合金是未来的发展趋势。

3）钛合金

钛合金因其具有比强度高、耐热性高、抗腐蚀性优异等突出优点而被广泛应用于航空、航天、造船以及化工工业等领域。纯钛具有密排六方堆积结构，室温下表现为 α 相、在 883℃转变为体心立方结构（β 相）。合金元素对钛的转变温度有显著影响，根据加工后形成的相，钛合金可分为 α 型、β 型及 $\alpha+\beta$ 型。α 型钛合金中主要加入元素为铝、锡和锆，在室温和使用温度下均为 α 单相状态。α 型钛合金的室温强度低于 β 型和 $\alpha+\beta$ 型钛合金，但在 500～600℃时具有良好的热强性、抗氧化能力和焊接性能，是高温应用首选，常在退火或再结晶状态使用。

β 型钛合金中需含有足够浓度的 β 相稳定元素，如钼、钒、铬等，在足够快的冷却速度下，β 相在室温中可稳定存在。β 型钛合金具有良好的冷热加工性能，易锻造，可轧制、焊接，可通过固溶处理获得良好的机械性能、环境抗力、抗氧化性能、锻造性能等。$\alpha+\beta$ 型钛合金是包含两种组成相稳定元素的合金，具有良好的塑性，易锻造、压延和冲压成型，并且合金的强度可通过热处理加以改善和控制，常用于制造航空发动机压气机盘和叶片等。

2. 铜及其合金

单质铜具有面心立方晶体结构，无同素异构转变，是玫红色金属，表面形成氧化铜膜后呈紫色。纯铜的导电性优良，在各种金属中仅次于银，常用于制造电线、电缆、电刷等，并且导热性好，常用来制造防磁性干扰的磁学仪器、仪表，如罗盘、航空仪表等。纯铜具有优良的成型加工性、可焊性、可塑性，易于热压和冷压力加工，可制成管、棒、线、条、带、板、箔等铜材。冷变形加工可显著提高纯铜的强度和硬度，但塑性、电导率降低，经退火后可消除加工硬化现象。

黄铜是最常见的铜合金，由铜和锌组成，具有优良的铸造性能、压力加工性能和耐腐蚀性能。按化学成分的不同，黄铜可分为普通黄铜和特殊黄铜两类。普通黄铜根据室温下的平衡组织可分为单相黄铜（锌含量<39%）和双相黄铜（锌含量为39%～45%）。改变锌含量可得到不同机械性能的黄铜，随着锌含量的增加，黄铜强度提高，但塑性稍低。特殊黄铜是在普通黄铜中加入其他元素所组成的多元合金，如硅、铝、锡、铅、锰、铁和镍等，以改善黄铜的某种性能。例如，在黄铜中加入铝能提高黄铜的屈服强度和抗腐蚀性，塑性稍降低；在黄铜中加入锡能显著改善黄铜的抗海水和海洋大气腐蚀能力，以及切削加工性能；在黄铜中加入铅能改善切削加工性和耐磨性。

青铜是人类历史上应用最早的一种合金，我国公元前2000多年的夏商时期开始使用青铜铸造钟、鼎、剑等。青铜最早是指铜和锡的合金，因颜色呈青灰色，故称青铜。如今，常把除了黄铜和白铜以外的铜合金都称为青铜。为了改善合金的工艺性能和机械性能，大部分青铜中会加入铅、锡、铝、铍等元素，称为铅青铜、锡青铜、铝青铜、铍青铜。例如，在青铜中添加锡，能够显著提高机械性能、耐腐蚀性、减摩性和铸造性能，并对过热和气体的敏感性小、焊接性好、无铁磁性、收缩系数小。

白铜是以镍为主要添加元素的铜基合金，因其呈银白色，故称白铜。添加镍后能显著提高强度、电阻、耐腐蚀性及热电性。通常将铜镍二元合金称普通白铜，加锰、铁、锌或铝等元素的铜镍合金称为复杂白铜。

3. 新型合金材料

新型合金材料中主要介绍储氢合金、形状记忆合金及高性能合金。

1) 储氢合金

氢气是一种热值很高的燃料，并且与氧气燃烧产物是水，对环境无污染，是未来最有前途的燃料。但氢气的储存十分具有挑战性，传统储氢方法有利用高压钢瓶储存氢气，或将氢气降温至-253℃变为液体后储存。但上述传统储氢方法具有明显缺点，如钢瓶容量有限，并有爆炸危险；液态氢储存箱体积庞大，且需要极好的绝热装置，才能防止液态氢沸腾气化。

近年来，储氢合金作为一种新型安全、经济而有效的储氢方法应运而生。储氢合金是指能以金属氢化物的形式吸收氢，加热后又能释放氢的合金材料。储氢合金所储存的氢密度大于液态氢，并且氢储入合金中不需要消耗能量，释放氢所需能量不高，工作压力低、操作简便、安全，是最有前途的储氢介质。

金属或金属间化合物属于金属晶体，其晶体结构中的原子排列十分紧密，大量的晶格间隙位置可吸收大量的氢，并使氢处于最致密的填充状态。储氢合金的储氢原理就是可逆地与氢形成金属氢化物，即气态氢分子被分解成氢原子进入金属之中，处于合金八面体或四面体间隙位置，使得金属氢化物储氢技术具有高储氢体积密度和特有的安全性。

储氢合金通常是将吸热型金属与放热型金属组合，制成适当的金属间化合物，使之起到储氢的性能。吸热型金属是指在一定的氢压下，随着温度升高，氢的溶解度增加，如铁、锆、铜、铬、钼等。放热型金属与之相反，如钛、镧、铈等。储氢合金主要有三大系列：以 $LaNi_5$ 为代表的稀土系储氢合金；以 TiFe 为代表的钛系储氢合金；以 Mg_2Ni 为代表的镁系储氢材料。其中，稀土系储氢合金性能最佳，在室温中即可活化、易吸氢放氢，且抗杂质，但稀土类材料成本高，使其大规模应用受到限制。钛系合金价格低廉，在室温下能可逆地吸收和释放氢，但 TiFe 易氧化，并且当成分不均匀或偏离化学计量时，储氢容量明显降低，此外，还存在活化困难和抗杂质气体中毒能力差的缺点。镁系合金虽然储氢量大、重量轻、资源丰富、价格低廉，但吸氢速度慢，并且放氢温度过高，需达 250℃。目前镁系储氢合金的发展方向是通过合金化，加入镍、铜、稀土等元素，改善镁的吸放氢性能。

2) 形状记忆合金

形状记忆合金是指具有形状记忆效应的金属材料。形状记忆效应是指一定形状的合金能够在塑性变形后，经过适当的热处理过程，又完全恢复原来的尺寸和形状，也就说，这种合金可以记住它原来的尺寸或形状。通常情况下，变形过程发生在较低温度下，而形状记忆发生加热过程中。目前已发现的形状记忆合金主要有 Ni-Ti、Cu-Zn-Al、Cu-Al-Ni 系合金，它们在航空工业天线、合金管接头、热能转换装置、热敏感驱动器、医学应用等方面具有广泛的应用。

形状记忆合金的记忆性能，源于马氏体相变及其逆转变的特性。形状记忆合金和一般合金不同，主要是存在热弹性马氏体，它含有许多孪晶，对它施加外力容易变形，但其原子的结合方式并没有发生变化，所以将它加热至一定温度就会发生逆转变，又变成稳定的母相。形状记忆合金具备三个特点：①马氏体是热弹性类型；②马氏体的形变主要是通过孪晶取向改变产生；③母相通常是有序结构。

3) 高性能合金

(1) 超塑性合金。合金的超塑性是指在适当温度下，用较小的应变速率使合金产生 300% 以上的平均延伸率。一般认为，超细晶粒晶界的存在是合金出现超塑性的原因所在。超塑性合金必须具有细小等轴晶粒的两相组织，晶粒直径小于 10 μm，在塑性变形过程中不显著长大。变形温度约为熔点的 0.5～0.65 倍，应变速率较小，为 10^{-2}～10^{-4} s^{-1}。超塑性合金在特定的条件下，延伸率超过 100%，甚至高达 1000%～6000%，而变形所需应力却很小，只有普通金属的几分之一到十几分之一，并且变形均匀，拉伸时不产生退缩，无加工硬化，弹性恢复，变形后内部无残余应力，无各向异性。

由于超塑性合金具有高变形能力，通常采用真空成型或气压成型对其加工，既大幅度减少加工用力和加工工序，又可获得相当高的加工精度，尤其适用于极薄的管或板，以及具有极微小凹凸表面制品的制造。利用其晶粒的超细化，具有很大的比晶界而易于在较低压力下实现固相结合，已在轧制黏合多层材料、包覆材料、复合材料等方面得到应用，也在以箔材或细粉形式用作黏合剂方面开发了新用途。

(2) 减振合金。传统的金属材料强度高、振动衰减性差，易产生振动和噪声。为了兼顾高强度和振动衰减性好，减振合金应运而生，又称为阻尼合金、无声合金、消声合金、安静合金等。减振合金之所以具有优异的减振性，是由于材料的内部微观结构，它能够依靠材料内部易于移动的微结构界面，以及在运动过程中将产生的内摩擦较快地转化为热能消耗掉，使振动迅速衰减，从而能有效地降低噪声的产生。例如，锰铜合金的减振是低碳钢的 10 倍，用作机床床身的镍钛合金，用于机器底座的灰口铸铁，用于制造立体声放大器底板的铝锌合金，用作蒸汽涡轮机叶片材料的铬钢等。

(3) 硬质合金。为满足对热硬性要求较高的需要，比如大直径工件高速切削用刀具材料，普遍应用的是由一种或多种难熔金属的高硬度碳化物与作为黏合剂用的钴为材料，用粉末冶金法制成的硬质合金。常用的难熔金属有 W、Ti、Ta、Nb 等。这种硬质合金具有高的硬度、热硬性和一定的韧性。例如，钛钨钴类硬质合金主要成分是 TiC、WC 和 Co，具有优异的硬度、热硬度、抗氧化性和抗腐蚀性，但抗弯、抗压强度和导热性较差。其中，TiC 具有高硬度、高熔点、抗高温氧化、密度小、成本低等诸多优点，是一种非常重要的碳化物，已得到广泛应用。同一类合金中，黏合剂钴的含量增大会使密度相对降低，抗弯强度和韧性提高，但硬度下降。

3.1.5　非晶态合金

非晶态合金也称"金属玻璃"，它是由熔融状态的合金以极高速度冷却，使其凝固后仍保持液态结构而得到的。晶态是指原子呈周期性排列，而非晶态是指原子呈长程无序排列的状态。具有非晶态结构的合金称为非晶态合金。

非晶态合金材料的基本特征有：

(1) 非晶态形成能力对合金组元的依赖性。通常非晶态合金由金属组成或由金属与类金属组成，其中，金属与类金属(如 B、P、Si、Ge)组合更有利于形成非晶态的合金。

(2) 结构的长程无序和短程有序性。长程无序是指大范围内的排列不规则。主要表现形式有：组成粒子在空间位置上排列无序；多元体系中不同组分无规则随机分布。短程有序是指，每个粒子的近邻粒子的排列具有一定的规则性，保留了相应的晶态材料中的配位情况，即具有一定的结构单元，包括配位数、键长、键角等。研究结果表明，非晶态合金中金属原子的最近邻、第二近邻范围内，原子排列与晶态合金相似，即存在短程有序性。

(3) 热力学的亚稳性。从热力学角度，非晶态合金可以继续释放能量，向平衡状态转变；从动力学角度，实现这样的转变需要克服一定的能垒，否则这种转变无法实现，因而非晶态合金是相对稳定的。一般情况下，能垒越高，非晶态合金越稳定，越不容易结晶化。能垒高低直接关系到非晶态合金材料的实用价值和使用寿命。

(4) 无晶界。晶态合金一般是由微米量级的小晶粒组成，晶粒间存在晶界，而在非晶态合金中，显微组织均匀，不存在晶粒、晶界、位错等，这些特点使得非晶态合金具有优异的力学性能和电磁性能。

非晶态合金通常具有高的强度、硬度和韧性，可以用于轮胎、传送带、刀具等制造。非晶态合金的无序结构决定了材料不具有磁晶各向异性，因而易于磁化，并且不存在位错、晶界等晶体缺陷，因此磁导率和饱和磁感应强度高，矫顽力低，损耗小，在外磁场下易被磁化,是理想的软磁材料,已成功应用于变压器、磁头、磁屏蔽材料等。同时,非晶态合金具有耐强酸、强碱腐蚀的化学特性,可用于制造耐腐蚀管道、电池电极、海底电缆屏蔽等。

各种新型非晶态材料因其优异的机械特性、电磁学特性、化学特性、电化学特性,已成为一类极具发展潜力的材料,且由于其广泛的实际用途而备受青睐。在集成电路技术中,非晶态合金以其高效、低能耗、高导磁等优异的物理性质有力促进了电子元器件向高频、高效、节能、小型化方向发展,并可部分替代传统的硅钢、铁氧体等材料。在未来的电子技术中,非晶态合金将占据十分重要的位置。

3.1.6　金属材料的再结晶

变形金属材料加热到较高温度时,原子的活动能力增加,其显微组织发生明显变化,称为金属材料的再结晶。再结晶过程通过成核与长大方式进行,由破碎的晶粒变成完整的晶粒;由拉长的晶粒变成等轴晶粒。再结晶的核心一般在变形晶粒的晶界、滑移带、孪晶带等处,随后晶核继续向周围长大并形成新的等轴晶粒,进一步提高温度或延长保温时间,晶粒将互相合并长大,晶界减少,晶面能量降低,使组织处于更稳定的状态,导致金属的机械性能显著降低。

影响再结晶后晶粒大小的因素:①加热温度和保温时间,加热温度越高,保温时间越长,则再结晶后的晶粒越粗大;②变形度,变形度越大,变形越均匀,经再结晶退火后的晶粒越小。

3.2　无机非金属材料的组成与结构

3.2.1　无机非金属材料的组成与结合键

无机非金属材料通常定义为以某些元素的氧化物、碳化物、氮化物、硼化物、硫系化合物(硫化物、硒化物、碲化物)、硅酸盐、钛酸盐、铝酸盐、磷酸盐等含氧酸盐为主要组成的无机材料。目前关于无机非金属材料的定义尚不严密,且概念的外延在不断扩大,可近似理解为除有机高分子、金属及金属合金以外的所有材料。传统的无机非金属材料主要包括陶瓷、玻璃、水泥和耐火材料,其主要化学组成为硅酸盐类物质,故又称为硅酸盐材料。随着材料科学与工程的不断发展,涌现出一系列新型高性能的无机非金属材料,如结构陶瓷、功能陶瓷、半导体材料、非晶态材料等。许多无机非金属材料是由金属元素和非金属元素组成,在这些结构中,通常为金属原子失去外层电子成为正离子而非金属元素的原子由于得到电子而成为负离子,所以多数无机非金属材料是由带电荷的离子而不是由原子组成。大多数无机非金属材料属于离子晶体。

无机非金属材料的化学键包括离子键、共价键、离子键与共价键混合体。

1)离子键

金属氧化物主要以离子键结合,由于离子键没有方向性,只要求正负离子相间排列,尽可能紧密堆积,因而离子晶体材料具有高密度、结合化学键牢固的结构特点,并且具有高强度、高硬度、耐热、高脆性的性能特点。

　　2)共价键

　　共价键具有方向性和饱和性,因此共价晶体中原子难以达到紧密堆积,密度较小。共价晶体材料键强度较高,具有稳定化学结构,熔点高、硬度大、脆性大、热膨胀系数小。即使在熔融状态,也不具有电荷特征,不存在载流子,因此共价键类型的陶瓷材料可作为优良的绝缘材料。例如,高温陶瓷 Si_3N_4、高硬度材料金刚石、金刚砂 SiC 等。

　　3)离子键和共价键混合体

　　陶瓷等非金属材料中出现离子键和共价键混合的情况较常见。化合物中离子键的比例取决于组成元素间的电负性差异,差异越大,离子键比例越高(表 3-2)。

表 3-2　部分非金属化合物化学键混合特征

陶瓷化合物	元素间电负性差	离子键比例/%	共价键比例/%
MgO	2.13	68	32
Al_2O_3	1.83	57	43
SiO_2	1.54	45	55
SiC	0.65	10	90

　　无机非金属材料中也常出现分子晶体结构,即材料中存在以化学键结合的独立分子结构,而分子与分子之间通过范德华力作用,构成材料。例如,石墨材料中,单个片层内碳原子以共价键结合形成网状分子网络,但层与层之间通过范德华力相互作用构成固体材料。例如,白云母 $KAl_2(AlSi_3O_{10})(OH)_2$ 和滑石 $Mg_3[Si_2O_5]_2(OH)_2$ 同属层状硅酸盐。在白云母结构中,层片内为共价键合,层间由 K^+ 键合,其键合形式为典型的离子-共价混合键。而在滑石结构中,层片内为共价键合及包含 OH^-、二价正离子和三价正离子的离子键合,层间为范德华键,其键合形式为典型的离子-共价-范德华混合键。

　　无机非金属材料中多种作用分立共存或混合存在的情况比较普遍,且其比例随材料组成、形成条件而变化,正是由于这种结构上的多样性,使得材料具有较宽的性能调节范围,满足不同应用需求。

3.2.2　无机非金属材料中的简单晶体结构

　　离子晶体的结构多种多样,但复杂离子晶体的结构一般都是典型的简单结构型式的变形,故可将离子晶体的结构归结为 NaCl 型、CsCl 型、立方 ZnS 型、六方 ZnS 型、CaF_2 型、金红石 TiO_2 型等典型的结构型式。

　　在 NaCl 结构中,阴阳离子的配位情况相同,配位数均为 6,都是八面体配位,可以认为是两个面心立方晶胞相互穿插的结果,一个面心立方晶胞完全由阳离子组成,另一个完全由阴离子组成。常见的拥有 NaCl 型晶胞结构的材料有 NaCl、KCl、LiF、KBr、NaI、MgO、CaO、SrO、BaO、CdO、VO、MnO、FeO、CoO、NiO、TiN、ScN、CrN、ZrN、LaN、TiC 等 400 多种 AB 型二元无机化合物。NaCl 型离子晶体的键型可以从典型的离子键到共价键和金属键。虽然同是 NaCl 型结构,但是它们的电性、磁性和力学性能随键型的变化有很大差异。例如，纯净的 NaCl 可用作能透过紫外光的透镜；CaO、SrO 虽然熔点高，但由于碱性强，易吸水和 CO_2，不便作耐高温材料；经高温焙烧的 MgO 不易发生这类反应，是重要的耐高温材料，真空中可在 1700℃以下使用；热压法制成的 MgO 透明多晶体可用作高压钠灯的发光管。

由于配位数较高，CsCl 型结构型式适合于具有较大离子半径的一价正离子和 Cl^-、Br^-、I^- 等负离子形成的化合物。ⅠA、ⅡA 族元素与ⅡB 族元素或ⅢA 族元素的化合物，如 LiHg、LiAl、MgTl 等；ⅢB 族元素与ⅠB 或ⅡB 族元素的化合物，如 YCu、LaZn 等；ⅣB 族元素与ⅢB 族元素的化合物，如 TiNi、ZrOs 等。其中，以 TiNi 为基体的合金是形状记忆合金，它在降温时由立方 CsCl 型结构转变成菱形结构，而在升温时重新变回立方结构，同时恢复原有的形状。

立方 ZnS 和六方 ZnS 结构中的 S^{2-} 都是最紧密堆积形式，Zn^{2+} 填在一半四面体间隙中，填隙时相互隔开，使填隙四面体不会出现共面连接或共边连接。立方 ZnS 结构是 S^{2-} 作立方最紧密堆积，六方 ZnS 是 S^{2-} 作六方最紧密堆积。ZnS、β-SiC、GaAs、AlP、InSb 等都具有立方 ZnS 型晶体结构，许多包含两种或多种金属原子的化合物具有该种型式的结构，其中，GaAs 是黑灰色固体材料，在空气中能稳定存在，耐非氧化性酸腐蚀，是一种比 Si 性能更为优良的半导体材料。它具有禁带宽度大、电子迁移率高、介电常数小、能耗功率低等特性，因此，广泛应用于制作集成电路器件。采用 GaAs 制出的高频率、高速度、高功率、低噪声和低功耗的集成电路器件，在雷达、电子对抗、计算机、卫星通信系统、卫星导航系统、无线通信、光纤通信、移动通信等领域应用广泛。六方 ZnS 结构，又称为纤锌矿型，BeO、ZnO、AlN 等具有六方 ZnS 型晶体结构。其中，ZnO 是典型的半导体材料；BeO 陶瓷熔点高达 2500℃，对辐射相当稳定，是很好的耐火氧化物材料；AlN 可制造供熔融 B_2O_5 或熔化玻璃及铝、锡、镓等金属用的坩埚。

CaF_2 的晶体结构中，阳离子配位数为 8，阴离子配位数为 4。CaF_2、ThO_2、UO_2、CeO_2、PrO_2、ZrO_2、HfO_2、NpO_2、PuO_2、BaF_2、PbF_2、AmO_2、SrF_2 等 AB_2 型二元无机化合物具有 CaF_2 型晶体结构，它们共同的特点是正离子的半径都较大，所以其负离子配位多面体不再是四面体或八面体，而是立方体。其中，CaF_2 又称为萤石，熔点为 1423℃，相对较低，故常用作冶炼金属或制备陶瓷材料的助溶剂，其优质单晶具有透过红外线的能力，可用作光学材料。UO_2 具有半导体性质，电阻率随温度升高而下降，受强辐射时不发生异性变形，高温下晶体结构不变，不挥发，不与水发生化学反应，已广泛应用于制造反应堆燃料用的各种元件。

TiO_2 通常具有金红石型、锐钛矿型和板钛矿型三种不同的晶型，但最常见的是金红石型结构。金红石 TiO_2 结构属于四方晶系，D_{4h} 点群，是常见的重要结构型式之一。TiO_2、GeO_2、SnO_2、PbO_2、MnO_2、NbO_2、MoO_2、WO_2、CoO_2、MnF_2、CoF_2、MgF_2 等 AB_2 型二元化合物晶体均为金红石型结构。金红石为红色或黄色晶体，含有少量杂质。纯净 TiO_2 呈白色，大量用作白色涂料的颜料，既具有铅白的覆盖性，又具有锌白的持久性，且无毒。在造纸工业中，TiO_2 用作纸张增白剂。在合成纤维中，TiO_2 用作耐纶、涤纶的消光剂和增白剂。

3.2.3　硅酸盐结构

硅酸盐是地壳组成的主要成分，大部分土壤、岩石、黏土和沙土等均属于硅酸盐，它也是生产水泥、陶瓷、玻璃、耐火材料的主要原料。硅酸盐是由硅、氧和金属元素构成。O 和 Si 的电负性差 1.7，刚好处于离子键和共价键的分界，Si—O 键有极强的共价特性，有方向性且键比较强，所以硅酸盐与一般的离子晶体有不同的结构特征。

硅酸盐结构的基本特征是以硅氧四面体$[SO_4]^{4-}$为结构单元，即每个硅原子与四个氧原子以共价键键合，四个氧原子位于四面体的各个顶点上，硅原子位于四面体中心。硅酸盐结构的另一特征是 Si^{4+} 之间不存在直接接触。硅氧四面体可以孤立存在，也可以通过共用的氧原子将硅氧四面体相互连接在一起以形成配位多核阴离子，剩余的负电荷由金属离子的正电荷平衡。每个氧原子最多只能被两个硅氧四面体共用，这个共用的氧原子称为桥氧，它与两个硅原子键合。其余氧原子称为非桥氧，与一个硅原子键合。可见，桥氧越多，连接在一起的硅氧四面体越多。

一方面，硅酸盐结构中的金属离子可被其他相同电荷和相似大小的阳离子同晶置换，甚至几种不同的阳离子可被其他不同价但总电荷相同的阳离子置换。另一方面，由于 Al^{3+} 置换 Si^{4+} 是任意的，并且可能是范围不定的，为保持整个体系的电中性，此结构中必有其他取代发生。如，Ca^{2+}取代 Na^+、Fe^{3+}取代 Fe^{2+}等，或者在骨架空隙处引入 K^+、Na^+、Ba^{2+}、Na^+等离子。正是由于这种同晶置换使得硅酸盐具有结构多样性和组成不定性。

多种形式的连接使得硅酸盐呈现出显著的多样性，同时由于上述原因引起了额外的复杂性。硅酸盐中 Si-O 键是最主要的键，并且 Si 与 O 的结合方式很大程度上对硅酸盐性质起着决定性作用。因此，常用硅氧四面体与相邻硅氧四面体共用顶点的情况来进行硅酸盐分类，即岛状硅酸盐、环状硅酸盐、链状硅酸盐、层状硅酸盐和网状硅酸盐。

1. 岛状硅酸盐

岛状硅酸盐中，相邻硅氧四面体之间不共用顶点，相互不连接而以孤岛状各自孤立存在，无桥氧。每个氧原子一侧与 1 个硅原子结合，另一侧与金属原子相配位使电价平衡。橄榄石系矿物中的镁橄榄石 Mg_2SiO_4 为典型的岛状结构硅酸盐。结构中的 O^{2-}近似于六方最密堆积排列，Si^{4+}填于 1/8 的四面体间隙，Mg^{2+}填于一半的八面体间隙，每个$[SiO_4]^{4-}$四面体被$[MgO_6]^{12-}$八面体所隔开呈孤岛状分布。氧离子的密堆积排列是许多硅酸盐结构的特点，这是因为与大多数其他常见离子相比，氧离子的体积较大引起的。橄榄石类的其他成员具有同样的结构，但 Mg^{2+}部分地或全部地为 Fe^{2+}或 Mn^{2+}所置换。在橄榄石自身中约有 10%的镁橄榄石中的 Mg^{2+}为 Fe^{2+}所置换。这类结构中，由于是以离子键相连接，键合力强且各个方向相差不大，因而该类物质具有较高的硬度，结构稳定且没有明显的解理。例如，镁橄榄石的熔点高达 1890℃，是一种高度稳定的硅酸盐矿物，是镁质耐火材料中的主要矿物组分。

2. 环状硅酸盐

当相邻硅氧四面体共用两个桥氧时，即硅氧四面体中有两个顶角上的氧分别与其他硅氧四面体共用，可以形成环状或链状硅酸盐结构。如绿柱石 $Be_3Al_2[Si_6O_{18}]$，如图 3-1 所示，它的负离子单元由 6 个 $[SiO_4]^{4-}$ 四面体组成的六元环，属于六方晶系。六元环中的 1 个 Si^{4+} 和 2 个 O^{2-} 处在同一个高度，环与环之间通过金属阳离子 Be^{2+} 和 Al^{3+} 连接。绿柱石晶体结构的特点是存在广而空的环形空腔，这是因为周围环绕的氧离子的化合价完全用在它们的硅近邻上，使得六元环内没有离子存在。低价小半径正离子（如 Na^+）存在时，在直流电场中，环形空腔的存在会使晶体表现出显著的离子电导，但在交流电场中，会有较大的介电损耗。同时，较大的空腔为质点热振动提供空间，使晶体热膨胀系数较小，宏观上不会有明显的热膨胀。

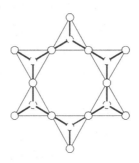

图 3-1　六元环状硅酸盐结构示意图

3. 链状硅酸盐

当 $[SiO_4]^{4-}$ 四面体均以两个顶点相连接时，形成沿一个方向无限延伸的单链，结构单元是单链 $(SiO_3)_n^{2n-}$，链与链之间借 Mg、Fe、Ca、Al 等金属离子相连。单链状硅酸盐结构的典型是辉石类矿物，如图 3-2 所示，其中最简单的结构是透辉石 $CaMg(SiO_3)_2$。双链硅酸盐的结构单元是 $(Si_4O_{11})_n^{6n-}$，存在于与辉石类密切相关的闪石矿中。闪石类的结构在其一般特点上与辉石类很类似，但与辉石类不同的是它们含有作为主要组分的氢氧基或氟。在工业上广泛应用的石棉也是具有双链的硅氧骨架，如图 3-3 所示，属于纤维蛇纹石 $(OH)_6Mg_6(Si_4O_{11})$。因其有链形骨架可撕成纤维编织成布，常用作保温材料和密封填料。

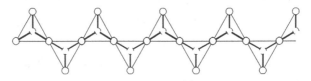

图 3-2　单链状硅酸盐结构示意图

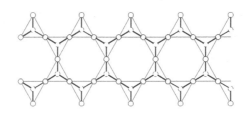

图 3-3　双链状硅酸盐结构示意图

4. 层状硅酸盐

当每个$[SiO_4]^{4-}$四面体含有 3 个桥氧时，可形成层状硅酸盐结构，如图 3-4 所示。$[SiO_4]^{4-}$通过 3 个桥氧与近邻四面体共享而连接在一起，在二维平面内延伸形成硅氧四面体层，在层内$[SiO_4]^{4-}$之间形成六元环状，另外一个顶角共同朝一个方向。层内的三个桥氧的价键已经饱和，层外的非桥氧则需要与其他阳离子（Mg^{2+}、Al^{3+}、Fe^{3+}等）连接，构成金属氧化物$[MO_6]$八面体层。八面体层中有一些O^{2-}不能与Si^{4+}配位，因而剩余电价由H^+平衡，所以层状结构中都有OH^-出现。这样，在层状硅酸盐晶体中，存在$[SiO_4]$四面体层和$[MO_6]$八面体层。

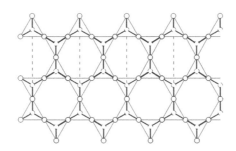

图 3-4 层状硅酸盐结构示意图

层状硅酸盐结构中各层排列方式有两种，一种由一层$[SiO_4]$和一层$[MO_6]$组合作为层单元，然后重复堆叠，称为两层型；另一种是由两层$[SiO_4]$层间夹一层$[MO_6]$作为层单元，然后重复堆叠，称为三层型。单元组层内质点之间通过化学键结合，结合力较强；而单元层之间仅通过分子间力或氢键结合，结合力较弱，易沿层间解离，或层间渗入水分子。例如，三层型硅酸盐的代表是滑石$Mg_3[Si_4O_{10}](OH)_2$，两个硅氧层的非桥氧指向相反，中间通过水镁石层连接，形成三层结构的层单元，属于单斜晶系。层与层之间通过较弱的分子间力结合，致使层间易滑动，具有良好的片状解离特性和滑腻感。常见的黏土矿物高岭石具有两层硅酸盐片状结构，其分子式为$Al_4[Si_4O_{10}](OH)_8$，层单元是由硅氧层和水铝石层两层组成，属于三斜晶系。高岭石的单元层间靠氢键结合，比分子间作用力强，所以相对于层间单元靠分子间力结合的三层结构硅酸盐来说，水分子不易进入层单元之间。因此，高岭石晶体不会因为水含量增加而膨胀，不具有滑石这类三层型硅酸盐所具有的滑腻感。

5. 网状硅酸盐

在硅氧骨架中，由分立的岛状硅氧四面体到单链、双链、层状结构的递变过程中，随着硅氧四面体共用顶点数的增加，硅氧原子比逐步递减。显然，这一过程的极限是硅氧比等于 1/2，此时硅氧四面体中的 4 个氧全部为桥氧，四面体将连接成网状结构。如果其中的Si^{4+}没有被其他离子部分取代，则结构中仅含氧和硅，化学式为SiO_2。SiO_2是最简单的硅酸盐材料，具有三维网状结构，每个四面体顶角的氧原子都与相邻的四面体共享。常压下SiO_2具有多种晶型，包括石英、鳞石英和方石英，都属于网状硅酸盐。这三种石英之间不易发生多晶型转变，各晶型在自然界中均可发现，而且每种石英又存在两种高低温晶型：低温晶型称为 α 型，对称性较低；高温晶型称为 β 型，对称性较高。

3.2.4　陶瓷

陶瓷是指通过烧结包含有玻璃相和结晶相特征的无机非金属材料，一般以黏土、石英、长石等硅酸盐类为主要原料，经过成型烧结，部分熔融成玻璃态，通过玻璃态物质将微小的石英或其他氧化物晶体包裹结合而成。原来陶瓷主要是指陶器、瓷器、玻璃、水泥和耐火砖等材料，随着社会的不断进步和人们对生活与艺术需求的增长，陶瓷的品种、数量、质量和功能不断提高，已从生活用品、建筑材料、简单生产工具和艺术品，逐渐渗透到现代工业制造各个领域。硅酸盐陶瓷不断优化，提高配方中氧化铝的含量，加入纯度较高的人工合成物来替代天然原料，以提高陶瓷的强度、耐高温性等性能。时至今日，已经发展到完全不用天然材料，完全不含硅酸盐，也可以做成陶瓷，并且性能更优越。陶瓷的定义也随之发生变化，陶瓷是天然与人工合成的粉状化合物，经过成型和高温烧结制成，由金属和非金属元素的无机化合物构成的多晶体材料。陶瓷材料通常含有至少两种元素，且至少一种为非金属元素。陶瓷材料与金属材料、高分子材料一起被称为三大固体材料。

陶瓷是一种多晶态无机非金属材料，尽管各种陶瓷的显微结构各不相同，但它们都是由结晶相、玻璃相和气相三部分组成，各相的组成结构、数量、几何形态及分布不同，使不同的陶瓷材料性能各异。

结晶相是陶瓷中最重要的组成相，它的结构、数量、形态和分布决定着陶瓷的机械、物理、化学等性能特点和应用，主要包括含氧酸盐(硅酸盐、钛酸盐等)、氧化物(MgO、Al_2O_3 等)和非氧化物(SiC、Si_3N_4 等)。例如，刚玉瓷的主要结晶相是 α-Al_2O_3，其结构致密，具有机械强度高、耐高温、耐腐蚀性等性能；第三代半导体以 SiC 为代表，其具备高击穿电场、高热导率、高电子饱和速率及抗强辐射能力等优异性能，是固态光源、电力电子和微波射频器件的"核芯"，正在成为全球集成电路产业新的战略高地。

陶瓷既可以是只含一种结晶相的多晶组织，也可以是含几种结晶相的多晶组织，除主晶相外，还可能有副晶相。当陶瓷是由两种或两种以上的不同组元形成时，也和金属一样可形成固溶体、化合物或混合物。陶瓷的晶相中也存在同素异构转变，可以通过相图来选定陶瓷配方、确定烧成工艺等。

玻璃相是一种非晶态的低熔点固体相，由陶瓷原料中的部分组分与其他杂质在烧制过程中形成，通常富含氧化硅和碱金属氧化物，原料中的其他杂质也常富集在玻璃相中。玻璃相主要包裹在晶粒周围，其结构是由离子多面体短程有序性而长程无序排列所构成的三维网络结构。玻璃相在陶瓷中主要起黏结分散结晶相、抑制结晶相的晶粒生长过大、填充结晶相之间的空隙、提高陶瓷致密程度、降低陶瓷烧结温度、改善工艺等作用。但玻璃相熔点低，热稳定性差，在较低温度下开始软化，导致陶瓷在高温下发生蠕变，因此玻璃相对陶瓷的机械强度和耐热性不利。不同陶瓷中玻璃相的含量不同，一般来说，日用陶瓷的玻璃相含量较高，而高纯度的氧化物陶瓷含量较少，甚至某些非氧特种陶瓷材料可以不含玻璃相，以近乎 100%晶相形式存在。

气相是指陶瓷在烧制过程中其组织内部形成的气孔，与陶瓷原料和陶瓷生产工艺的各个过程密切相关，气孔在陶瓷中的体积含量在 0～90%。根据气孔形状，可分为开口气孔、闭口气孔和贯通气孔。开口气孔是一端封闭，另一端与外界相通；闭口气孔是封闭在制品中，不与外界相通；贯通气孔为贯通制品的两面，能为流体通过。气相的存在对陶瓷的性能影响显著，可以提高陶瓷抗温度波动的能力，并能吸收振动。但气相的存在也会使陶瓷的致密度减小、强度降低、抗介质腐蚀性减弱、介电损耗增大、电击穿强度与绝缘性能下降，是造成裂纹的根源。合理控制陶瓷中气孔数量、形态和分布对确保陶瓷成品性能十分重要。

陶瓷材料按用途可分为结构陶瓷和功能陶瓷。

结构陶瓷主要是指具有热功能、机械功能和化学功能的陶瓷制品，主要作为耐磨损材料、耐热材料、高强度材料、高硬度材料、低膨胀材料和隔热材料等工程结构材料使用。结构陶瓷主要包括普通陶瓷和特种陶瓷。普通陶瓷采用天然原料，如黏土、长石、石英等，烧结而成，主要组成元素是硅、氧、铝。普通陶瓷质地坚硬、不易氧化、耐腐蚀、来源丰富、成本低廉、工艺成熟，广泛应用于日常生活、建筑卫生、化工等。特种陶瓷是指具有高硬度、耐高温、耐腐蚀、耐磨损，低膨胀系数、高导热性和质轻等优点，因而广泛应用于能源、石油化工等领域。特种陶瓷主要包括氧化物陶瓷、氮化物陶瓷、碳化物陶瓷等。例如，氧化铝陶瓷的主要成分是 Al_2O_3，含有少量 SiO_2，其强度高于普通陶瓷，硬度高，耐磨性好，导热性能优越，耐高温，可在 1600℃下长期工作，主要用于制作内燃机的火花塞、轴承、活塞、切削工具、熔化金属的坩埚及高温热电偶套管等。氮化铝陶瓷的主要成分是 AlN，属于六方晶系的纤维锌矿型结构，具有优异的热硬度、抗热震性、耐腐蚀性、电绝缘性和介电性质，主要用于真空蒸镀容器、车辆用半导体元件的绝缘散热基体、树脂体中高导热填料等。如图 3-5 所示氮化铝陶瓷基片，其热导率高，膨胀系数低，耐化学腐蚀，电阻率高，介电损耗小，是理想的大规模集成电路散热基板和封装材料。氮化硅陶瓷的主要成分是 Si_3N_4，是一种新型结构陶瓷材料，具有高温强度高、抗热震性好、高温蠕变小、耐磨、耐腐蚀和低密度等优点，可用作电热塞、涡流室镶块、增压器转子、陶瓷密封环等。Si_3N_4 陶瓷由于优异的导热性能和力学性能，在大功率半导体器件领域越来越受欢迎，有望成为电子器件首选的陶瓷基板材料。

图 3-5　氮化铝陶瓷基片

碳化硅陶瓷的主要成分是 SiC，其基体物性与氮化硅相似，但在耐热性、耐腐蚀性和耐磨性方面更优异，可用于石油化工、钢铁、机械、电子、原子能等工业中。美国航天航空局研究中心的科学家们发现，使用碳化硅集成电路的电子器件在没有冷却装置和保护性封装的情况下，于高度还原金星表面恶劣大气环境中首次实现 500 小时以上工作，是此前金星探测相关任务电子器件寿命的 100 倍。金星表面的大气环境状况恶劣，温度约 460℃，压力约 9.4 MPa，并且呈酸性的 CO_2 环境，这使得过去金星探测器上的电子器件通常置于抗热和抗压舱中进行保护。这些保护舱只能维持几个小时，导致金星探测器工作时间短，成本消耗大。美国航天航空局研发的碳化硅半导体集成电路是由一个 3 mm×3 mm 的 11 阶碳化硅环形振荡器芯片，附着在陶瓷基底和由玻璃纤维包裹的线束中。随着科学技术的进一步发展，这项工作不仅支持在金星和其他行星上探索新科学，也对探索地球相关应用带来显著影响，如在航空发动机中实现新能力、改进工作和减少排放等。

功能陶瓷是指利用陶瓷材料的电、磁、声、光、热、力等直接效应及其耦合效应来实现某种使用功能的先进陶瓷。功能陶瓷在制作工艺、化学组成、显微结构等方面已突破传统陶瓷的概念和范畴，专指用精制高纯人工合成的无机化合物为原料，采用精密控制工艺成型烧结而制成的高性能陶瓷，一般具有某些特殊性能，以满足各种需要。功能陶瓷具有性能稳定、可靠性高、来源广泛、可集多种功能于一体的特性，在信息技术领域具有十分重要的地位，广泛应用于各种信息的存储、转换和传导。例如，大型集成电路中的各类陶瓷基片和衬底材料，光纤通信中的石英光纤等是整个信息产业中最为关键的材料。

功能陶瓷按性能和用途可分为电功能陶瓷、磁功能陶瓷、光功能陶瓷和生物陶瓷等。电功能陶瓷包括绝缘陶瓷、铁电陶瓷、压电陶瓷、热敏陶瓷、气敏陶瓷、压敏陶瓷、光敏陶瓷等。磁功能陶瓷是铁与其他一种或多种金属元素的复合氧化物，通常为铁氧体，包括软磁、硬磁、旋磁、矩磁和压磁等五种类型，广泛应用于自动控制、电子计算机、信息存储、激光调制等方面。光功能陶瓷主要是指高性能透明陶瓷，包括氧化铝、氧化镁、氧化钇、氧化锆、砷化镓、氟化钙等。透明陶瓷已得到广泛应用，如透明氧化铝对可见光和红外光具有良好的透明性，可用作高压钠灯的灯管；氧化镁具有良好的透红外性，可用作高温炉窗口和红外探测器罩。生物陶瓷是指具有特殊生理行为的陶瓷材料，可用来构建人体骨骼和牙齿等部位，甚至部分或整体修复或替换人体的某种组织或器官。生物陶瓷一般可分为惰性生物陶瓷、表面活性生物陶瓷、吸收性生物陶瓷和生物陶瓷复合材料。

3.2.5　碳化合物

1. 金刚石

在金刚石中，碳原子以 sp^3 杂化轨道和相邻碳原子一起形成按四面体向排布的 4 个 C—C 单键，共同将碳原子结合成无限的三维骨架。绝大多数天然和人工合成的金刚石均属于立方晶系。在金刚石晶体结构中，碳原子形成呈椅型构象的六元环，每个 C—C 键的中心点为对称中心，这使得和 C—C 键两端相连接的 6 个 C 原子形成交错式排列，是一种最稳定的构象。在所有已知的块状材料中，金刚石是硬度最高的，这是其极强的原子间 sp^3 杂化键的结果，使金刚石晶体不易滑动和解理。例如，金刚石钻头就是利用其高硬度、耐磨性和低摩擦系数。在可见光和红外区域的电磁波谱内金刚石是透明的，具有最宽的光谱发射范围，高性能的折射和单晶光学特性，这些特性使得金刚石成为最有价值的宝石。此外，在金刚石中，C 原子的全部价电子都参与成键，所以纯净而完整的金刚石晶体是绝缘体，而含有杂质及缺陷的金刚石具有半导体性并呈现一定的颜色。

2. 石墨

石墨具有层型大分子结构，层中的每个 C 原子以 sp^2 杂化轨道与 3 个共面的相邻 C 原子形成等距离的 3 个 σ 键，构成无限延伸展的平面层，而各个 C 原子垂直于该平面，未参加杂化的 p_z 轨道互相叠加形成离域 π 键。层中 C 原子的距离为 0.1418 nm，键长介于 C—C 单键和 C=C 双键之间。

石墨晶体是由碳原子排列成的六边形层状结构叠加堆积而成。由于层间的作用力是较弱的范德华力，层型分子的堆积方式，在不同的外界条件下，可出现多种式样。在完整的石墨晶体中，主要有六方石墨和三方石墨两种晶型。六方石墨又称为 α-石墨，在这种晶体中，层型分子的相对位置以 ABAB···的顺序重复排列，属于六方晶系。三方石墨又称 β-石墨，层型分子的相对位置以 ABCABC···顺序重复排列，属于三方晶系。六方石墨和三方石墨层型分子间的距离均为 0.335 nm。天然石墨中六方石墨约占 70%，三方石墨占 30%。将六方石墨经研磨等机械处理可得到三方石墨，将三方石墨进行高温处理又可转变为稳定的六方石墨。

石墨晶体由层型分子堆积而成，层间电子结合属于范德华力，这是石墨能形成多种多样的石墨夹层化合物的内部结构根源，也使石墨的许多物理性质具有鲜明的各向异性。由于晶面间的作用力较弱，因而晶面能够相对容易地彼此滑动，这就解释了石墨优良的润滑性能，可用作良好的固体润滑剂。同时，层型分子内的离域 π 键结构使石墨具有优良的导电性，是制作电极的良好材料。石墨还具有一系列优异性能，例如高强度及高温和非氧化气氛下良好的化学稳定性，高热导率，低膨胀系数，高抗热冲击性能，对气体的高吸附能力，以及良好的可加工性。因此，石墨常用作电炉加热元件、电弧焊电极、冶金坩埚、陶瓷模具、火箭喷嘴、电触头、化学反应堆容器等。

3. 富勒烯

1985 年，Kroto 等学者在 *Nature* 杂志发表"C_{60}: buckminster fullerene"文章，首次将 C_{60} 命名为富勒烯(fullerene)。富勒烯是由 60 个碳原子聚集形成的一个半径为 0.355 nm 的空球状团簇，单个分子表示为 C_{60}。如图 3-6 所示是一个富勒烯的结构示意图，由 20 个六元环和 12 个五元环组成，其中每两个五元环共用一个公共棱边，分子表面呈现足球的对称性。每个分子由碳原子群组成，每个碳原子与另一个碳原子键合形成六边形和五边形。

富勒烯中含有两种不等价的化学键，分别为键长 0.145 nm 的单键与键长 0.14 nm 的双键。所有的五元环均由单键构成，而六元环由单键和双键交替构成。这些单、双键既不像石墨那样的 sp^2 杂化，也不像金刚石那样的 sp^3 杂化，而是介于二者之间。作为纯的结晶固体，富勒烯是电绝缘的，但通过引入适当杂质，可得到较高的导电性或半导电性。富勒烯可用于抗氧化剂、生物制药、催化剂、有机太阳能电池、高温超导体和分子磁体等。

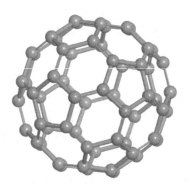

图 3-6　富勒烯结构示意图

C₆₀ 具有 I_h 对称性,是富勒烯家族中的代表,此外的另一个重要成员是 C₇₀。C₇₀ 的外形酷似橄榄球,是一种椭球笼形结构。人们还对其他富勒烯结构进行了理论设计和实验研究,并提出了 C₂₈、C₃₂、C₅₀、C₇₆ 等封闭的富勒烯结构模型。

4. 碳纳米管

碳纳米管是近些年发现的碳的另一种分子形式,其结构由单层石墨片轧制成管状组成,如图 3-7 所示,其中单层石墨片制得的称为单壁碳纳米管,而多层石墨片形成的同心圆柱状结构称为多壁碳纳米管。每个碳纳米管由百万计的碳原子组成,其长度远大于其直径。

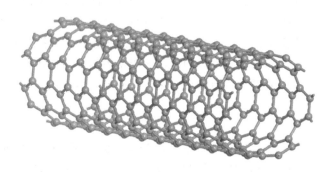

图 3-7　碳纳米管结构示意图

碳纳米管具有良好的强度和韧性,较小的密度,以及独特的结构-敏感的电气特性。碳纳米管管壁内的六边形单元沿管轴的方向延伸,使得碳纳米管无论作为金属或半导体都具有导电性,可用作电路线、晶体管、二极管等。碳纳米管的潜在用途主要包括太阳能电池、癌症治疗、生物材料应用、防弹衣等。

5. 石墨烯

石墨烯是碳材料中的新成员,是指单原子层的石墨,由六方 sp² 结合的碳原子组成,如图 3-8 所示。最初的石墨烯材料是通过塑料胶带一层一层剥离石墨获得。石墨烯表面完整排列，不存在空位等原子缺陷，并且具有优异的导热和导电性能。目前，石墨烯的潜在应用主要包括触摸屏、散热片、催化剂、化学传感器、生物科学等。石墨烯已在集成电路的导热材料中实现应用。

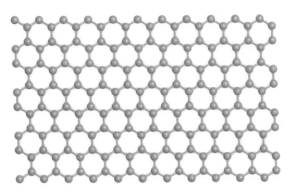

图 3-8　石墨烯结构示意图

6. 碳纤维

碳纤维是指由碳组成的小直径、高强度和高模量的纤维，常被用作高分子聚合物基体复合材料的强化成分。碳在这些纤维材料中以石墨烯层的形式存在，根据原材料和热处理方式的不同，石墨烯层会出现不同的结构，主要包括石墨质碳纤维、无序纤维、石墨-无序纤维。石墨质碳纤维是指石墨烯层呈现有序的石墨结构，其平面是相互平行的。无序纤维是指石墨烯层随机折叠，倾斜和褶皱形成更无序的结构。由上述两种结构类型组成的混合结构称为石墨-无序纤维。石墨质碳纤维通常比无序纤维具有更高的弹性模量，而无序纤维往往强度更大。此外，碳纤维的性质是各向异性的，平行于纤维轴(长度方向)的碳纤维比垂直于它(横向或径向方向)的强度和弹性模量值要大。

3.2.6　无机非金属材料的非晶体结构

非晶体结构中缺乏有系统、有规则的原子排列，也称为无定形结构。形成结晶结构或非晶结构取决于凝固过程中液态自由原子结构变为有序态的难易程度。相同或相近化学组成的物质，由于制备条件的不同，有时可以形成晶态材料，有时也可以形成非晶态材料。非晶态材料的主要特征是远程无序性和亚稳态性，其原子或分子结构相对复杂，并且变成有序排列具有一定的难度。需要注意的是，虽然固态物质有晶体和非晶体之分，但并不是一成不变的，在一定条件下，两者可以相互转换。例如，非晶态的玻璃经高温长时间加热后可获得结晶玻璃；而呈晶态的某些金属合金从液态快速冷凝下来，也可获得非晶态金属合金。

无机非金属材料的非晶态材料主要包括无机玻璃、凝胶及胶凝材料、无定形碳等。

1)无机玻璃

无机玻璃是指从熔体冷却，在室温下还保持熔体结构的固体物质状态，又称玻璃态。

玻璃态物质中的原子不像晶体那样在空间作远程有序排列，而是近似于液体呈近程有序而远程无序排列，但区别于熔体的是玻璃态能像其他固体一样保持一定的形状。在很多情况下，人们将玻璃态和非晶态等同。

玻璃态物质具有以下通性：

(1)各向同性，即玻璃态物质的质点排列是长程无序，是统计均匀的，因而在没有内应力的情况下，玻璃体的物理化学性质是各向同性的，如其折射率、导电性、硬度、热膨胀系数等在各个方向是相同的。

(2)热力学介稳性。当熔体冷却成玻璃体时，在热力学上并不处于最低的能量状态，具有向低能量状态转变的趋势，即有析晶的可能。但是在动力学上，常温下玻璃的黏度较大，由玻璃态向结晶态转变速率几乎趋近于零，玻璃体能长时间在常温下保持高温时的结构而不变。因此，玻璃体是一种介稳定的固体材料。

(3)状态转化的渐变性。玻璃体与熔体之间的转变是在一定温度区间内进行的，没有固定的熔点。随温度的升高，其硬度逐渐下降，黏度也逐渐减小。

(4)性质变化的连续性和可逆性。玻璃态物质从熔融状态到固体状态或固体状态到熔融状态的转变过程中，其对应的物理化学性质的变化是连续和可逆的。

典型的玻璃结构有硅酸盐玻璃和硼酸盐玻璃。在硅酸盐玻璃中，石英玻璃是其他多元硅酸盐玻璃的基础，它是由硅氧四面体以顶角共用氧的形式连接而形成连续的三维网络，这些网络是远程无序的。向石英玻璃中加入碱金属氧化物、碱土金属氧化物或其他氧化物时形成的二元、三元或多元硅酸盐玻璃。二氧化硅作为主体氧化物，其在玻璃中的结构状态对硅酸盐玻璃的性质起着决定性的影响。当加入其他氧化物时，由于硅氧比下降，使桥氧断裂，原有的三维网络结构被破坏，玻璃性质也随之变化。

氧化硼玻璃是由硼氧三角体组成，是硼酸盐玻璃的基础。在氧化硼玻璃中，含有硼氧三角体连接成的硼氧三元环。在低温时，氧化硼玻璃结构是由桥氧连接的硼氧三角体和硼氧三元环形成的向二维空间延伸的网络，属于层状结构。随着碱金属氧化物或碱土金属氧化物的加入，氧化硼玻璃中产生硼氧四面体。碱金属氧化物或碱土金属氧化物提供的氧使硼氧三角体转变为完全由桥氧组成的硼氧四面体，玻璃网络由二维层状结构变成三维网架结构，导致硼酸盐玻璃性质的变化规律与相同条件下硅酸盐玻璃的变化规律正好相反。

2)凝胶及胶凝材料

凝胶是指胶体质点在一定条件下相互连接所形成的空间网状结构，网状结构的间隙填充分散介质(气体或液体)。凝胶与溶胶具有显著差异。溶胶中的胶体质点是独立的运动单位，可以自由运动而具有良好的流动性，而凝胶中的质点是相互连接的，在整个体系中构成网状结构，不仅失去流动性，而且显示出固体的性质，具有一定的弹性、强度、屈服值等。根据凝胶的性质不同可将其分为刚性凝胶和弹性凝胶，大部分无机凝胶属于刚性凝胶，如 SiO_2、TiO_2、V_2O_5、Fe_2O_3 等。凝胶内部呈三维网状结构，可分为：球形质点相互连接形成一定的线形排列；板状或棒状质点搭接成网状结构；线型大分子构成的网架中部分长链有序排列成微晶区；线型大分子间通过化学键桥接形成网状结构。

胶凝材料是指凡是能够在物理、化学作用下，从浆体变成坚硬固体，并能胶结其他物料，具有一定机械强度的物质。胶凝材料包括有机和无机两类。无机胶凝材料按其硬化条件可分为水硬性胶凝材料和气硬性胶凝材料。水硬性胶凝材料在拌水后既可以在空气中硬化，也可以在水中硬化，又称为水泥，如硅酸盐水泥、铝酸盐水泥等。气硬性胶凝材料只能在气体介质中硬化，如石灰、石膏等。

3）无定形碳

无定形碳是指具有玻璃化无序结构的碳素材料，日常生活和工农业生产常用到无定形碳，例如煤、木炭、焦炭、活性炭、炭黑、碳纤维、玻璃状碳、纳米碳管等。大部分无定形碳是由石墨层型结构的分子碎片大致相互平行地、无规则地堆积在一起，可简称为乱层结构。层间或碎片之间用金刚石结构的四面体成键方式的碳原子键连起来。这种四面体的碳原子所占比例多，则比较坚硬，如焦炭、玻璃状碳等。

玻璃状碳是一种不可石墨化的单块碳，具有玻璃一样的外观表面，但无硅酸盐玻璃的结构。玻璃状碳具有结构致密、各向同性、对液体和气体的渗透性低的特点，同时具有石墨和玻璃的性能，即高强度、高耐磨、化学稳定、生物学性能优良等。目前使用的玻璃状碳大多采用热固性树脂经特殊热处理制备而成。

含氢非晶碳是指挥发性的碳氢化合物在一定条件下发生裂解而制备的一种具有非晶态结构的单块碳素材料，碳氢化合物主要是指烃类物质，如甲烷、乙烷、丙烷、乙烯、乙炔等。由于热解过程中会有部分 C—H 基团未完全裂解，因而该类碳素材料中会存在一定含量的氢，故称为含氢非晶碳。根据制备方法和工艺的不同，含氢非晶碳又可分为热解碳、等离子化学气相沉积碳等。

离子碳是指采用离子束技术制备的碳素材料，其具有与金刚石相似的物理特性，也是一种类金刚石碳。离子碳的制备以石墨为碳源时，石墨在离子束的溅射下产生碳离子，碳离子与碳离子间结合而沉积形成离子碳；以碳氢化合物气体为碳源时，碳氢化合物气体在等离子体中或电场作用下电离产生碳离子，在负偏压的加速下形成碳离子束而在基体上沉积形成离子碳。

3.3　高分子材料的组成与结构

3.3.1　高分子材料定义及分类

高分子材料也称为聚合物材料，它是指以高分子化合物为基体，加入适当助剂，经过一定加工制成的材料。高分子化合物一般是指相对分子质量在一万以上的化合物，其分子由千百万个原子以共价键或离子键相连而组成，简称高分子，又称为大分子、高聚物或聚合物。严格地讲，高分子材料和高分子化合物的含义是不同的，但是通常人们并未将两者严格区分。助剂又称为添加剂，一般包括各种辅助材料和填料，如增强材料、增塑剂、稳定剂、润滑剂、染料、抗静电剂和金属添加剂等。助剂虽然种类繁多，但通常将助剂分为功能性助剂和改性类助剂。高分子化合物对高分子材料的性质和性能起着决定性的作用，助剂对高分子性质和性能起着改进作用，其用量占高分子材料总量的40%～60%，是绝大多数高分子材料不可或缺的部分。

高分子材料种类繁多，根据高分子化合物的来源，可将其分为天然高分子材料、半天然高分子材料和合成高分子材料。天然高分子材料有棉、麻、丝、毛等。半天然高分子材料有黏胶纤维、醋酸纤维、改性淀粉等。合成高分子材料有聚氯乙烯树脂、顺丁橡胶、丙烯酸涂料等。

根据高分子材料的使用性质，可将其分为塑料、橡胶、纤维、胶黏剂、涂料五大类。塑料是指受力时具有一定结构刚性，且用于一般用途的材料，如聚乙烯、聚丙烯、聚氯乙烯、聚苯乙烯等。橡胶包括天然橡胶、顺丁橡胶、丁苯橡胶、氯丁橡胶等。纤维材料在使用过程中可能承受多种机械变形，如拉伸、扭转、剪切及磨损，因此，它们必须具有较高的拉伸强度、高的弹性模量及耐磨性，常见的纤维主要有纤维素、蚕丝、聚酰胺纤维、聚酯纤维、聚丙烯腈纤维等。胶黏剂是一种用于将两种固体材料表面黏结在一起的物质，常见的天然胶黏剂有动物胶、淀粉、松香等，合成胶黏剂有聚氨酯、聚硅氧烷、环氧树脂、聚酰亚胺、丙烯酸酯等。涂料有天然树脂漆、酚醛树脂漆、醇酸树脂漆、氨基树脂漆、环氧树脂漆等。

根据高分子材料的热性质，可将其分为热塑性高分子材料和热固性高分子材料。热塑性聚合物在加热时软化，冷却时硬化，此过程完全可逆且可重复进行，并且热塑性聚合物比较柔软，但是当熔融的热塑性高分子升到过高的温度，就会发生不可逆转的变化。多数线型高分子和带有柔性链支链结构的聚合物具有热塑性，这类材料一般可通过加热加压成型，常见的热塑性聚合物有聚乙烯、聚丙烯、聚氯乙烯、聚苯乙烯、聚四氟乙烯等。热固性聚合物是网状高分子，在成型过程中永久固化，并且加热也不软化。网状高分子在相邻分子链之间存在共价键，热处理过程中这些化学键将分子链固定在一起，以抵抗高温下链的振动和旋转，因而加热时材料不会软化。热固性聚合物通常比热塑性聚合物硬度和强度都高，并具有更好的尺寸稳定性，大多数交联高分子和网状高分子都有热固性，如氨基树脂、硫化橡胶、酚醛树脂、环氧树脂等。

根据高分子化合物的主链结构可分为碳链高分子材料、杂链高分子材料和元素高分子材料。例如，聚乙烯、聚苯乙烯、顺丁橡胶、丁苯橡胶、聚丙烯腈纤维等为碳链高分子材料；氨基树脂、酚醛树脂、环氧树脂等为杂链高分子材料；有机硅树脂、聚膦腈等为元素高分子材料。

3.3.2 高分子化合物的一级结构

高分子材料中的高分子链通常是由 $10^3 \sim 10^5$ 个结构单元组成，其由不同尺寸的结构单元在空间的相对排列，包括高分子的链结构和聚集态结构。高分子链结构和许多高分子链聚在一起的聚集态结构形成了高分子材料的特殊结构。此外，高分子材料还具有低分子化合物所具有的结构特征，如同分异构体、几何结构、旋光异构等。

高分子链结构是指单个高分子链的结构和形态，是反映高分子各种特性的最主要结构层次，分为近程结构和远程结构。近程结构属于化学结构，又称一级结构，是指单个高分子内一个或几个结构单元的化学结构和立体化学结构，包括高分子的构造与构型。构造是指高分子链中原子的种类和排列，取代基和端基的种类、结构单元的键接顺序、支链的类型和长度等。构型是指分子中由化学键所固定的原子或取代基在空间的几何排列，即表征分子中最近邻原子间的相对位置。远程结构，又称二级结构，指单个高分子的尺寸与形态、链的柔顺性及分子在环境中的构象。

聚集态结构是指高分子材料整体的内部结构，包括晶态结构、非晶态结构、取向态结构、液晶态结构和织态结构。其中，晶态结构、非晶态结构、取向态结构和液晶态结构是描述高分子聚集体中分子间是如何堆砌的，又称三级结构。而织态结构是指不同分子之间或高分子与添加剂分子之间的排列或堆砌结构，又称四级结构或高次结构。

本节着重介绍高分子的一级结构，主要包括高分子链结构单元的化学组成与键接方式、高分子链的几何形态与构型。

1. 高分子链结构单元的化学组成

高分子是链状结构，高分子链是由单体通过聚合反应(加聚反应或缩聚反应)连接而成的链状分子。高分子链中的重复结构单元称为聚合度。高分子链的化学组成不同，聚合物的物化性能则不同。按高分子主链结构单元的化学组成可分为以下几类。

1)碳链高分子

分子主链全部由碳原子以共价键相连接的碳链高分子,它们大多数由加聚反应制得,例如，聚乙烯、聚丙烯、聚苯乙烯等。大多数碳链高分子具有可塑性好、易加工成型等优点，但耐热性较差，易燃烧，易老化。与杂链高分子相比，具有较高的耐水解性能。

2)杂链高分子

分子主链除了碳原子外，还有其他原子，如氧、氮、硫等存在，并以共价键相连接，如聚酯、聚酰胺、聚甲醛等均是杂链高分子，它们多由缩聚反应或开环聚合而制得，具有较高的耐热性和机械强度，并因主链带有极性，所以易水解。

3)元素有机高分子

主链中不含有碳原子，由 Si、B、P、Al、Ti、As 等元素和 O 组成主链，侧链是有机基团，故元素有机高分子兼有无机高分子和有机高分子的特性，具有较高的热稳定性、耐寒性、塑性和弹性，但强度较低。例如，有机硅高分子。

4)无机高分子

无机高分子的主链上不含碳原子和有机基团，完全由其他元素组成。这类元素的成链能力较弱，因而聚合物分子量不高，且易水解，如二硫化硅。

2. 高分子链结构单元的键接结构

键接结构指结构单元在高分子链中的连接形式，它是影响性能的重要因素之一。

1)均聚物结构单元顺序

在缩聚和开环聚合中，结构单元的键接结构是明确的，但在加聚过程中，单体可以按头-头、尾-尾、头-尾三种形式键接。一般情况下，自由基或离子型聚合的产物中，以头-尾键接为主。在双烯类高聚物中，高分子链结构单元的键接结构更复杂，除头-头、尾-尾、头-尾键接外，还依双键开启位置的不同而有不同的键接方式，同时可能伴有顺反异构等。例如，丁二烯在聚合过程中可以实现 1,2-加成、顺式 1,4-加成、反式 1,4-加成结构等。单元的键接方式对高聚物材料的性能有显著影响。例如，1,4-加成是线型高聚物，1,2-加成有支链，作橡胶用时会影响材料的弹性。

2) 共聚物的序列结构

由两种或两种以上单体单元所组成的高分子称为共聚物。共聚物按结构单元在分子链内排列方式的不同，可分为无规共聚物、交替共聚物、嵌段共聚物、接枝共聚物四类。

无规共聚物 -A-B-A-B-B-A-A-B-

交替共聚物 -A-B-A-B-A-B-A-B-

嵌段共聚物 -A-A-A-A-B-B-B-B-A-A-A-A-

接枝共聚物 -A-A-A-A-A-A-A-A-A-
$$\quad\quad\quad\quad\quad\quad | \quad\quad\quad | $$
$$\quad\quad\quad\quad\quad\quad \text{-B-B-B-} \quad \text{-B-B-B-}$$

不同的共聚物结构对材料性能的影响也各不相同。无规共聚物中有两种单体的无规则排列，既改变了结构单元的相互作用，也改变了分子间的相互作用，因此，性能与均聚物有很大差异。例如，丁苯橡胶是一种常见的无规共聚物，常用于制造汽车轮胎；丁腈橡胶是一种由丙烯腈和丁二烯组成的无规共聚物，用于制造汽油软管。

交替共聚物是两种重复单元在主链上交替分布，而嵌段共聚物是指同一种重复单元沿主链以嵌段的方式排列的共聚物，接枝共聚物是将一种类型的均聚物侧链接枝到不同重复单元组成的均聚物主链上。接枝与嵌段共聚物的性能既不同于类似成分的共聚物，又不同于无规共聚物，因此可利用接枝或嵌段的方法对聚合物进行改性，或合成特殊要求的新型聚合物。例如，由苯乙烯和丁二烯的交替嵌段组成的嵌段共聚物聚乙烯具有优良的抗冲击性能；聚丙烯腈接枝 10%聚乙烯的纤维，既可保持原来聚丙烯纤维的物理性能，又使纤维的着色性能增加了三倍。

共聚物的性质与均聚物不同，它具有两种或两种以上均聚物综合起来的特性，因此，又称为"高分子合金"。为了改善某种高分子材料的使用性能，往往采用几种单体进行共聚的方法，使产物具有几种均聚物的优点。例如，聚苯乙烯塑料透明，加工性好，但性脆，若引入 15%～30%丙烯腈而得到的苯乙烯–丙烯腈共聚物，则既保持原有的优点，又具有较高的冲击强度，且兼有聚丙烯腈的耐热、耐油和耐腐蚀等特性。共聚物的物理、力学性能取决于分子链中单体链节的性质、相对数量及其排列方式。在合成中选择适当条件，即可得到所需性能的共聚物。

3. 高分子链的几何形态

高分子链的几何形态是由单体分子的官能度所决定的，官能度是指在一个单体上能与别的单体发生键合的位置数目。高分子链的几何形态通常分为线型高分子链、支链型高分子链、交联型高分子链三种。

1) 线型高分子链

线型高分子链是指许多结构单元连接在一起组成的长链，如图 3-9 所示，通常会卷曲为团状，是热塑性材料的典型结构，例如，无支链的聚乙烯，它的自由状态是无规线团，在外力拉伸下可得锯齿形的高分子链。这类高聚物由于大分子链之间没有任何化学键，而是由范德华键和氢键连接，因此它们柔软，有较高的弹性，塑性好，硬度低，在加热和外力作用下，分子链之间可产生相互位移，并在适当溶剂中溶解，可以抽丝，也可成膜，并可热塑成各种形状的制品。常见的具有线型高分子链结构的聚合物有聚乙烯、聚氯乙烯、聚苯乙烯、尼龙和碳氟化合物等。

图 3-9　线型高分子链结构示意图

2）支链型高分子链

支链型高分子链是指在主链上带有侧链的高分子，如图 3-10 所示。在缩聚反应中，若有三官能团单体的存在则可能引起支化；在加聚反应中，由于链转移反应或双烯单体双键活化等均可能引起支化生成支链高分子。支链的形状有枝形、星形和梳形等。支链高分子也可溶于适当溶剂中，并且加热能熔融。高分子链的堆积效率随着侧链的形成降低，最终导致高分子密度的降低。短支链使高分子链之间的距离增大，有利于活动，流动性好；而支链过长则阻碍高分子流动，影响结晶，降低弹性。总的来说，支链高分子堆砌松散，密度低，结晶度低，因而硬度、强度、耐热性、耐腐蚀性等也随之降低，但透气性增加。

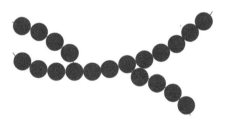

图 3-10　支链型高分子链结构示意图

线型和支链型高分子加热可熔化，也可溶于有机溶剂，易于结晶，因此可反复加工成型，称为热塑性树脂。

3）交联型高分子链

高分子链之间的交联作用是通过支链以共价键连接形成的，交联后成为网状结构的大分子，称为交联高分子或网状高分子，如图 3-11 所示。有三个官能团的单体进行体型缩聚可得到交联高分子。交联剂与线型分子链反应也能得到交联高分子，以机械作用、辐射作用使高聚物产生活性点也可发生交联，得到交联高分子。交联高分子因成为既不溶解也不能熔融的网状结构，因而它的耐热性好、强度高、抗溶剂力强，并且只能以单体或预聚状态进行成型，一旦受热固化便不能再改变形状，称为热固性树脂。例如，硫化橡胶、酚醛树脂、环氧树脂等。

图 3-11　交联型高分子链结构示意图

高分子化合物通常不止有一种特定的结构类型，例如，一个线型为主的高分子化合物也可含有少量的分支和交联。

4. 高分子链的构型

链的构型是指分子中由化学键所固定的原子或取代基在空间的相对位置和排列。对于主链上连有多个侧链原子或原子基团的高分子，侧基的规律性和对称性对高分子的性能有显著影响。例如，重复单元，如图 3-12 所示。

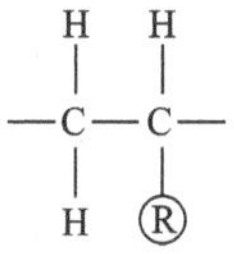

$$
\begin{array}{ccc}
& H & H \\
& | & | \\
-\!\!\!& C\!\!-\!\!C & \!\!\!- \\
& | & | \\
& H & ⓇR
\end{array}
$$

图 3-12　重复单元示意图

其中，R 代表的是一个除氢原子外的原子或侧链基团，如 Br、CH_3 等。当侧基重复单元 R 连续地交替与碳原子连接时，可形成如图 3-13 所示排列，称为头-尾键接构型。

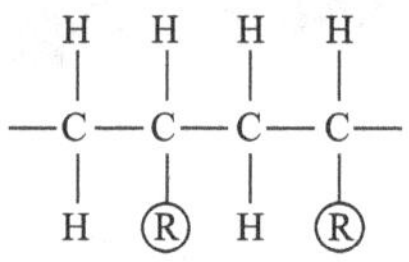

$$
\begin{array}{cccc}
H & H & H & H \\
| & | & | & | \\
-C- & C- & C- & C- \\
| & | & | & | \\
H & Ⓡ & H & Ⓡ
\end{array}
$$

图 3-13　头-尾键接构型重复单元示意图

头-头键接构型发生在 R 侧基连接在相邻的碳原子上时，如图 3-14 所示。

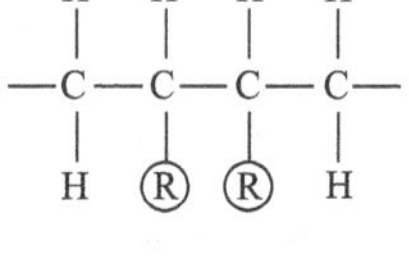

$$
\begin{array}{cccc}
H & H & H & H \\
| & | & | & | \\
-C- & C- & C- & C- \\
| & | & | & | \\
H & Ⓡ & Ⓡ & H
\end{array}
$$

图 3-14　头-头键接构型重复单元示意图

大部分高分子中，头-尾键接构型占主导地位，这是因为在头-头键接构型中 R 基团间存在一定斥力。

在组成相同但原子构型可能不同的高分子中，也存在异构体，包括立体异构和几何异构。这种排列是稳定的，要改变构型必须经过化学键的断裂或重组。

1）立体异构

立体异构是指原子以相同的顺序(头-尾)链接在一起，但在空间结构上有差异。对于由烯类单体合成的高聚物的结构单元中有一个不对称碳原子，因而存在两种旋光异构单元，它们在高分子链中有三种排列方式，分别为全同立构、间同立构和无规立构。假定主链上的碳原子拉伸成线性固定在平面上，当 R 取代基全部处在主链平面一侧，或者说高分子全部由一种旋光异构单元键接而成的高分子称为全同立构，其线性二维示意图如图 3-15 所示。

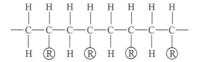

图 3-15　全同立构线性二维示意图

当 R 取代基交替地处于平面两侧，或者说由两种旋光异构单元交替键接而成的高分子称为间同立构，如图 3-16 所示。

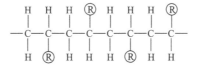

图 3-16　间同立构线性二维示意图

当 R 取代基在平面两侧随机排列，或者说由两种旋光异构单元完全无规链接成时，称为无规立构，如图 3-17 所示。

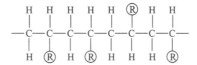

图 3-17　无规立构线性二维示意图

旋光异构会影响高分子材料的性能。例如，全同立构的聚苯乙烯，其结构比较规整，能结晶，软化点为 240℃；而无规立构的聚苯乙烯结构不规整，不能结晶，软化点只有 80℃。又如，全同立构和间同立构聚丙烯的熔点分别为 180℃和 134℃，结构规整，为高度结晶的聚合物，可作塑料，也可作纤维纺丝；而无规聚丙烯是无定形的软性聚合物，熔点为 75℃，是一种无实用价值的橡胶状的弹性体。

2）几何异构

几何异构是由于聚合物内主链碳碳双键上的基团在双键两侧排列方式不同而产生，包括顺式和反式。以异戊二烯结构单元为例，当 CH_3 基团和 H 原子位于双键的同一侧时，称为顺式结构，所得聚合物顺式聚异戊二烯是天然橡胶的主要成分。

$$\begin{array}{ccc} CH_3 & & H \\ & C = C & \\ -CH_2 & & CH_2- \end{array}$$

当 CH_3 基团和 H 原子位于双键的两侧时，称为反式，所得聚合物为反式聚异戊二烯，性能与天然橡胶完全不同。

$$\begin{array}{ccc} CH_3 & & CH_2- \\ & C = C & \\ -CH_2 & & H \end{array}$$

3.3.3　高分子化合物的二级结构

高分子化合物的二级结构，即远程结构，指单个高分子的尺寸、形态、链的柔顺性及分子在环境中的构象。

1. 相对分子质量与聚合度

相对分子质量是高分子大小的量度，但高分子的相对分子质量只有统计意义，只能用统计平均值来表示，如数均分子量 M_n 和重均分子量 M_w。高分子化合物的相对分子质量有两个特点：相对分子质量大和相对分子质量的多分散性。高分子化合物不同于低分子化合物，其聚合过程较复杂，使得生成物的相对分子质量具有一定的分布。为了清晰地表明分子的大小，采用相对分子质量分布来表示高分子化合物中各个组分的相对含量与相对分子质量的关系。如图 3-18 所示，纵坐标是相对分子质量为 M 的相对含量，曲线的宽度表明相对分子质量的分散度，即相对分子质量的均一性。

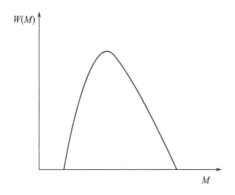

图 3-18　相对分子质量微分曲线分布

高分子的相对分子质量是非常重要的参数，它不仅影响高分子溶液和溶体的流变性质，而且对高分子的力学性能，如强度、弹性和韧性等起决定性的作用。相对分子质量分布对高分子材料的加工和使用有显著影响，一般地，相对分子质量分布较窄有利于加工控制和使用性能的提高，如合成纤维和塑料。但也存在某些高分子化合物情况相反，如天然橡胶，经过塑炼使相对分子质量降低，分布变宽才能克服原来的加工困难，便于加工成型。

聚合度也是表征高分子大小的参数，它是指高分子中所含结构单元的数目，其值与相对分子质量成正比。研究表明，高分子化合物的相对分子质量或聚合度只有达到一定数值后，才开始具有机械强度，此聚合度称为临界聚合度。对于高分子化合物相对分子质量的控制，要综合考虑高聚物的使用性能和加工性能。因为高分子化合物的相对分子质量越大，机械强度越高。但相对分子质量增加后，分子间的相互作用力也增强，导致高温流动黏度增加，使加工成型变得困难。

2. 高分子链的构象和柔顺性

高分子链的主链通常是以共价键连接起来的，它有一定的键长和键角。例如，高分子在运动时，C—C 单键在保持键长和键角不变的情况下可绕轴任意旋转，这就是单键的内旋转。单键内旋转的结果使原子排列位置不断变化，而高分子链很长，每个单键都在内旋转，且频率很高，必然造成高分子的形态瞬息万变。这种由单键内旋转引起的原子在空间占据不同位置所构成的分子链的各种形象称为高分子链的构象。

高分子链的空间形象变化频繁、构象多，就像一团任意卷在一起的钢丝一样，对外力有很大的适应性，受力时可表现出很大的伸缩能力。高分子这种能由构象变化获得不同卷曲程度的特性称为高分子链的柔顺性。高分子链柔顺性来源于主链 σ 单键的低能内旋转，高分子链越长，可供单键内旋转的单键数越多，高分子链产生的构象数越多，则高分子的柔顺性越好。

高分子链的柔顺性与单键内旋转难易程度有关，受自身化学结构影响，主要包括主链结构、取代基和链的长度。

主链结构对高分子链的刚柔性起决定性作用，主链上 C—O、C—N、C—C、Si—O 单键有利于增加柔性，例如，尼龙、聚酯、聚氨酯等都具有柔性链。Si—O 键长、键角大，使得非键合原子之间的距离更大，相互作用力较小，更容易内旋转，例如，聚硅氧烷在低温下分子链仍能活动，是优良的耐寒橡胶。主链上总是带有其他原子或基团，这些原子和基团之间存在着一定的相互作用，阻碍了单键的内旋转，主链上的芳环、大共轭结构使分子链僵硬，柔性降低，因此它们的耐高温性能优良，如聚苯醚、聚砜、聚苯、聚乙炔等。

取代基团的极性、取代基沿分子链排布的距离、取代基在主链上的对称性和取代基的体积等，对高分子链的柔性均有影响。取代基极性的大小决定着分子内的吸引力和势垒，也决定着分子间力的大小。取代基的极性越大，非键合原子间相互作用越强，分子内旋转阻力越大，分子链的柔性越差。取代基的极性越小，作用力越小，势垒越小，分子越容易内旋转，柔性越好。一般情况下，极性基团的数量少，则在链上的间隔距离较远，它们之间的作用力和空间位阻的影响也随之降低，易发生内旋转，柔性较好。取代基的位置对分子链的柔性也有一定影响，同一个碳原子上连有两个不同的取代基会使链的柔性降低。取代基的体积大小也决定着位阻的大小，如聚乙烯、聚丙烯、聚苯乙烯的侧基依次增大，空间位阻效应也相应增大，因而分子链的柔性依次降低。此外，单键的内旋转是彼此受到牵制的，一个键的运动往往牵连邻近键的运动，所以大分子链运动往往是以相连接的有一定长度的链段运动来实现。链段是指具有独立运动能力的链的最小部分，它一般包括十几到几十个结构单元，这样大分子链就可以看作若干能独立运动的链段组成。通常大分子链柔顺性越大，链段越短；柔顺性越小，链段越长。

结构因素是高分子柔顺性的内因，而环境的温度和外力作用程度等则是影响高分子柔顺性的外因。温度越高，热运动越大，分子内旋转越自由，故分子链越柔顺。外力作用快，高分子来不及运动，亦表现出刚性或脆性。例如，柔软的橡胶轮胎在低温或高速运行中会显得僵硬。

高分子链的柔顺性是高分子化合物许多物理力学性能不同于低分子物质的主要原因，尤其对高分子化合物的弹性、塑性和耐热性有重要影响。

3.3.4 高分子化合物的三级结构

高分子化合物的三级结构是指高分子材料整体的内部结构，包括晶态结构、非晶态结构、取向态结构、液晶态结构等有关高分子材料中高分子链间堆积结构，即聚集态结构。

高分子化合物借分子间力的作用聚集成固体，根据分子在空间排列的规整性可将其分为晶态和非晶态。通常线型高分子化合物在一定条件下可形成晶态，而网状高分子化合物为非晶态，如无规立构的聚苯乙烯、聚甲基丙烯酸甲酯等都是非晶态的。

1) 晶态结构

高分子化合物的晶态结构包括晶胞结构、晶体中高分子链的构象、晶体中高分子链的堆砌和聚合物的结晶形态。聚合物晶胞是由一个或若干个高分子链的链段构成，在聚合物晶体晶胞结构中，沿高分子链方向和垂直于高分子链方向的原子间距离是不等的，因此聚合物不能形成立方晶系。聚合物晶胞结构和反映晶胞结构的晶胞参数取决于高分子的化学结构、构象和结晶条件。聚合物晶体中结晶链的构象十分规整，在晶相中呈长程有序排列，主要包括平面锯齿形构象(如聚乙烯、间规聚氯乙烯结晶链等)、螺旋形构象(如等规聚丙烯、等规聚苯乙烯结晶链等)、伸直链构象和滑移面对称构象等。聚合物晶体中高分子链的堆砌方式有缨状胶束模型和折叠链模型两种基本模型。

根据结晶条件的不同，聚合物可形成单晶体、树枝状晶体、球晶、微晶、串晶及其他形态的多晶聚集体。单晶是指物质内部质点的短程有序性和长程有序性贯穿整个晶体，是最完整的一种晶态结构，多从线型高分子的稀溶液中培养而得，而浓溶液和熔体一般生成球晶或其他形态的多晶体。聚合物单晶一般是由折叠链构成的片晶，链的折叠方向与晶面垂直。当结晶温度较低或溶液浓度较大，或相对分子质量过大时，高分子从溶液析出结晶时不再形成单晶，结晶的过度生长将产生较复杂的结晶形式。这时高分子的扩散成为结晶生长的控制因素，突出的棱角在几何学上将比生长面上邻近的其他点更为有利，能从更大的立体角接受结晶分子，所有棱角处倾向于向前生长变细变尖，最终形成树枝状晶体。多晶是指整个晶体由许多个取向不同的晶粒组成，不具有多面体的规则外形，宏观物性呈各相异性。球晶是指具有球形界面、内部组织复杂的多晶体，由扭曲的晶片构成，它是高分子多晶体的一种主要形式，可以从浓溶液或熔体冷却结晶时获得。

串晶因在显微镜下呈串珠状而得名，具有伸直链结构的中心线，中心线周围间隔地生长着折叠链的晶片。这种晶体因具有伸直链结构的中心线，所以材料具有高强度、抗溶剂和耐腐蚀等优良性能。微晶是由球晶在受到突然变化的机械应力时发生破损或界面发生滑动破裂形成的。串晶是指聚合物在切应力作用下结晶时生成的一长串半球状晶体。

与一般低分子晶体相比，聚合物晶体具有如下特点：①无确定熔点，结晶速率较慢；②聚合物晶体形态多样；③与一般低分子物质以原子、离子或分子作为单一结构单元排入晶格不同，除少数天然蛋白质以分子链球堆砌成晶体外，绝大多数高分子链以链段排入晶胞中，且晶态高分子链轴常与一根结晶主轴平行；④由于高分子链内以原子共价键连接，分子链间存在范德华力或氢键相互作用，使其自由结晶时自由运动受阻，分子链难以规整堆砌排列，因此聚合物部分结晶，并产生许多畸变晶格及缺陷，导致结晶不完整。结晶部分的含量采用结晶度表示，结晶度的大小与聚合物结构及结晶条件有关。一般情况下，结晶度越高，分子间作用力越强，高分子化合物的强度、硬度、刚度和熔点越高，耐热性和化学稳定性也越好，而与链有关的性能，如弹性、伸长率、冲击强度则越低。规整结构的聚合物可达到较高的结晶度，而分支、结构不规整的聚合物的结晶度较低。从熔体急冷的聚合物的结晶度比缓慢冷却的聚合物结晶度低。聚合物的结晶度一般为 30%～90%，特殊情况下可达 98%。例如，线型高密度聚乙烯的结晶度为 65%～90%，分支的低密度的聚乙烯的结晶度为 45%～74%。

2）非晶态结构

非晶态聚合物的分子排列无长程有序，主要包括玻璃态、橡胶态、熔融态及结晶聚合物中非晶区的结构，包括完全不能结晶的聚合物本体、部分结晶聚合物的非晶区和结晶聚合物熔体经骤冷而冻结的非晶态固体。从分子结构的角度，聚合物的非晶态结构包括：①高分子链结构的规整性很差，以致无法形成任何可观的结晶，如无规立构的聚苯乙烯和无规立构聚甲基丙烯酸甲酯等无规立构聚合物；②链结构具有一定的规整性，可以结晶，但由于结晶速率十分缓慢，以致其熔体在通常的冷却速率下，得不到可观的结晶，故常呈现玻璃态结构，如聚碳酸酯等；③有些聚合物的链结构虽然具有很好的规整性，但因其分子链十分柔软而不易结晶，在常温呈现橡胶态结构，在低温时才能形成可观的结晶。

3）取向态结构

在一定条件下，高度不对称的高分子链或结晶高分子中的晶态结构易在外力作用下沿某一特定方向排列，这种现象称为高分子的取向。高分子材料在加工过程中，如挤压、压延、吹塑、纺丝和牵引等过程，均可发生高分子链的取向现象。高分子的取向态和高分子的结晶态在结构上是有区别的。取向态仅是高分子链或结晶结构在特定方向上的择优排列，一般情况下各个取向单元的方向是不同的，而结晶态是高分子链的规整堆砌形成的三维有序的点阵结构。

取向的高分子材料按取向方式可分为两类：单轴取向，即取向单元在一维方向上择优排列；双轴取向，即取向单元在二维方向上择优排列。单轴取向可以通过单向拉伸等方法在高分子材料的一维方向上实现，高分子材料在此方向上的强度相对较大，如在纤维纺丝过程中的高分子材料发生的取向。双轴取向可以通过双向拉伸或吹塑等方法在高分子薄膜平面上的两个相互垂直的二维方向上取向，使高分子薄膜在各个方向的强度都有所提高。

非晶态聚合物的取向比较简单，可分为大尺寸取向和小尺寸取向。大尺寸取向是指整个大分子链作为整体是取向的，但就链段而言可能并未取向，如从纺丝孔出来的熔融体就有大尺寸取向现象。小尺寸取向是指链段的取向排列，而整个高分子链是杂乱无章的。在温度较低时一般整个分子不能运动，只有链段能运动，易得到小尺寸取向。大尺寸取向慢，解取向也慢，较为稳定；小尺寸取向快，解取向也快，不稳定。

结晶聚合物的取向较为复杂，伴随复杂的分子聚集态结构的变化。以球晶聚合物为例，其取向实际上是形变过程。在球晶形变过程中，组成球晶的片层之间发生倾斜、晶面滑移、转动，甚至破裂，部分折叠链被拉成伸直链，原有的结构部分或全部被破坏，形成由取向折叠链片晶和在取向上贯穿于片晶之间的伸直链所组成的新的结晶结构，称为微丝结构。在拉伸取向过程中，也可能原有的折叠链片晶部分地转变成分子链沿拉伸方向规则排列的伸直链晶体。拉伸取向的结果是伸直链增多，折叠链段减少，系结链数目增多，因而材料的机械强度和韧性提高。拉伸取向使聚合物在力学性能、光学性能、电学性能和热性能等方面呈现出明显的各向异性，使高分子材料在特定方向获得许多优良的使用性能。

4）液晶态结构

某些物质的结晶受热熔融或被溶剂溶解之后，虽然失去固态物质的刚性，而获得液态的流动性，却仍然部分地保留着晶态物质分子的有序排列，从而在物理性质上呈现各向异性，形成一种兼有晶体和液体的部分性质的过渡态，这种由固态向液体转化过程中存在的中间态称为液晶态，处于液晶态的物质称为液晶。

聚合物液晶共有的突出特点是在力场下易发生分子链取向，根据其液晶基团所在位置可分为主链聚合物液晶和侧链聚合物液晶等。聚合物液晶最突出的性质是其特殊的流变行为，即在高浓度、低黏度和低剪切应力下的高取向度，因而，让聚合物液晶流体流过喷丝口、模口或流道，即使在很低剪切速率下获得的取向，也可制得高强度高模量纤维、薄膜和模塑制品。利用聚合物液晶可制得分子复合材料、光学记录、储存和显示材料等。

聚合物聚集态结构是影响高分子材料性能的直接因素，可归纳为分子链是无规线团的非晶态结构、分子链折叠排列为横向有序的折叠链片晶和分子链伸直平行取向排列为横向有序的伸直链晶体三种结构的组合。

3.3.5 高分子化合物的四级结构

在某种高分子材料中，可能同时存在晶态结构、非晶态结构、液晶态结构和取向态结构中的至少两种结构，以三级堆积结构为单位在高分子材料中的进一步堆砌形成的结构，称为四级结构，又称织态结构。织态结构和高分子在生物体中的结构属于高级结构，是不同高分子间或者高分子与添加剂（如填料、增塑剂、颜料、稳定剂等）间的排列或堆砌结构。

高分子材料的结构层次是一层紧扣一层。宏观高分子材料的构成，最先由不同的原子构成具有反应活性的、有固定化学结构的小分子。这些小分子在一定条件下，发生加聚或缩聚反应，生成由若干个相同的结构单元依照一定顺序和空间构型键接而成的高分子链。这些高分子链因单键的旋转而构成具有一定势能分布的高分子构象,具有一定构象的高分子链再通过次价力或氢键的作用,聚集成有一定规则排列的高分子聚集体。这些微观状态的高分子聚集体在一定物理条件下,或与其他添加剂配合,通过一定的成型加工手段,达到更高一级的宏观聚集态结构层次,并最终成为具有使用价值的高分子材料。

3.3.6　聚合物共混材料

聚合物共混材料是指两种或两种以上聚合物通过物理化学方法共同混合而形成的宏观上均匀、连续的高分子材料。聚合物共混材料和共聚物具有明显差别,聚合物共混材料是各组成聚合物通过分子间作用联系在一起,通过各组成聚合物的结构互补实现性能互补,而共聚物是由两种或两种以上的单体通过化学键实现共同聚合,即在同一高分子链上同时存在两种或两种以上结构单元,共聚物的性能由这些结构单元共同贡献。

聚合物共混材料按聚合物组分数目,可分为二元聚合物共混物和多元聚合物共混物;按分散相和连续相相互作用,可分为化学共混材料和物理共混材料;按共混物聚集态结构,可分为非晶态-非晶态聚合物共混物、晶态-非晶态聚合物共混物和晶态-晶态聚合物共混物。

聚合物共混材料是由两种或多种聚合物组成,因而可能形成两个或两个以上的相,其形态结构是指不同聚合物之间所有组成的相结构。以双组分构成的两相聚合物共混材料为例,其形态结构按相的连续性可分为单相连续、两相连续和两相交错三种类型。单相连续结构是指组成聚合物共混材料的两个相或多个相中,只有一个相连续,其他相分散于该连续相中,根据分散相的形态,又可分为分散相形状不规则、分散相颗粒规则和分散相为胞状结构或香肠状结构。两相连续结构指聚合物共混材料中两相不混溶,保持各自的连续性,例如,互穿网络聚合物中两种聚合物网络相互贯穿,使得整个样品成为一个交织网络。两相交错结构指每个相都没有形成贯穿整个样品的连续相,当两组分含量相近时常形成该结构。

聚合物共混材料中存在三种区域结构,即两种聚合物各自独立的相和这两相之间的界面层。这种界面层的形成过程包括两步:两相之间的接触;两种聚合物链段之间的相互扩散,以增加两相间的接触面积,从而有利于增加两相之间的结合力。其中,两种聚合物之间的相互扩散取决于它们的混溶性,对于完全不混溶的聚合物,其分子链之间只有轻微扩散,两相之间具有明显和确定的相界面;随着混溶性增加,相互扩散程度增加,相界面越来越模糊,界面层厚度增加,两相之间的黏合作用增加;两种聚合物完全混溶时,形成均相,相界面完全消失。

3.4　复合材料的组成与结构

3.4.1　复合材料的定义与分类

1. 复合材料的定义

随着科学技术迅速发展,以及人类生活、生产等方面的需求提高,对材料性能提出越来越高的要求。在许多方面，传统单一的金属材料、无机非金属材料以及高分子材料已经不能满足实际需要。这些都促进了人们对材料的研究，逐步摆脱过去单纯靠经验的摸索方法，面向按预定性能设计新材料的研究方向发展。

为了克服单一材料性能上的局限性，充分发挥各种材料特性，复合材料应运而生。复合材料是指由两种或两种以上物理和化学性质不同的物质，按一定方式、比例和分布组合而成的一种多相固体材料。伴随着复合材料的发展，材料性能的组合和拓展范围已经并将持续增强增大，一般而言，复合材料是多相材料，它聚合了所有组成相的性能，实现了更好性能的组合。

复合材料的各组分虽然保持其相对独立性，但复合材料的性能却不是各组分材料性能的简单加和，而是有重要的改进。其充分发挥各组分材料的优良特性，弥补其短处，使复合材料具有单一材料所无法达到的特殊和综合性能，以满足各种需求。复合材料的优点主要如下：比强度和比模量高；疲劳性能好；安全性能好；减振性能好；减摩、耐磨和自润滑性能好；耐高温性能好；成型工艺简便灵活及材料、结构可设计性。例如，碳纤维/环氧树脂复合材料的比强度是钢的 7 倍，比模量是钢的 4 倍；碳纤维/聚酯树脂复合材料的疲劳极限是拉伸强度的 70%~80%，而金属材料的疲劳极限只有强度极限的 40%~50%；硼纤维、碳纤维增强的铝基、镁基复合材料，既保留了铝、镁合金的轻质、导热、导电性，又充分发挥增强纤维的高强度、高模量，获得高比强度、高比模量、导热、导电、热膨胀系数小的金属基复合材料。

复合材料通常分成两个基本组成相：一相为连续相，称为基体，它是连续的并且围绕在另一相周围，主要起黏结和固定作用；另一相为分散相，称为增强材料，主要起承担载荷的作用。分散相是以独立的形态分布在整个连续相中，两相之间存在相界面。分散相既可以是增强纤维，也可以是颗粒状或弥散的填料。影响复合材料性能的主要因素有连续相的性能、连续相的数量和分散相的几何结构。分散相的几何结构包括颗粒的形状、颗粒的尺寸、颗粒的分布及其方向。

复合材料既可以保持原材料的某些特点，又可以发挥组合后的新特征，它可以根据需要进行设计，从而满足使用要求。复合材料区别于传统单一材料，在性能和结构上具备以下三个特点。

(1)复合材料是由两种或两种以上不同性能的材料组元通过宏观或微观复合形成的一种新型材料，组元之间存在明显的界面。

(2)复合材料中各组元不但保持各自的固有特性，而且最大限度发挥各种材料组元的特性，并赋予单一材料组元所不具备的特殊性能。

(3)复合材料具有可设计性，可以根据使用条件要求进行设计和制造，以满足各种特殊用途，从而极大地提高工程结构的效能。

2. 复合材料的命名

目前，国内外对复合材料的命名还没有统一的规定，共同的趋势是根据增强材料和基体材料的名称来命名。将增强材料的名称放在前面，基体材料的名称放在后面，再加上"复合材料"，例如，玻璃纤维和环氧树脂构成的复合材料称为"玻璃纤维环氧树脂复合材料"。为书写简便，也可仅写增强体和基体的缩写名称，中间用"/"隔开，后面再加"复合材料"。如上述的"玻璃纤维环氧树脂复合材料"又可简写为"玻璃纤维/环氧复合材料"；"碳纤维增强铝合金复合材料"常简写成"C_f/Al 复合材料"，其中下脚注"f"表示纤维(fiber)；碳纤维和碳构成的复合材料简称为"碳/碳复合材料"。有时为突出增强材料和基体材料，根据强度的组分不同，也可简称为"玻璃纤维复合材料"或"环氧树脂复合材料"。

3. 复合材料的分类

随着材料品种的不断增加，人们为了更好地研究和使用材料，需要对材料进行分类。复合材料的分类方法繁多，常见的分类方法有以下几种。

1) 按基体材料分类

根据所用三大基础材料，分为如下三类。

(1) 聚合物基复合材料：以有机聚合物为基体制成的复合材料，如热固性树脂、热塑性树脂及橡胶。

(2) 金属基复合材料：以金属为基体制成的复合材料，如铝基复合材料、钛基复合材料等。

(3) 无机非金属基复合材料：以陶瓷材料为基体制备的复合材料，如玻璃和水泥。

2) 按增强材料的形态分类

(1) 纤维增强复合材料。纤维增强复合材料的分散相呈纤维状，即具有较大的长径比，包括连续纤维复合材料和非连续纤维复合材料。连续纤维复合材料指作为分散相的长纤维的两个端点都位于复合材料的边界处；非连续纤维复合材料指短纤维、晶须无规则地分散在基体材料中。纤维增强复合材料的设计通常是为了获得在一定重量基础上高强度和高硬度的性能，复合材料的纵向强度主要由纤维强度决定，而横向强度受多种因素影响，主要包括纤维和基体的性质、纤维-基体界面的键合强度，以及材料中存在的空隙，增强横向强度的手段通常涉及基体的改性。纤维增强复合材料中的基体相有多种功能，主要包括基体将纤维连接在一起，将外应力传递并分布到纤维上，只有很小部分载荷由基体承担；基体保护纤维个体免于机械磨损和外部化学反应造成的表面伤害；基体将纤维互相分离，利用其柔性和可塑性，防止纤维之间脆性断裂的传播，避免纤维发生彻底断裂。纤维和基体之间必须有较高强度的键合作用才能减少纤维从基体中脱离，因而键合强度的大小是选择纤维-基体组合的重要标准。复合材料的极限强度很大程度上却决于这种键合强度的数量级，足够数量的键合作用对最大化从基体到纤维的应力的传播是至关重要的。

(2) 颗粒增强复合材料。颗粒增强复合材料的分散相是各向等大的，即颗粒尺寸在各个方向接近相同。颗粒增强复合材料包括粒子增强复合材料和弥散增强复合材料。在粒子增强复合材料中，颗粒粒径一般较大，为 $1\sim50~\mu m$，并且颗粒与基体之间的相互作用类型不是原子或分子级别的，而是采用连续性介质力学机制。大多数粒子增强复合材料中的颗粒相比基体更坚硬和难以移动，这些颗粒抑制其邻近基体相的运动，本质上是颗粒承受了基体所施加的一小部分外应力。复合材料机械强度的提高程度取决于基体-颗粒之间的相互作用和联结程度。混凝土是一种常见的粒子增强复合材料,它由水泥(基体)、沙子和沙砾(颗粒)组成。与粒子增强复合材料不同,在弥散强化型复合材料中颗粒的尺寸小得多,颗粒直径为 $10\sim100$ nm,并且高度均匀弥散分布于基体材料内部。引起强化作用的颗粒-基体之间的相互作用,多发生在原子或分子水平。其中,基体承受了大部分外应力,同时分散的小颗粒阻碍或抑制位移,因此,在抑制形变的同时可增加屈变力、抗张强度和硬度。例如,氧化钍分散镍是一种弥散增强复合材料,它是由 3 vol%氧化钍(ThO_2)作为分散细颗粒添加到镍合金中制得。

(3)片状增强复合材料(二维)、编织复合材料(三维)。以平面二维或立体三维物质为增强材料与基体复合而成。

3)按增强纤维种类分类

(1)玻璃纤维复合材料。玻璃纤维复合材料是一种由连续或者非连续的玻璃纤维掺入基体中组成的复合材料,已广泛应用于汽车车身、轮船船体、塑料管道、储存容器和工业地板等。

(2)碳纤维复合材料。碳是最常用于增强复合材料的高性能纤维材料,已广泛应用于压力容器、飞机机翼、基体、方向舵结构件等。

(3)有机纤维复合材料,如芳香族聚酰胺纤维、芳香族聚酯纤维等。

(4)金属纤维复合材料,如钨丝、不锈钢丝等。

(5)陶瓷纤维复合材料,如氧化铝纤维、碳化硅纤维、硼纤维等。

此外,如果用两种或两种以上纤维增强同一基体制成的复合材料称为混杂复合材料,混杂复合材料可以看成两种或多种单一纤维复合材料的相互复合。

4)按材料作用分类

(1)结构复合材料,用于制造受力构件的复合材料。

(2)功能复合材料,具有各种特殊性能的复合材料,如阻尼、导电、导磁、摩擦、屏蔽、换能等。

3.4.2　复合材料的组成

复合材料的原材料包括基体材料和增强材料。

1. 基体材料

复合物的基体材料一般分为三类:金属基体材料、陶瓷基体材料和聚合物基体材料。在复合材料中,基体以连续相形式出现,主要用于传递载荷,支持、固定和保护增强体,防止磨损或腐蚀等。同时,基体可以改善复合材料的某些性能,如要求比重小,可选取聚合物作为基体材料;要求具有耐高温性能,可用陶瓷作为基体材料;为得到较高的韧性和剪切强度,一般考虑用金属作为基体材料。

1)金属基体材料

金属基复合材料中的金属基体起着固结增强物、传递和承受各种载荷的作用。作为金属基体材料的种类非常多,如常见的铝及铝合金、镁合金、钛合金、铜及铜合金等。金属基复合材料与聚合物基复合材料相比,具有更高的耐受温度、不可燃性、更高的抗有机溶剂溶解性，但金属基复合材料的价格相对昂贵。此外，增强相可以改善金属基体的比刚度、比强度、抗磨损性、抗蠕变性、热导性及尺寸稳定性。近年来，为了满足电子、信息、能源、汽车等工业领域的技术需要，功能性的金属基复合材料快速发展。在这些高技术领域中，要求材料和器件具有优良的综合物理性能，例如，集成电路系统中，由于电子器件的集成度越来越高，器件工作发热严重，需用热膨胀系数小、导热性好的材料做基板和封装零件，以避免产生热应力，从而提高器件可靠性。而单纯的金属基体虽具有良好的导热、导电性和力学性能，但具有热膨胀系数大、耐电弧烧蚀性差的缺点。因此，通过向金属基体中加入合适的增强物，即可得到优异的综合物理性能，满足各种特殊需求。如在纯铝中加入导热性好、弹性模量大、热膨胀系数小的石墨纤维、碳化硅颗粒，就可使这类复合材料具有较高的热导率和较小的热膨胀系数，满足集成电路的散热要求。全球定位系统卫星的电子封装和热管理系统便是采用了上述的碳化硅-铝和石墨-铝金属基体复合材料，这些金属基体复合材料具有高热导率，能够与全球定位系统中其他电子材料部件的膨胀系数相匹配。目前，功能金属基复合材料主要用于微电子技术的电子封装、高导热和耐电弧烧蚀的集成电路材料和触头材料、耐高温摩擦的耐磨材料、耐腐蚀的电池极板材料等。用于电子封装的金属基复合材料包括高碳化硅颗粒含量的铝基、铜基复合材料，高模、超高模石墨纤维增强铝基、铜基复合材料，金刚石颗粒或多晶金刚石纤维增强铝基、铜基复合材料等。

首先，金属基体材料成分的正确选择对能否充分组合和发挥金属基体和增强物性能特点，获得预期的优异综合性能，满足使用要求十分重要。金属基体的密度、强度、塑性、导热性、导电性、耐热性、抗腐蚀性等均将影响复合材料的比强度、比刚度、耐高温、导热、导电等性能。因此，设计和制备复合材料时，需充分考虑金属基复合材料的使用要求、组成特点、基体与增强体的相容性等。其中，明确金属基复合材料的使用性能要求是选择金属基体材料最重要的依据。例如，工业集成电路需要高导热、低膨胀的金属基复合材料作为散热元件和基板，因而选用具有高热导率的银、铜、铝等金属为基体与高导热性、低热膨胀的超高模量石墨纤维、金刚石纤维、碳化硅颗粒复合成具有低热膨胀系数和高热导率、高比强度、比模量等性能的金属基复合材料，是集成电子器件的关键材料。

其次，正确选择基体材料需要充分分析和考虑增强物的性质和增强机理。在连续纤维增强金属基复合材料中，基体的主要作用是围绕充分发挥增强纤维的性能，基体本身应与纤维有良好的相容性和塑性，而并不要求基体本身有很高的强度，如碳铝复合材料中，铝合金基体的强度越高，复合材料的性能越低；而在非连续增强(颗粒、晶须、短纤维)金属基复合材料中，基体是主要承载物，基体的强度对于非连续增强金属基复合材料具有决定性的影响，如颗粒增强铝基复合材料一般选用高强度的铝合金作为基体，这与连续纤维增强金属基复合材料基体的选择完全不同。

最后，考虑金属基体与增强物的相容性，尽可能选择既有利于金属与增强物浸润复合，又有利于形成合适稳定的界面的合金元素。由于金属基复合材料需要在高温下成型，在制备过程中，处于高温热力学不平衡状态下的纤维与金属之间易发生化学反应，在界面形成反应层。这种界面反应大多是脆性的，当反应层达到一定厚度后，材料受力时将会因界面层的撕裂伸长小而产生裂纹,并向周围纤维扩展,易引起纤维断裂,导致复合材料整体破坏。因此,在金属基复合材料成型过程中,充分注意基体与增强物的相容性,尽可能抑制界面反应。例如,可对增强纤维进行表面处理或在金属基体中添加其他成分,以及选择适宜的成型方法或条件缩短材料在高温下的停留时间等。

在 450℃以下使用的金属基体主要是铝、镁、钛、镍、铁及其合金,并且多数情况下是以合金形式作为基体材料使用,广泛用于航天飞机、人造卫星、空间站、汽车发动机零件、刹车盘等。在 450~700℃条件下,使用的金属基体主要是钛合金,具有相对密度小、耐腐蚀、耐氧化、强度高等特点,可用于航天发动机叶片和传动轴等零件。高于1000℃情况下使用的金属基体主要是镍基、铁基耐热合金和金属间化合物,广泛用于各种燃气涡轮发动机的燃烧室和涡轮转盘、涡轮导向叶片等。

2)陶瓷基体材料

传统的陶瓷材料是指以含二氧化硅的天然硅酸盐(黏土、石灰石、沙子等)为原料制成的陶器、瓷器、玻璃、水泥、砖瓦等人造无机非金属材料。通常情况下,陶瓷具有比金属更高的熔点和硬度,化学性能较稳定,耐热性、抗老化性皆佳。虽然陶瓷的许多性能优于金属,但存在致命的缺点,如脆性大,韧性差,易因存在裂纹、空隙、杂质等细微缺陷而破碎,引起不可预测的灾难性后果,这一缺点正是目前陶瓷材料的使用受到限制的主要原因。因此,陶瓷材料的强韧化问题成了研究的一个重点问题。

近年来的研究表明,在陶瓷基体中添加其他成分,如陶瓷粒子、纤维或晶须,可显著提高其强韧性。与陶瓷粒子相比,使用碳化物晶须或纤维与传统陶瓷材料复合,综合性能得到极大改善。本质上,陶瓷的韧性是通过增进裂纹与分散相粒子之间的相互作用而改善的。通常裂纹开始产生于基体相,而裂纹的扩展受到颗粒、纤维或晶须的阻碍。例如,将部分稳定的氧化锆小颗粒分散在氧化铝基体中,其中部分稳定的氧化锆小颗粒能够保持亚稳态的四方晶型而不是稳态的单斜晶型。处于扩展裂纹应力场下,将导致这些亚稳态的四方晶型氧化锆颗粒转变为稳态的单斜晶相,同时伴随着颗粒体积的微小增大,最终结果是其产生的抗压应力作用于裂纹尖端附件的裂纹表面,从而阻止了裂纹进一步生长。这种通过采用相变阻止裂纹传播的技术,称为相变增韧。陶瓷晶须(如 SiC、Si_3N_4)也常用来增加陶瓷基体的韧性,它们可通过如下方式抑制裂纹的扩展:偏转裂纹尖端;横跨裂纹面形成桥梁;从基体拔出晶须的脱黏过程中吸收能量;在邻近裂缝尖端的区域引起应力的重新分配。

用作基体材料的陶瓷一般应具有优异的耐高温性质、与纤维或晶须之间有良好的界面相容性以及较好的工艺性能等。常用的陶瓷基体主要有氧化物陶瓷、非氧化物陶瓷、微晶玻璃、碳材料等。氧化物陶瓷主要有 Al_2O_3、MgO、SiO_2、ZrO_2、莫来石($3Al_2O_3 \cdot 2SiO_2$)等,它们的熔点在 2000℃以上。氧化物陶瓷主要为单相多晶结构,除晶相外,可能含有少量气孔。微晶氧化物的强度较高,粗晶结构时晶界面上的残余应力较大,对强度不利。氧化物陶瓷的强度随环境温度升高而降低,但在 1000℃以下降低较小。由于 Al_2O_3 和 ZrO_2的抗热震性较差,SiO_2 在高温下易发生蠕变和相变,所以这类陶瓷基复合材料应避免在高应力和高温环境下使用。

非氧化物陶瓷是指金属氮化物、碳化物、硼化物和硅化物等,主要有 SiC、TiC、B_4C、

ZrC、Si_3N_4、BN、TiN、TiB_2 和 $MoSi_2$ 等，它们的特点是耐火性和耐磨性好，硬度高，但脆性大。碳化物和硼化物的抗热氧化温度为 $900\sim1000℃$，氮化物略低，硅化物的表面能形成氧化硅膜，所以抗热氧化温度达 $1300\sim1700℃$。氮化硼具有类似石墨的六方结构，在 $1360℃$ 高温和高压作用下转变成立方结构的 β-氮化硼，耐热温度高达 $2000℃$，硬度较高，可作为金刚石的替代品。

3) 聚合物基体材料

聚合物基复合材料由于其室温特性，易于制造和低成本，成为复合材料应用中种类最多、规模最大的一类。作为复合材料基体的聚合物以合成树脂为主，要求这些树脂具有较高的力学性能、介电性能、耐热性能和耐老化性能，以及良好的工艺性能。常用作聚合物基体材料的合成树脂，按其性能不同可分为热固性树脂和热塑性树脂两类。

热固性树脂常为分子量较小的液态或固态预聚体，经加热或加固化剂发生交联化学反应并经过凝胶化和固化阶段后，形成不溶、不熔的三维网状高分子。常用的热固性树脂主要包括不饱和聚酯树脂、环氧树脂、酚醛树脂、乙烯基酯树脂、聚酰亚胺树脂等。

不饱和聚酯树脂是工业化较早、产量较多的一类热固性聚合物，通常由不饱和二元酸混以一定量的饱和酸与饱和的二元醇缩聚获得具有线型结构，同时主链上含有重复酯基及不饱和双键的一类聚合物，主要用于玻璃纤维复合材料。不饱和聚酯的工艺性能良好，可在室温下固化，常压下成型，并且固化后树脂的综合性能良好。但是，不饱和聚酯的价格略高于酚醛树脂，固化时体积收缩率较大，成型时气味和毒性较大，强度和模量较低，一般很少用于受力较强的制品中。

环氧树脂是聚合物基复合材料中最为重要的一类基体材料，是指含有两个或两个以上环氧基团的有机高分子化合物。环氧树脂分子结构中活泼的环氧基团可位于分子链的末端、中间或成为环状结构。用环氧树脂制备复合材料时，必须设法使树脂上的环氧基团发生开环交联固化反应，形成不熔的、具有三维网络结构、高强度、高耐热性等综合性能的高聚物。这一过程需要专门的固化剂协同进行，常用的环氧固化剂包括多胺类、聚酰胺类、咪唑类、酸酐类等。作为复合材料的基体，环氧树脂具有优异的使用性能和工艺性能，良好的耐水、耐化学介质和耐烧蚀性能，突出的尺寸稳定性和环境耐久性，广泛用于碳纤维增强复合材料。不足之处是，环氧树脂由于较大的刚性和交联密度，其固化后撕裂伸长率低，脆性大，一般可通过并用部分低分子量的液态端羧基丁腈橡胶增韧。这是因为液态端羧基丁腈橡胶能够与环氧基开环酯化，在刚性的环氧交联网络中引入弹性的丁腈链端。目前，作为复合材料基体的环氧树脂以双酚 A 环氧为主，它是由双酚 A 与环氧氯丙烷缩合而得，分子量可以从几百至数千，常温下为黏稠液体或脆性固体。其他还可以用作环氧树脂基体，包括双酚 F 环氧树脂、三聚氰酸环氧树脂、有机硅环氧树脂、缩水甘油酯类环氧树脂、脂环族环氧树脂、线型脂肪族环氧树脂及环氧干性油等。

酚醛树脂是酚类和醛类的缩聚产物，一般指由苯酚和甲醛经缩聚反应得到的合成树脂。酚醛树脂具有优异的瞬时高温耐烧蚀性、不熔性、阻燃性等性能，广泛用于胶黏剂、涂料等。但酚醛树脂存在吸附性差、收缩率高、成型压力大等缺点，一般较少用于制造碳纤维复合材料。

热塑性树脂是具有线型或支链型结构的有机高分子化合物，通过树脂的熔融、流动、冷却、固化等物理状态的变化实现成型。这类聚合物遇热时变软，冷却时变硬，并且该过程是可逆的。常用的热塑性树脂包括聚烯烃、聚酰胺、聚甲醛、聚碳酸酯、聚苯硫醚等，其特点是耐冲击、断裂韧性高。热塑性树脂基复合材料与热固性树脂基复合材料相比，在力学性能、使用温度、老化等方面处于弱势，但在工艺简单、工艺周期短、成本低、相对密度小等方面占优势。热塑性聚合物基复合材料在汽车领域有潜在应用。

2. 增强材料

在复合材料中，凡是能提高基体材料力学性能或某方面性能的物质，均称为增强材料，也称为增强剂、增强相、增强体。它是复合材料的重要组成部分，起着提高基体材料的强度、韧性、模量、耐热、耐磨等性能的作用。作为复合材料的增强相通常具有明显提高基体某种特性的能力，如高的比强度、比模量、高热导率、耐热性、耐磨性、低膨胀性等。同时，增强相应具有良好的化学稳定性，在复合材料的制备和使用过程中，其组织结构和性能不发生明显变化，与基体有良好的化学相容性，不发生严重的界面化学反应。此外，增强相应与基体有良好的润湿性，或通过表面处理后能与基体良好地润湿，以保证增强相与基体良好地复合和分布均匀。可用于复合材料的增强材料包括三类：纤维及其织状物、颗粒、晶须，其中碳纤维、凯芙拉(Kevlar)纤维和玻璃纤维应用最广。

1) 纤维增强体

自然界中的棉麻植物纤维、丝毛动物纤维以及石棉等矿物纤维属于天然纤维，一般强度较低，较少用于复合材料。复合材料中的纤维增强体一般应具备如下性质，沿纤维方向具有较高的弹性模量和拉伸强度；各种纤维的机械性能差别不大；在加工制造过程中，具有稳定的机械性能和再现性能；纤维横截面积均一。现代复合材料采用的纤维增强体大多是合成纤维，主要分为有机纤维和无机纤维两大类。有机增强纤维包括 Kevlar 纤维、尼龙纤维、超高分子量聚乙烯纤维、超高分子量聚乙烯醇纤维等；无机纤维包括玻璃纤维、碳纤维、硼纤维、氧化锆纤维、氧化镁纤维及碳化硅纤维等。其中，Kevlar 纤维、玻璃纤维和碳纤维应用最为广泛。

Kevlar 纤维是典型的聚芳酰胺纤维，它是芳酰胺纤维丝分子主链上含有密集芳环与芳酰胺结构的聚合物经溶液纺丝获得的合成纤维，是由杜邦公司 1968 年发明的，在我国称为芳纶。因为芳纶纤维较为柔韧，因而常应用于纺织工业中。芳纶纤维最常应用于聚合物基体的复合材料中，常见的基体材料是环氧树脂和聚酯。芳纶复合材料常应用于防弹背心、防弹护甲、运动用品、轮胎、绳索、压力容器、离合器衬片等。Kevlar-29 来源于对氨基苯甲酸的自缩聚，其直线状分子键在纤维轴向是高度定向的，各聚合物是由氢键作横向连接。这种在沿纤维方向的强共价键和横向弱的氢键，是造成芳纶纤维力学性能各向异性的原因，即纤维的纵向强度高，而横向强度低。芳纶纤维的化学链主要由芳环组成。这种芳环结构具有高的刚性，并使聚合物链呈伸展状态而不是折叠状态，形成棒状结构，因而纤维具有高的模量。芳纶纤维分子链是线型结构，这又使纤维能有效利用空间而具有高的填充效率，在单位体积内可容纳更多聚合物。这种高密度的聚合物具有较高的强度。总体上，Kevlar 纤维具有高强度、高模量和韧性好等特点，其密度较低，而比强度极高，超过玻璃纤维、碳纤维和硼纤维，比模量和碳纤维相近，超过玻璃、钢、铝等。由于韧性好，它不像碳纤维、硼纤维那样脆，因而便于纺织。Kevlar 纤维常用于和碳纤维混杂，提高纤维复合材料的耐冲击性。

玻璃纤维是复合材料中使用量最大的一种增强纤维，它是由含有各种金属氧化物的硅酸盐类，在熔融态以极快的速度拉丝而成的细丝状纤维，单丝呈圆柱状，直径 3～25 μm。一般 10 μm 以下的纤维多用于制作电路板、玻璃纤维布；10 μm 以上的纤维多用于制作玻璃纤维增强聚合物基复合材料。玻璃能够成为一种受欢迎的纤维增强体的原因是玻璃在熔融状态下易形成高强度纤维；采用玻璃制造玻璃纤维的成本较低，技术手段成熟；玻璃纤维是一种高强度纤维，当镶嵌于基体中，形成的复合材料具有较高的比强度；在玻璃中加入多种塑料，其化学惰性可使复合材料在多种腐蚀性环境中应用。玻璃纤维的结构与普通玻璃材料相似，都是非晶态玻璃态硅酸盐结构，也可视为过冷玻璃体。玻璃纤维的伸长率和热膨胀系数较小，除氢氟酸和热浓强碱外，能够耐受许多介质的腐蚀。另外，玻璃纤维不燃烧，耐高温性能好，适用于高温环境。玻璃纤维虽然具有上述优点，但也存在不耐磨、易折断、易受机械损伤、长期放置强度下降等不足。作为增强材料，玻璃纤维广泛用于航天航空、建筑和日用品加工。玻璃纤维按用途可分为高强度玻璃纤维、低介电玻璃纤维、耐化学腐蚀玻璃纤维、耐电腐蚀玻璃纤维及耐碱玻璃纤维。高强度玻璃纤维，又称为 S 玻璃纤维，强度高，常用于结构材料。低介电玻璃纤维，又称为 D 玻璃纤维，电绝缘性和透波性好，适用于雷达装置的增强材料。耐化学腐蚀玻璃纤维，又称为 C 玻璃纤维，耐酸性优良，适用于耐酸件和蓄电池套管等。

碳纤维是由有机纤维前驱体经过一定处理过程制成的纤维状聚合物碳，常用的有机纤维前驱体为人造丝、聚丙烯腈纤维和沥青。有机纤维前驱体不同，碳纤维的合成技术不同，所形成碳纤维的性能也有所差异。人造丝和聚丙烯腈作为前驱体时，需经过氧化稳定、碳化或石墨化处理过程制得碳纤维，其中，制造高强度、高模量碳纤维多选聚丙烯腈为原料。这是因为聚丙烯腈基碳纤维性能好，炭化得率较高（50%～60%），因此以聚丙烯腈制造的碳纤维在市场上占领先地位，约占总碳纤维产量的 95%。以人造丝为原料制得的碳纤维，炭化得率只有 20%～30%，这种碳纤维碱金属含量低，特别适宜作烧蚀材料。另一类碳纤维是以石化工业的副产物沥青为前驱体，经熔化抽丝、氧化稳定、碳化或石墨化过程制得。以沥青为原料时，炭化得率高达 80%～90%，成本最低，是正在发展的品种。

碳纤维作为增强材料的主要原因有：重量轻；高比模量；高比强度；耐热性好；室温下不易受水分、溶剂和酸碱的影响；碳纤维及其复合材料的生产成本较低，经济效益较高。以碳纤维为增强剂的复合材料具有比钢强、比铝轻的特性，是一种目前最受重视的高性能材料之一，广泛用于航空航天、军事、工业、体育器材和娱乐设备等领域。目前国内外已商品化的碳纤维种类繁多，按碳纤维的性能可分为高性能碳纤维（高强度碳纤维、高模量碳纤维、中模量碳纤维）和低性能碳纤维（耐火纤维、碳质纤维、石墨纤维等）。按原丝类型可分为聚丙烯腈基纤维、黏胶基碳纤维、沥青基碳纤维、木质素纤维基碳纤维等。由碳纤维和碳基体形成的增强型复合材料是目前最有发展前景的工程材料之一，通常被命名为碳/碳复合材料。碳/碳复合材料具有优异的性能，例如，其能够在高达 2000℃条件下保持高拉伸模量、高拉伸强度、高抗蠕变性能、较高的断裂韧性值、较低的热膨胀系数和较高的热导性等。目前，碳/碳复合材料已成功应用于火箭发动机、飞机及汽车的摩擦材料、制造涡轮引擎的热压模具、飞行器隔热保护罩等。但碳/碳复合材料的主要缺陷是在高温氧化条件下不够稳定，并且制备工艺相对复杂，导致价格昂贵。

碳纤维基复合材料是一种极重要的新一代军民两用新材料，广泛用于卫星、运载火箭、战术导弹、飞机、宇宙飞船等航空航天尖端领域，如美国的三叉戟Ⅱ和法国的M51，这两种潜射导弹的发动机壳体材料均采用了高强中模碳纤维/环氧树脂复合材料。2019年3月，中国航天科技集团研制200 t推力先进固体火箭发动机地面热试车获得圆满成功，其采用的壳体材料为大直径碳纤维缠绕复合材料，这也是中国首次公开已经掌握大型固体火箭发动机碳纤维缠绕复合材料壳体技术。固体火箭发动机壳体的工作环境极为恶劣，包括发动机工作产生的高温、高速飞行产生的气流冲击、温度骤变等，因此要求发动机壳体材料具有良好的耐高温、耐腐蚀、强度高等性能。并且，研究表明，导弹固体火箭发动机结构质量减少1 kg，可增加射程16 km。因此，碳纤维复合材料质量轻、强度高的特点，使其成为制作火箭结构材料的首选。

纤维增强复合材料的强化效果取决于纤维的强度和弹性模量、纤维的质量分数、长短、排列方式以及基体本身的特性及两者界面间的物理、化学特点。为达到纤维增强的目的，纤维和基体之间需满足一定条件。例如，增强纤维的强度和弹性模量需远高于基体，这是因为应变条件下弹性模量高的能承受的应力也大；纤维和基体之间应有一定结合强度，以保证基体所承受的载荷能通过界面传递给纤维，并防止脆性断裂；纤维的排列方向需和构件的受力方向一致，这是因为纤维增强复合材料是各向异性的非均质材料，沿纤维方向抗拉强度最高，而垂直纤维方向抗拉强度最低；基体与纤维的热膨胀系数应匹配，最好是纤维材料的热膨胀系统略高于基体，这样可使复合材料中纤维处于受拉状态，而基体处于受压状态；纤维与基体之间不能发生使结合强度降低的反应；纤维所占的体积分数、纤维长度、纤维直径及纤维长径比等需满足一定条件，一般纤维所占的体积分数越高，纤维越长越细，增强效果越好。

2) 晶须增强体

晶须是指人工控制条件下生长的具有一定长度的纤维状细小单晶体，属于非连续纤维，一般直径在0.1 μm至数微米，长度为数十微米。晶须是目前已知纤维中强度最高的一种，具有很高的拉伸强度和弹性模量，生长良好的晶须的强度接近晶体的理论值。用晶须增强金属、聚合物、陶瓷基体均可显著提升复合材料的强度、韧性、模量和高温性能，但晶须在复合材料中的增强效果与其品种、用量关系极大。根据化学成分不同，晶须可分为金属晶须和陶瓷晶须两类，其中陶瓷晶须包括氧化物晶须和非氧化物晶须。金属晶须包括Ni、Fe、Cu、Si、Ag、Ti、Cd等。氧化物晶须包括MgO、ZnO、BeO、Al_2O_3、TiO_2、Y_2O_3、Cr_2O_3等。非氧化物晶须包括：碳化物晶须，如SiC、TiC、ZrC、WC、B_4C等；氮化物晶须，如Si_3N_4、TiN、ZrN、BN、AlN等；硼化物晶须，如TiB_2、ZrB_2、TaB_2、CrB、NbB_2等；无机盐类晶须，如$K_2Ti_6O_{13}$、$Al_{18}B_4O_{33}$等。

自1948年贝尔公司首次发现以来，迄今已开发出一百多种晶须，但进入工业化生产的只有少数几种，如SiC、Si_3N_4、TiN、Al_2O_3、钛酸钾和莫来石等。其中，SiC晶须具有强度和模量高、导热性好等优点，并可以批量生产，成本相对较低，是目前用于金属基和陶瓷基复合材料的主要增强晶须。晶须复合材料由于价格昂贵，目前主要用于空间和尖端技术上，在民用方面主要用于合成牙齿、骨骼和直升飞机的旋翼和高强离心机等。

3）颗粒增强体

颗粒增强体是指用以改善基体材料性能的颗粒状材料，平均尺寸为 3.5～10 μm。根据变形性能，颗粒增强体分为刚性颗粒和延性颗粒。

刚性颗粒主要是陶瓷颗粒，其特点是高弹性模量、高拉伸强度、高硬度、高热稳定性和化学稳定性，如 SiC、TiC、Si_3N_4、Al_2O_3、$CaCO_3$、石墨、金刚石等，其中，SiC、Si_3N_4 和 Al_2O_3 等常用于金属基和陶瓷基复合材料，而石墨和 $CaCO_3$ 常用于增强聚合物基复合材料。刚性颗粒增强的复合材料具有较好的高温力学性能，是制造切削刀具、高速轴承零件、热结构零部件等的优良材料。一般情况下，金属及其合金的延展性好，但在高温下易氧化和蠕变；陶瓷则脆性大，但是耐高温、耐腐蚀。将陶瓷颗粒分散于金属基体中制得颗粒增强金属复合材料，又称为金属陶瓷。颗粒增强金属基复合材料包括粒子增强金属基复合材料和弥散增强金属基复合材料两类。常用的粒子增强金属基复合材料的增强颗粒有碳化硅、氧化铝、碳化钛等，基体金属有铝、钛、镁及其合金以及金属间化合物等。例如，碳化硅增强铝基复合材料的比强度和钛合金相近，比模量略高于钛合金，具有优良的耐磨性，可用来制造汽车发动机活塞、缸套、衬套、刹车片驱动轴等。常用的弥散增强金属基复合材料增强体有氧化铝、氧化镁、氧化铍等氧化物微粒，基体金属主要是铝、铜、钛、铬、镍等。例如，弥散增强铜基复合材料是在粉末冶金铜粉中加入约 1%的金属铝，烧结时形成内氧化的极细小弥散氧化铝，强化效果明显，在 500℃长期工作屈服强度可达 500 MPa，并且对纯铜导电性的影响甚小，主要用于高温导电、导热体，如高功率电子管电极、焊接机的电极、白炽灯引线等。

另一类颗粒增强体具有延展性，称为延性颗粒，主要为金属颗粒，加入到陶瓷、玻璃和微晶玻璃等脆性基体中改善材料的韧性。例如，将金属铝粉加入到氧化铝陶瓷中，将金属钴粉加入到碳化钨陶瓷中等。此类增韧颗粒的作用一般通过桥联机理实现，延性颗粒材料的加入，虽能改善韧性，但常常导致高温力学性能降低。颗粒增强复合材料的力学性能取决于颗粒的形貌、直径、结晶完整度，以及颗粒在复合材料中的分布情况及体积分数。

3.4.3　复合材料的结构与界面

复合材料的结构形式丰富，具有良好的可设计性。复合材料的结构形式主要取决于增强相的结构与形态及其在基体中的分布与排布情况。以纤维增强复合材料为例，最典型的有层压板结构，其中，每一层铺层上的纤维可以是单向取向排列，也可以是多向取向或多种形式的纤维二维编织布。对于管状和容器等中空制件，纤维铺层还可采用平面缠绕螺旋绕线型，另外，增强相还可采用各种形式的三维编织体，两种或两种以上的纤维增强体制备的各种形式混杂纤维编织体，以及各种面板夹芯结构。

复合材料中增强相和基体接触所构成的界面，是一层具有一定厚度，一定形状与体积，并与基体和增强相有明显差别的新相，称为界面相。界面相的形成是由于增强相与基体接触时在一定条件下发生了复杂的物理化学作用和化学反应过程。以金属基复合材料为例,其界面的组成和结构十分复杂,受制备工艺、外界环境影响。根据增强相和基体间的物理化学相容性,将金属基复合材料的界面分为三种类型:第一种是增强相与基体既不相互反应,也不互溶,主要通过机械结合,即依靠增强相粗糙表面的机械锚固力和基体的收缩力结合;第二种是增强相和基体互不反应,但能相互溶解,经交互扩散-渗透方式形成界面,即浸润-溶解结合;第三种是增强相与基体相互反应生成界面反应物,即化学反应结合。其中,化学反应结合是金属基复合材料界面结合的主要方式,化学反应结合生成的界面反应物多为脆性物质,达到一定程度后易引起开裂,因此,在制备金属基复合材料中需严格控制界面化学反应。

复合材料的界面形成过程一般包括三个阶段。

(1)增强相表面的预处理或改性阶段。为使增强相和基体浸润、扩散和结合,通常在增强相表面进行涂覆或沉积改性,以改善增强相表面的物化性质和状态。增强相表面的改性层往往成为最终界面相的重要组成部分。

(2)增强相与基体在一组分为液态时发生接触与润湿过程,或两种组分在一定条件下均呈液态的分散、接触及润湿过程,也可以是两种固体组分在交互扩散过程中以一定物理化学变化形成结合。这种润湿过程是增强相与基体形成紧密接触实现良好结合的必要条件。

(3)液态组成的固化过程,即凝固或化学反应固化过程。此时,增强相与基体的分子能量最低,结构处于最稳定的状态。但界面相仍处于亚稳态结构,在后期的使用过程和环境条件影响下,界面相可能会缓慢地发生某种改变,并最终达到稳定态。

习　题

1. 列出钢的三种分类,并简要介绍每种的性能和典型应用。

2. 铁碳合金的基本相有哪些?其机械性能如何?

3. 铜合金是如何分类的?锌含量对黄铜有什么影响?

4. 非晶态材料的哪些特点使其得以广泛应用?

5. 什么是陶瓷?特种陶瓷有哪些特点?

6. 简要分析为何氮化铝陶瓷是理想的大规模集成电路散热基板和封装材料。

7. 简述岛状、环状、链状、层状和网状硅酸盐的结构特点,并举例说明。

8. 写出玻璃态的定义,并简述玻璃态物质的特征。

9. 简述高分子链的几何形态的 3 种分类及每种的特征。

10. 简述影响高分子链柔顺性的因素。

11. 简述复合材料的 4 种分类,并指明每种的特征。

12. 复合材料增强相和基体的主要区别有哪些?

13. 简述复合材料界面形成的过程。

14. 如何通过相变来提高陶瓷基体的韧性?并举例说明。

15. 简述金属基复合材料在集成电路领域的应用,并举例说明如何通过构建金属基复合材料满足集成电路的散热要求。

第4章 材料的性能

4.1 固体材料的力学性能

固体材料的力学性能主要是指材料的宏观性能，如弹性性能、塑性性能、硬度、抗冲击性能等。它们是设计各种工程结构时选用材料的主要依据。各种工程材料的力学性能是按照有关标准规定的方法和程序，用相应的试验设备和仪器测出的。表征材料力学性能的各种参量与材料的化学组成、晶体点阵、晶粒大小、外力特性(静力、动力、冲击力等)、温度、加工方式等一系列内外因素有关。下面将分别介绍材料的各种力学性能参数。

4.1.1 材料的弹性变形

材料在外力作用下发生变形，如果外力不超过某个限度，在外力卸除后恢复原状。材料的这种性能称为弹性。外力卸除后即可消失的变形，称为弹性变形。剩余的变形为塑性变形。材料在静载荷、常温下弹性性能的一些主要参量可通过拉伸试验进行测定。Hooke 定律是指金属弹性变形时，外力与应变成正比，即 $\sigma=E\varepsilon$。

如图 4-1 所示，外力加载后，原子间的距离发生伸长和缩短，但原子间的结合键并没有发生破坏。外力卸载后，材料变形迅速恢复。弹性变形的特征是可逆性，即受力作用后产生变形，载荷卸除后，变形消失。

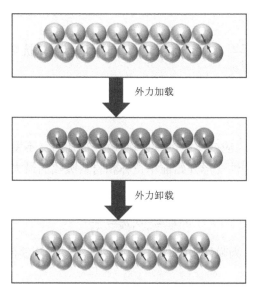

图 4-1 材料受力变形图

1. 弹性变形及其实质

如图 4-2 所示，在没有外加载荷作用时，金属中的原子 N_1、N_2 在平衡位置附近振动，相邻原子间的作用力由引力和斥力叠加而成。当原子间相互平衡力因外力而受到破坏时，原子位置相应调整，产生位移。位移总和在宏观上表现为变形。外力去除后，原子依靠之间的作用力又回到原来的平衡位置，位移和宏观变形消失。

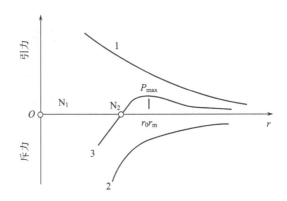

图 4-2　金属间原子作用力

1. 两原子间的引力；2. 两原子间的斥力；3. 两原子间的作用力

由于晶体中缺陷的存在，在弹性变形量尚小时的应力可以激活位错运动，代之以塑性变形。一般情况下，可实现的弹性变形量较小。

2. 弹性性能

弹性模量(E)：$E = \dfrac{\sigma_x}{\varepsilon_x}$（单向受力状态下）。它反映材料抵抗正应变的能力。

切变模量(G)：$G = \dfrac{\tau_{xy}}{\gamma_{xy}}$（纯受力状态下）。它反映材料抵抗切应变的能力。

泊松比(ν)：$\nu = -\dfrac{\varepsilon_y}{\varepsilon_x}$（单向–$X$ 方向受力状态下）。它反映材料横向正应变与受力方向正应变的相对比值。

弹性比功(弹性比能、应变比能)指材料吸收变形功而又不发生永久变形的能力。

弹性比功用金属在塑性变形开始前单位体积材料吸收的最大弹性变形功表示。公式如下：

$$\alpha_e = \frac{1}{2}\sigma_e \varepsilon_e = \frac{\sigma_e^{\,2}}{2E} \tag{4.1}$$

式中，α_e 为弹性比功；σ_e 为弹性极限（材料由弹性变形过渡到塑性变形时的应力）；ε_e 为最大弹性应变。

3. 弹性不完整性

实际金属在外力作用下产生弹性变形，如图 4-3 所示，开始时沿 *OA* 线产生瞬时弹性应变 *OC*，如果载荷保持不变，将产生随时间延长而逐渐增加的应变 *CH*。这种在加载状态下产生的滞弹性变形称为正弹性后效。卸载时，沿 *BD* 线只有应变 *DH* 立即消失，而应变 *OD* 是卸载后随时间延长缓慢消失的，这种在卸载后产生的滞弹性变形称为反弹性后效。

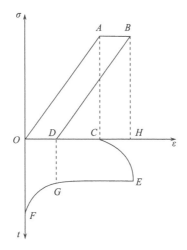

图 4-3　弹性应变示意图

在滞弹性变形期间产生的附加弹性应变称为滞弹性应变。滞弹性应变随时间的变化情况如图 4-3 中下半部分所示。其中，正弹性后效 *CE* 段和反弹性后效 *GF* 段的滞弹性应变都是时间的函数，而瞬时弹性应变 *OC* 段和 *GE* 段与时间无关。

弹性变形时因应变滞后于外加应力，使加载线和卸载线不重合而形成的回线称为弹性滞后环。弹性滞后环的形状主要与载荷类型和加载速率有关。

加载时消耗于材料的变形功大于卸载时材料恢复所释放的变形功，多余的部分被材料内部所消耗，称为内耗，其大小由弹性滞后环的面积表示。

一个应力循环中金属的内耗称为循环韧性，其反映材料在单向或交变循环载荷作用下，能以不可逆的方式吸收能量而又不被破坏的能力，即靠自身消除机械振动的能力（消振性）。

4.1.2　材料的塑性变形

1. 塑性变形方式和特点

塑性变形的方式有滑移、孪生、晶界滑移和扩散型蠕变。

滑移是最主要的变形机制，它是指金属材料在切应力作用下，位错沿滑移面和滑移方向运动而进行的切变过程。孪生是重要的变形机制，一般发生在低温形变或快速形变时，受晶体结构的影响较大。

孪生与滑移的区别主要包括以下几点。第一，在晶体取向上，孪生变形产生孪晶，形成的是镜像对称晶体，晶体的取向发生改变，而滑移之后，沿滑移面两侧的晶体在取向上没有发生变化。第二，切变情况不同。滑移是一种不均匀的切变，其变形主要集中在某些晶面上进行，而另一些晶面之间不发生滑移；孪生是一种均匀的切变，其每个晶面位移量与到孪晶面的距离成正比。第三，变形量不同。孪生的变形量很小，并且易受阻而引起裂纹；滑移的变形量可达百分之百乃至数千。

单晶体塑性变形的特点：①滑移面上分切应力必须大于临界分切应力。②晶体的临界分切应力是各向异性的。③对于制备好后却从未受过任何形变的晶体，其最易滑移面和最易滑移方向上的临界分切应力都很小，随着塑性形变的发展，紧跟着迅速"硬化"。④形变硬化并不是绝对稳固的特性。⑤单晶体的塑性变形将由一连串的破坏过程和一连串的"恢复"过程组成。

多晶体塑性变形的特点：①形变的不均一性。②各晶粒变形的不同时性。③多晶体的形变抗力通常较单晶体高。④在较低温度下，晶界具有比晶粒内部大的形变阻力；而在较高温度时，塑性变形可表现为沿着晶粒间分界面相对滑移，即晶界的形变阻力此时并不比晶粒内部大。⑤晶体塑性变形在性质上所表现的特点和单晶体比差别较大，这些差别的根源在于多晶体各晶粒本身空间取向的不一致和晶界的存在。

2. 屈服现象及其本质

在拉伸试验中，当外力不增加(保持恒定)时试样仍然能够伸长或外力增加到一定数值时突然下降，然后在外力不增加或上下波动时试样继续伸长变形，这种现象叫屈服。

1) 屈服强度

对单晶体来说，它是第一条滑移线开始出现的抗力。如用切应力表示，即滑移临界切应力 σ_c。

对于多晶体来说，将产生微量塑性变形的应力定义为屈服强度。

对于拉伸时出现屈服平台的材料，由于下屈服点再现性较好，故以下屈服应力作为材料的屈服强度。

2) 形变强化

如图 4-4 所示，单晶体形变强化曲线可分为易滑移阶段、线性强化阶段和抛物线强化阶段。易滑移阶段：变形初期，只有那些最有利于开动的位错源在自己的滑移面上开动，产生单系滑移，直到多系交叉滑移之前，其运动阻力很小。线性强化阶段：当变形达一定程度后，此时很多滑移面上的位错源都开动起来，产生多系交叉滑移。由于位错的交互作用，形成割阶、固定位错和胞状结构等障碍，使位错运动阻力增大，因而表现为形变强化速率升高。抛物线强化阶段：第二阶段某一滑移面上，位错环运动受阻，其螺型位错部分将改变滑移方向，进行滑移运动，当躲过障碍物影响区后，再沿原来滑移方向滑移，而且异号螺位错还会通过交滑移走到一起，彼此消失，这就为位错运动提供了方便条件，表现为 θ_{III} 不断降低。

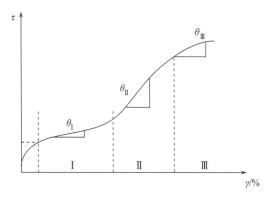

图 4-4　单晶体形变强化曲线

多晶体塑性变形时，各晶粒必须是多系滑移，才能满足各晶粒间变形相互协调。因此，多晶体的塑性变形一开始就是多系滑移，其变形曲线上不会有单晶体的易滑移阶段，而主要是第三阶段，且形变曲线较单晶体陡，即形变强化速率比单晶体高。

4.2　材料的热性能

各种材料都是在一定温度环境下使用的，在使用过程中将对不同的温度做出反应，表现出不同的热物理性能，这些热物理性能称为材料的热学性能。例如，环境温度发生变化，材料将产生膨胀或收缩，同时吸收或放出热量；同一物体的不同区域温度不等时，将发生热传导现象等。

材料的热学性能主要有热容、热膨胀、热传导、热稳定性等。工程上许多特殊场合对材料的热学性能都提出了一些特殊要求。如微波谐振腔、精密天平、标准尺和标准电容等使用的材料要求低的热膨胀系数；电真空材料要求具有一定的热膨胀系数，热敏元件要求尽可能高的热膨胀系数；工业炉衬、建筑材料及航天飞行器重返大气层的隔热材料要求具有优良的绝热性能；燃气轮机叶片和晶体管散热器等材料却要求具有优良的导热性能；设计热交换器时，为了计算换热效率必须准确了解所用材料的导热系数。在某些领域材料的热学性能往往成为技术关键。另外，材料的组织结构发生变化时将伴随一定的热效应，因此，热学性能分析法已成为材料科学研究中的主要手段之一，特别是对于确定临界点并判断材料的相变特征时具有重要的意义。

4.2.1　晶格热振动

材料各种热学性能的物理本质，均与其晶格热振动有关。固体材料由晶体或非晶体组成，点阵中的质点并不是静止不动的，而总是围绕其平衡位置作微小振动，称为晶格热振动。质点热振动的剧烈程度与温度有关。温度升高振动加剧，甚至产生扩散（非均质材料），温度升高至一定程度，振动周期破坏，导致材料熔化，晶体材料表现出固定熔点。本节所讨论的材料热学性能，是指温度不太高时，质点围绕其平衡位置作微小振动的情况。

晶格热振动是三维的，将其分解成三个方向的线性振动。设每个质点的质量为 m，在任一瞬间该质点在 x 方向的位移为 x_n，其相邻质点的位移为 x_{n-1}，x_{n+1}。当振动很微弱，相邻质点间的作用力大小近似和位移成正比时，可以认为原子作简谐振动。根据牛顿第二定律知：

$$m\frac{d^2 x_n}{dt^2} = \beta(x_{n-1} + x_{n+1} + x_n) \tag{4.2}$$

式中，β 为微观弹性模量。此方程即为简谐振动方程，其振动频率随 β 的增大而提高。每一质点的 β 不同，即每一个质点在热振动时都有一定的频率。某材料中具有 N 个质点，就有 N 个频率组合在一起。温度升高时动能增大，振幅和频率增大。各质点热运动时，动能的总和即为该物体的热量。

$$\sum_{i=1}^{n}(\text{动能})_i = \text{热量} \tag{4.3}$$

材料中各质点的热振动不是孤立的，相邻质点间存在着很强的相互作用力。一个质点的振动会影响到其邻近质点的振动，相邻质点间的振动存在着一定的相位差，故晶格振动以波的形式在整个材料内传播，这种波称为格波。它是多频率振动的组合波。

振动着的质点中所包含的频率甚低的格波，质点彼此之间的相位差不大，格波类似于弹性体中的应变波，称为"声学支振动"。格波中频率甚高的振动波，质点间的相位差很大，邻近质点的运动几乎相反，频率往往在红外线区，称为"光学支振动"。

如果晶胞中包含两种不同的原子，各有独立的振动频率，即使它们的振动频率都与晶胞振动的频率相同，由于两种原子的质量不同，其振幅也不相同，所以两原子间存在相对运动。声学支可以看成相邻原子具有相同的振动方向。光学支可以看成相邻原子振动方向相反，形成一个范围很小、频率很高的振动，如图 4-5 所示。对于离子型晶体，就是正负离子间的相对振动，当异号离子间位移相反时，便构成了一个电偶矩极子，在

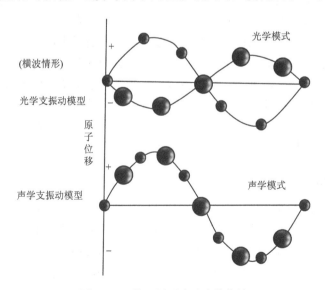

图 4-5　一维双原子点阵中的格波

振动过程中此偶极子的偶极矩是周期性变化的。根据电动力学可知，它会发射电磁波，其强度取决于振幅的大小。室温下所发射的电磁波是很微弱的，如果从外界辐射入相应频率的红外光，则会立即被晶体强烈吸收，从而激发总体振动。所以离子晶体具有很强的红外光吸收特性。

如上所述，晶格热振动是晶体中诸原子(离子)集体在做振动，其结果表现为晶格中的格波。对于某个具体原子而言，实际振动情况是许多模式所引起的振动的叠加，振动情况很复杂。但是在近似简谐振动的条件下，可以将这一复杂的振动简化为一系列独立的谐振子的运动，格波直接就是简谐波。因此，可以用独立简谐振子的振动来表述格波的独立模式。根据量子力学，独立简谐振子的能量为

$$E = (n + \frac{1}{2})\hbar\omega , \quad n = 0,1, \cdots \tag{4.4}$$

式中，n 代表振动能级；简谐振子的能量是量子化的，$\frac{1}{2}\hbar\omega$ 为零点能。因此一维晶格简正模式为

$$E = \sum_{j,q}^{3nN} \left[n_j(q) + \frac{1}{2} \right] \hbar\omega(q) \tag{4.5}$$

推广到三维情况，如果三维晶体有 N 个原胞，每个原胞中有 n 个原子，则晶格中共有 $3nN$ 种不同频率的振动模式，在简正坐标下，晶格振动总能量等于 $3nN$ 个相互独立的谐振子的能量和，公式为

$$E = \sum_{j,q}^{3nN} \left[n_j(q) + \frac{1}{2} \right] \hbar\omega_j(q) \tag{4.6}$$

式中，n 为每个原胞中原子的个数；ω_j 是格波的角频率；q 有 N 个取值；j 共有 $3n$ 个取值。由上式可知，每个独立振动模式的能量均是以 $\hbar\omega_j$ 为最小基本单位，格波能量的增减必须是 $\hbar\omega_j$ 的整数倍，即能量是量子化的。将这种能量的量子" $\hbar\omega_j$ "称为声子。不同频率的谐振模式对应不同种类的声子，如果频率为 ω 的谐振子处在 $E_i = \sum_{q=1}^{N} \left[n_i + \frac{1}{2} \right] \hbar\omega_i$ 的激发态时，可以说有 n_i 个频率为 ω_i 的声子。声子是玻色子，服从玻色-爱因斯坦统计，即在温度为 T 的热平衡中，具有能量为 $\hbar\omega_i(q)$ 的声子平均数 $\bar{n}_i$ 是

$$\overline{n_i(q)} = \frac{1}{\exp\left(\dfrac{\hbar\omega_i(q)}{kT} - 1 \right)} \tag{4.7}$$

引入声子后，对很多问题的处理带来了极大的方便。简谐近似下晶格振动的热力学问题可以当作由 $3nN$ 种声子组成的理想气体系统来处理；如果考虑非简谐效应，可以看做有相互作用的声子气体。另外，光子、电子、中子等受到晶格振动作用，就可以看做光子、电子、中子等和声子的碰撞作用。声子的数目不守恒。声子的概念不仅仅是个描述方式问题，还反映了晶体中原子集体运动的量子化性质。声子不仅具有能量 $\hbar\omega_i$，而且还具有准动量 $\hbar q$。当波矢为 q、频率为 ω_i 的格波散射中子(或者电子)时，可引起声子

能量改变 $\pm\hbar\omega_i$，动量改变 $\pm\hbar q + \hbar k$。这表明中子吸收或者发射的声子能量为 $\hbar\omega_i$，动量为 $\hbar q$。这个中子–声子系统的总动量并不守恒，可以相差 $\hbar k$。所以 $\hbar q$ 并不是真正的动量，而只是在与其他粒子相互作用过程中声子仿佛具有动量 $\hbar q$，故称之为准动量。

4.2.2 材料的热容

1. 热容的基本概念和物理本质

材料在温度升高和降低时要吸收或放出热量，在没有相变和化学反应的条件下，温度升高 1 K 时所吸收的热量(Q)称该材料的热容，单位为 J/K，在温度 T 时材料的热容可表达为

$$C = \left(\frac{\partial Q}{\partial T}\right)_T \tag{4.8}$$

为什么温度升高材料会吸收热量？这是因为温度升高时，晶格热振动加剧，材料的内能增加。另外，所吸收的热量还与过程有关，若温度升高时体积发生膨胀，物体还要对外做功。即所吸收的热量一部分用于材料内能的增加，另一部分用于对外做功。可见，热容是材料的焓随温度变化而变化的一个物理量。这就是热容的物理本质。若温度升高时物体的体积不变，物体吸收的热量只用来满足温度升高物体内能的增加，此种条件下的热容称为定容热容(C_V)。若温度升高时物体的压力不变，物体吸收的热量除了用来满足温度升高物体内能的增加外，还要对外做功，此种条件下的热容称为定压热容(C_p)。

$$\text{定容热容 } C_V = \left(\frac{\partial Q}{\partial T}\right)_V = \left(\frac{\partial E}{\partial T}\right)_V \tag{4.9}$$

$$\text{定压热容 } C_p = \left(\frac{\partial Q}{\partial T}\right)_p = \left(\frac{\partial H}{\partial T}\right)_p \tag{4.10}$$

式中，Q 为热量；E 为内能；$H(H=E+pV)$ 为焓。可见 $C_p > C_V$，C_p 的测定方便得多，但 C_V 更具理论意义，因为它可以直接从系统的能量增量来计算。对于凝聚态物质，加热过程的体积变化甚微，C_p 与 C_V 的差异可以忽略，但在高温时两者的差异增加。

对于同一种材料，量不同，热容不同。1 kg 物质的热容称为比热容，它与物质的本性有关，通常用小写的英文字母 c 表示，单位为 J/(kg·K)，表示为

$$c_T = \frac{\partial Q}{\partial T_T} \cdot \frac{1}{m} \tag{4.11}$$

同样，物质均有两种比热容，即比定压热容 C_p 和比定容热容 C_V。因为比定压热容中同样含有体积膨胀功，所以 $C_p > C_V$。对于固体材料，C_V 不能直接测量，所以本书后面出现的比热容测量值都是指 C_p。

在固体材料研究中，还通常使用摩尔热容，即 1 mol 的物质在没有相变和化学反应的条件下温度升高 1 K 所需的热量，用 C_m 表示，单位为 J/(kg·K)。摩尔热容也有摩尔定压热容 $C_{p,m}$ 和摩尔定容热容 $C_{v,m}$ 之分，它和比热容的关系为

$$C_{p,m} = c_p M, \quad C_{V,m} = c_V M \tag{4.12}$$

式中，M 为摩尔质量。

测得 $C_{p,m}$ 之后，通过热力学第二定律可以导出：

$$C_{p,m} - C_{V,m} = \frac{\alpha_V^2 V_m T}{K} \tag{4.13}$$

式中，α_V 为体积膨胀系数，单位为 K^{-1}；V_m 为摩尔体积，单位为 m^3/mol；K 为三向静压力系数，单位为 m^2/N。

同一种材料在不同温度时的比热容不同，工程上通常用单位质量的材料从温度 T_1 升高到 T_2 所吸收热量 ΔQ 的平均值表示其比热容，称为平均比热容，表示为

$$\bar{c} = \frac{\Delta Q}{T_2 - T_1} \cdot \frac{1}{m} \tag{4.14}$$

平均比热容比较粗略，$T_1 \sim T_2$ 的范围越大，精确度越差。使用时要特别注意其适应范围（$T_1 \sim T_2$）。

2. 晶态固体热容的经典理论和经验定律

固体热容理论与固体的晶格振动有关，根据原子热振动的特点，从理论上阐明热容本质并建立热容随温度变化的定量关系。

19 世纪，杜隆-珀蒂(Dulong-Petit)把气体分子的热容理论直接用于固体。假定晶体类似于金属气体，其点阵是孤立的，原子的能量是连续的。经典热容理论认为，固体中的每个原子独立地在三个垂直方向上振动，每个自由度的振动用谐振子表示，每个振动自由度平均动能和平均位能相等，都为 $\frac{1}{2}kT$，则每个原子平均动能和位能之和为 $3 \times 2 \times \frac{1}{2}kT = 3kT$。1 mol 固体中有 N_A 个原子，其总能量为 $3N_A kT$。因此，固体物质的摩尔热容为

$$C_V = \left[\frac{\partial(3N_A kT)}{\partial T}\right]_V = 3N_A k = 3R = 24.9\left[J/(mol \cdot K)\right] \tag{4.15}$$

式中，N_A 为阿伏伽德罗常数，$6.02 \times 10^{23}/mol$；k 为玻尔兹曼常数，1.38×10^{-23} J/K；T 为热力学温度；R 为气体普适常数，8.314 J/(mol·K)。

上式即为杜隆-珀蒂定律：晶体摩尔热容是一个固定不变的、与温度无关的常数。杜隆-珀蒂定律只在较小的温度范围内(温度较高)与实验结果是符合的。实际上，低温时，固体热容的实验值并不是一个恒量，而是随温度下降而减小，在接近热力学零度时，热容值按 T^3 的规律趋于零。

3. 晶态固体热容的量子理论

1) 爱因斯坦热容理论

爱因斯坦把普朗克假设(振子能量的量子化理论)引入固体热容理论，使固体热容理论有了很大进展。假设每个原子都是一个独立的振子，原子之间彼此无关，并且都以相同的角频率 ω 振动，根据麦克斯韦-玻尔兹曼分配定律,在温度为 T 时，一个振子模式(单一自由度)的平均能量为(忽略了零点能)

$$\overline{E_\omega} = \frac{\hbar\omega}{e^{\frac{\hbar\omega}{kT}}-1} \tag{4.16}$$

单位体积固体的平均能量为

$$\overline{E} = 3N_A \frac{\hbar\omega}{e^{\frac{\hbar\omega}{kT}}-1} \tag{4.17}$$

因此，固体的等容热容为

$$C_V = \frac{\partial \overline{E}}{\partial T} = 3N_A k \left(\frac{\hbar\omega}{k_B T}\right)^2 \frac{\hbar\omega}{(e^{\frac{\hbar\omega}{kT}}-1)^2} = 3N_A k f_e\left(\frac{\hbar\omega}{k_B T}\right) \tag{4.18}$$

式中，$f_e\left(\dfrac{\hbar\omega}{k_B T}\right)$ 称为爱因斯坦比热函数，选取适当频率 ω，可使 C_V 理论值与实验值相符，令 $\theta_E = \hbar\omega/k$，θ_E 称为爱因斯坦温度。

当温度很高时，即 $T \gg \theta_E$，有 $e^{\frac{\hbar\omega}{kT}} \approx 1 + \dfrac{Q_E}{T}$，则 $C_V = 3N_A k \left(\dfrac{\theta_E}{T}\right)^2 e^{\frac{\theta_E}{T}} / \left(\dfrac{\theta_E}{T}\right)^2 \approx 3N_A k = 3R$，此即经典的杜隆-珀蒂公式。量子理论所导出的热容值在高温时与经典公式一致。

在低温时，即 $T \ll \theta_E$ 时，因 $e^{\theta_E/T} \gg 1$，则 $C_V = 3N_A k \left(\dfrac{\theta_E}{T}\right)^2 e^{-\frac{\theta_E}{T}}$，热容随温度的降低呈指数规律减小，但不是按 T^3 的规律变化，比实验值更快地趋近于零，如图 4-6 所示。$T \to 0\,\mathrm{K}$ 时，$C_V \to 0$，与实际相符。

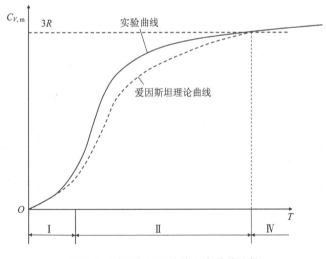

图 4-6　爱因斯坦理论值和实验值比较

以上分析可见，爱因斯坦理论的不足之处是，在 II 区理论值较实验值下降得过快。原因是爱因斯坦模型假定质点的振动互不相关，且振动的频率相同。而实际晶体中质点的振动存在着相互作用，点阵波的频率也有差异，这些效应在低温时更为显著。此外，爱因斯坦模型也没有考虑低频率振动对热容的贡献。德拜模型在这方面作了改进，得到了更好的结果。

2) 德拜模型

1912 年，德拜(Debye)考虑了晶体中点阵间的相互作用以及质点振动的频率范围。德拜认为晶体中质点间存在着弹性斥力和引力，使质点的热振动相互牵连，相邻质点间协调振动。于是，他把晶体中质点的振动看成各向同性连续介质中传播的弹性波，弹性波的振动能量是量子化的，并假定各质点振动的频率不同，可连续分布于零到最大频率 ω_{max} 之间。在低温时，参与低频振动的质点较多；随着温度的升高，参与高频振动的质点逐渐增多。当温度高于德拜特征温度 θ_D 时，几乎所有的质点都以频率 ω_{max} 振动。基于这样的假设，得到如下热容表达式：

$$C_V = 9R\left(\frac{T}{\theta_D}\right)^3 \int_0^{\theta_D/T} \frac{e^x x^4 dx}{(e^x - 1)^2} = 3Rf_D\left(\frac{\theta_D}{T}\right) \tag{4.19}$$

式中，$\theta_D = \dfrac{\hbar\omega_{max}}{k}$；$x = \dfrac{\hbar\omega}{kT}$。

从式(4.19)可以得出：

(1) $T \gg \theta_D$，即高温时，$f_D(\theta_D/T) \approx 1$，则 $C_{V,m} \approx 3R$。可见，在高温时德拜理论的结果与杜隆-珀蒂定律相符，和 $C_{V,m}-T$ 曲线Ⅲ区较符合。这说明，质点几乎都以 ω_{max} 频率振动，使热容接近于一个常数。

(2) $T \ll \theta_D$，即低温时，通过黎曼函数运算可得 $C_V = \dfrac{12}{5}\pi^4 R\left(\dfrac{T}{\theta_D}\right)^3$。对于一定的材料 θ_D 为常数，则有 C_V 与 T^3 成正比，这就是著名的德拜 T^3 定律。由此可见，在Ⅱ区与爱因斯坦理论相比，其与实际符合得更好，说明晶体温度升高所吸收的热量主要用于加剧质点的振动，使高频振动的振子数量急剧增多。

德拜模型与爱因斯坦模型相比具有很大的进步。但由于德拜理论把晶体看成连续介质，对于原子振动频率较高的部分不适用，故德拜理论对一些化合物的热容计算与实验不符。另外，对于金属热容，有两点德拜理论不能解释。一是在很低的温度 $T<5$ K，实验表明 C_V 正比于 T；二是在温度远高于德拜温度后，C_V 虽然很接近 $3R$，但并不是以 $3R$ 为渐近线，而是超过 $3R$ 继续有所上升，如图 4-7 所示。其原因是德拜模型理论值与实验值比较只考虑了晶格振动对热容的贡献，但实际上，在金属热容中，自由电子对热容也有部分贡献。金属热容的电子贡献部分在极高温度(对普通金属要几万度)及近于热力学零度的极低温度下才是显著的。这是因为在高温下，电子像金属晶体的离子那样显著地参加热运动中。还有在极低的温度下(Ⅰ区)，电子热容不像晶格热容那样急剧减小，电子热容与温度的一次方成比例地下降。这样就解释了很低的温度时由于 C_V 的贡献，而使 $C_V \propto T$；极高温区，由于 $C_V \propto T$，因此 C_V 不以 $3R$ 为渐近线，而是继续有所上升。

陶瓷材料主要由离子键和共价键组成，在室温下几乎没有自由电子，因此热容与温度的关系更符合德拜模型。

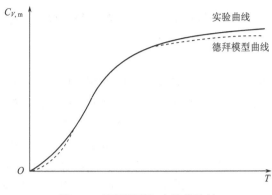

图 4-7　德拜模型与实验值比较

　　以上有关热容的量子理论，对于原子晶体和一部分较简单的离子晶体，在较宽的温度范围内都与实际符合得很好，但并不完全适用于其他一些化合物。因较复杂的分子结构往往存在各种高频振动的耦合，多晶、多相体系材料的情况还要复杂得多。

4. 影响材料热容的因素

1) 金属材料的热容

　　与其他材料不同，金属材料内部有大量的自由电子，金属的热容还与自由电子对热容的贡献有关。通过实验所得的金属热容实际上由两部分组成，即

$$C_V = C_V^L + C_V^e \tag{4.20}$$

式中，C_V^L 和 C_V^e 分别代表离子振动的热容和自由电子热容。由于在一般温度下，电子热容比离子振动的热容小得多，所以只考虑离子振动的热容就足够了。但在温度很高和很低的情况下，自由电子对热容的贡献不可忽视。受电子热容的影响，高温时 C_V 随着温度的升高继续增大，并不停留在 $3R$ 处；在极低温度下(约 5 K 以下)电子热容不像离子热容那样急剧减小，使 C_V 随着温度沿直线缓慢下降。

　　在过渡族金属中电子热容的贡献更加突出，它既包括 s 层电子热容，也包括 d 层或 f 层电子的热容。正因如此，过渡族金属的定容热容远比简单金属的大。

　　金属热容的一般规律均适用于合金，但在合金中还要考虑合金相的热容及合金相的生成热。尽管在合金中形成合金相时产生热而使热容增大，但在高温下仍可粗略地认为合金中每个原子的热振动能与金属中同一原子的热振动能相同，即合金的摩尔热容可用诺伊曼-柯普定律的形式来表示

$$C_m = x_1 C_{m1} + x_2 C_{m2} + \cdots + x_n C_{mn} \tag{4.21}$$

式中，各 x 分别代表不同组元所占的摩尔分数，各 C 分别代表不同组元的摩尔热容。

　　在高于德拜温度 θ_D 时，用上式计算出的热容值与实测值相差不超过 4%。该定律具有一定的普遍性，不仅适用于金属间化合物、金属与非金属形成的化合物，还适用于中间相和固溶体及它们所组成的多相合金，但不适用于铁磁合金。热处理虽能改变合金的组织，但对合金高温下的热容没有明显影响。

2) 无机材料的热容

根据德拜热容理论，在高于德拜温度 θ_D 时，热容趋于常数 25 J/(mol·K)，低于 θ_D 时，与 T^3 成正比，如图 4-8 所示。不同材料的 θ_D 是不同的，对于绝大多数氧化物、碳化物，热容都是从低温时的一个低的数值增加到 1273 K 左右的近似于 25 J/(mol·K) 的数值。温度进一步增加，热容基本上没有变化。

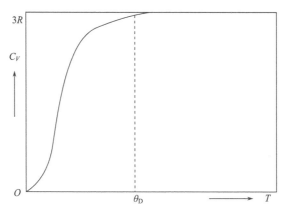

图 4-8 热容的温度依赖性

无机材料的热容与材料结构的关系不大，即对晶体结构或陶瓷的显微结构是不敏感的。如 CaO 和 SiO_2 的 1∶1 混合物与 $CaSiO_3$ 的热容-温度曲线基本重合。固体材料的摩尔热容不是结构敏感的，但单位体积的热容却与气孔率有关。多孔材料因为质量轻，所以热容小。因此，提高轻质隔热砖的温度所需的热量远低于致密的耐火砖。与金属热容一样，无机材料在相变时，由于热量的不连续变化，热容也会出现突变。

玻璃在转变区，热容有一个急增，是由于原子重排需要较多的能量。根据某些实验结果加以整理，无机材料热容与温度关系有经验公式：

$$C_p = a + bT + cT^{-2} + \cdots \tag{4.22}$$

某些无机材料的热容与温度关系经验方程式系数如表 4-1 所示。

表 4-1 某些无机材料的热容与温度关系经验方程式系数

名称	a	$b \times 10^3$	$c \times 10^{-5}$	温度范围/K
氧化铝	5.47	7.8	—	298~900
刚玉(Al_2O_3)	27.43	3.06	−8.47	298~1800
莫来石($3Al_2O_3 \cdot 2SiO_2$)	87.55	14.96	−26.68	298~1100
碳化硼	22.99	5.40	10.72	298~1373
氧化铍	8.45	4.00	−3.17	298~1200
氧化铋	24.74	8.00	—	298~800
氮化硼(α-BN)	1.82	3.62	—	273~1173
硅灰石($CaSiO_3$)	26.64	3.60	−6.52	298~1450
氧化铬	28.53	2.20	−3.74	298~1800

续表

名称	a	$b \times 10^3$	$c \times 10^{-5}$	温度范围/K
钾长石($K_2O \cdot Al_2O_3 \cdot 6SiO_2$)	63.83	12.90	−17.05	298～1400
氧化镁	10.18	1.74	−1.48	298～2100
碳化硅	8.93	3.09	−3.07	298～1700
α-石英	11.20	8.20	−2.70	298～848
β-石英	14.41	1.94	—	298～2000
石英玻璃	13.38	3.68	−3.45	298～2000
碳化钛	11.83	0.80	−3.58	298～1800
金红石	17.97	0.28	−4.35	298～1800

实验证明，对于大多数氧化物、硅酸盐化合物及多相复合材料，在较高温度下等于构成该材料的元素或简单化合物的热容总和。

3) 组织转变对热容的影响

金属及合金的组织发生转变时，会产生附加热效应，由此将引起热焓和热容的异常变化。相变在某一温度点上完成，除体积突变外，还同时吸收和放出潜热(热效应)的相变称为一级相变。这类相变热焓和热容的变化如图 4-9(a)所示，加热到临界点 T_C 时，热焓发生突变，热容为无限大。由于相变在恒温恒压下发生，一级相变的潜热即为曲线跃变所对应的热焓变化值。金属的三态转变、同素异构转变、合金的共晶和包晶转变是一级相变。无机非金属材料的热容虽是结构不敏感的，但发生一级相变时其热容仍然发生不连续的突变。

二级相变是在一定温度区间内逐步完成的，热焓无突变，仅是在靠近相变点的狭窄区域内变化加剧，其热容在转变温度附近也发生剧烈变化，但为有限值，如图 4-9(a)所示。相变潜热对应于图 4-9(b)中阴影的面积。属于此类相变的有磁性转变、BCC 点阵的有序-无序转变及合金的超导转变等。

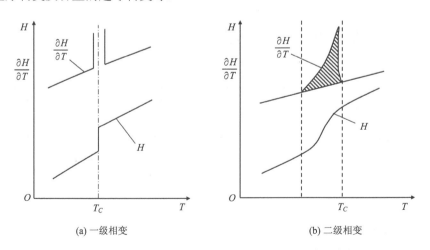

(a) 一级相变　　　　　　　　　(b) 二级相变

图 4-9　一级相变和二级相变的热焓和热容随温度的变化

4)熔点和德拜温度的关系

一般认为在熔点 T_m 时,原子的振幅达到了使晶格破坏的数值,这样原子振动的最大频率 ω_m 和熔点存在着如下的关系:

$$\omega_m = 2.8 \times 10^{12} \sqrt{\frac{T_m}{MV^{2/3}}} \tag{4.23}$$

式中,M 是相对原子质量;V 是原子的体积。上式称为林德曼(Lindeman)公式,由该式可以导出:

$$\theta_D = 137 \sqrt{\frac{T_m}{MV^{2/3}}} \tag{4.24}$$

德拜温度是反映原子间结合力的又一重要物理量。从该式可知,熔点高,即材料原子间结合力强,θ_D 就高,因此选用高温材料时,θ_D 也是考虑参数之一。

4.2.3　材料热膨胀

1. 材料的热膨胀及热膨胀系数

1)材料的热膨胀

物体的体积或长度随温度的升高而增大的现象称为热膨胀,也就是所谓的热胀冷缩现象。热膨胀现象在我们日常生活中是不难看到的,常用温度计测温就是热膨胀应用的一个例子。

液体与气体没有固定的形状,只有体积的变化才有意义。压强不变时,气体随温度的变化可由物态方程得出;液体的体积膨胀率主要取决于温度,压强的影响很小。固体材料的热膨胀特性用线膨胀系数或体积膨胀系数来表征。

不同物质的热膨胀特性不同。有的物质随温度变化有较大的体积变化,而另一些物质则相反。即使是同一种物质,晶体结构不同也有不同的热膨胀性能(如石英玻璃与 SiO_2 晶体的膨胀性能有很大差别等)。也有些物质(如水、锑、铋等)在某一温度范围内受热时体积反而缩小,称为反膨胀现象。

工业上很多场合都对材料的热膨胀性能提出了一定的要求。有时需要高膨胀的材料,有时需要膨胀系数小的材料,有时又要求材料具有一定的膨胀系数。金属或合金在加热或冷却时所发生的相变还能产生异常的膨胀或收缩,故利用试样体积变化可研究材料内部组织的变化规律,这一方法称为热膨胀分析。所以材料热膨胀的研究与控制具有重要的意义。

2)热膨胀系数

实践证明,许多固体材料的长度随温度的升高呈线性增加。假设物体的温度由 T_1 升高到 T_2,其长度由 l_1 增加至 l_2,则有

$$l_2 = l_1[1 + \overline{\alpha_1}(T_2 - T_1)] \tag{4.25}$$

$$\overline{\alpha_1} = \frac{l_2 - l_1}{l_1} \times \frac{1}{T_2 - T_1} \tag{4.26}$$

式中,$\overline{\alpha_1}$ 为 T_1 升高到 T_2 温度区间的平均线膨胀系数,单位为 K^{-1},表示物体在该温度范

围内,温度每平均升高 1 个单位,长度的相对变化量。

实际上,固体材料的线膨胀系数并不是一个常数,而是随温度而变化的,其变化规律与热容随温度的变化规律相似。当 $(T_2 - T_1)$ 和 $(l_2 - l_1)$ 趋近于零时,可得

$$\alpha_{1T} = \frac{\mathrm{d}l}{l_T} \times \frac{1}{\mathrm{d}T} \tag{4.27}$$

式中,l_T 为 T 温度下试样的长度;α_{1T} 为 T 温度下的线膨胀系数,称为真线膨胀系数。相应的平均体膨胀系数为

$$\overline{\alpha_V} = \frac{V_2 - V_1}{V_1} \times \frac{1}{T_2 - T_1} \tag{4.28}$$

式中,V_1 和 V_2 分别代表 T_1 和 T_2 温度下试样的体积。相应的真体膨胀系数为

$$\alpha_{VT} = \frac{\mathrm{d}V}{V_T} \times \frac{1}{\mathrm{d}T} \quad (V_T \text{ 为 } T \text{ 温度下试样的体积}) \tag{4.29}$$

对于各向同性的立方系晶体,各方向的膨胀特性相同,可以证明 $\alpha_V = 3\alpha_1$;对于各向异性的晶体,各晶轴方向的线膨胀系数不同,假如分别为 α_a、α_b、α_c,可以证明 $\alpha_V \approx \alpha_a + \alpha_b + \alpha_c$。

工业上一般采用平均线膨胀系数表示材料的热膨胀特性,常用材料的平均线膨胀系数可以从相关手册上查得,使用时要注意其适用的温度范围。

2. 热膨胀的物理本质

在质点的热振动中,近似地认为相邻质点间的作用力大小近似和位移成正比,质点的热振动是简谐振动,这样质点间平均距离不因温度升高而改变,也就不会有热膨胀。这一结论显然与实际不符。造成这一错误的原因是,晶格振动中相邻质点间的作用力实际上是非线性的,即作用力并不简单地与位移成正比。质点之间的作用力来自两个方面:一是异性电荷的库仑引力;二是同性电荷的库仑斥力与泡利不相容原理所引起的斥力。

引力和斥力都与质点之间的距离有关。由图 4-10 可以看到,质点在平衡位置 r_0 两侧时,受力是不对称的,合力曲线的斜率不等。当 $r < r_0$ 时,合力曲线的斜率较大,斥力随位移增大得较快;$r > r_0$ 时,合力曲线的斜率较小,引力随位移增大得较慢。在这样的受力情况下,质点振动时的平均位置就不在 r_0 处,而是在 r_0 的右侧,即相邻质点间的平均距离增加。温度越高,振幅越大,质点在 r_0 两侧受力不对称的情况越显著,平衡位置向右移动得越多,相邻质点间的平均距离也就增加得越多,致使晶胞参数增大,晶体膨胀。

从位能曲线的非对称性同样可以解释材料的热膨胀。如图 4-11 所示,平行于横轴的 $U_1(T_1)$、$U_2(T_2)$ … 分别表示在 T_1、T_2 … 时质点振动的能量状态。当质点的热振动通过晶体中质点间平衡位置 r_0 时,动能达最大值,位能为零;偏离平衡位置时,引力-斥力曲线和位能曲线动能逐渐转化为位能,达到振幅最大值时动能降为零,势能达到最大值。如在 $U_1(T_1)$ 状态时,位能曲线上 a、b 两点就代表在 T_1 温度时质点的振幅及最大位能值,最大位能间对应的 ab 线段的中心 r_0',即 T_1 温度时质点振动的几何中心。由位能曲线的不对称性可以看到,随温度升高,位能由 $U_1(T_1)$、$U_2(T_2)$ 向 $U_3(T_3)$ 变化,振幅增大,振

动中心由 r_0'、r_0'' 向 r_0''' 右移，导致相邻质点间的平均距离增大，产生热膨胀。

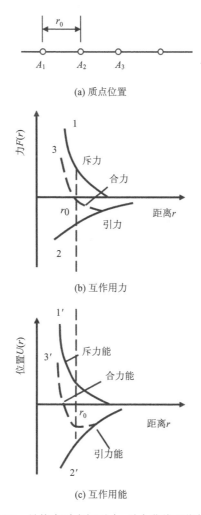

(a) 质点位置

(b) 互作用力

(c) 互作用能

图 4-10　晶体中质点间引力-斥力曲线和位能曲线

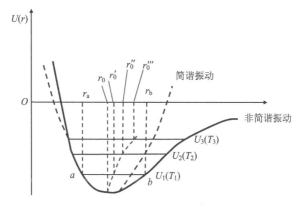

图 4-11　晶体中质点振动位能非对称曲线

以上讨论的是导致热膨胀的主要原因。此外，晶体中各种热缺陷的形成将造成局部点阵的畸变和膨胀。虽然这是次要原因，但随着温度的升高，热缺陷的浓度呈指数增大，所以在高温下这方面的影响变得重要了。

3. 影响固体材料热膨胀系数的因素

1）温度

晶格振动加剧引起体积膨胀，而晶格振动的加剧就是热运动能量增大（热容增大），因此，膨胀系数与热容密切相关而有相似的规律。

格林艾森（Grüneisen）从晶格振动理论导出材料体膨胀系数 α_V 与恒容热容 C_V 的关系式：

$$\alpha_V = \frac{\gamma}{KV} C_V \tag{4.30}$$

式中，γ 是格林艾森常数，此常数表示原子非线性振动物理量，一般物质 γ 在 1.5~2.5；K 是体弹性模量；V 是体积。

由热容理论可知，膨胀系数在低温下也按 T^3 规律变化，即膨胀系数和热容随温度变化的特征一致。热膨胀系数在低温时增加很快，但在德拜温度 θ_D 以上则趋于常数。通常高于此温度时观察到热膨胀系数持续增加，则是因形成弗仑克尔缺陷或肖脱基缺陷所致。

2）结合能、熔点

固体材料的热膨胀与晶体点阵中质点的势能性质有关。质点的势能性质是由质点间的结合力特性所决定，如图 4-12 所示。质点间结合力强，则势阱深而狭窄，升高同样的温度差，质点振幅增加得较少，故平均位置的位移量增加得较少，因此，热膨胀系数较小。

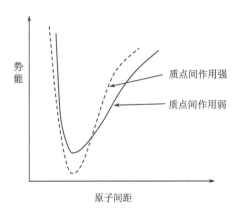

图 4-12　势能和位移量之间的关系

格林艾森还提出了固体的体热膨胀极限方程。他指出一般纯金属由温度 0 K 加热到熔点 T_m，体膨胀率为 6%，这个关系式可表示为

$$\frac{\Delta V}{V_0} = \frac{V_{T_m} - V_0}{V_0} \approx 0.06 \tag{4.31}$$

式中，V_{T_m} 为熔点温度金属体积；V_0 为 0 K 时金属体积。因为在 0 K 到熔点之间，体积变化 6%，因此，物质熔点越低，则物质的膨胀系数越大，反之亦然。膨胀极限因不同金属而异。由于各种金属原子结构、晶体点阵类型不同，其膨胀极限不可能都刚好等于 6%。如正方点阵金属 In、β-Sn，膨胀极限值为 2.79%。线膨胀系数 α_1 和金属熔点 T_m 的关系由以下经验公式给出：

$$\alpha_1 T_m = b \tag{4.32}$$

式中，b 为常数，大多数立方晶格和六方晶格金属取 0.06～0.076。

3）晶体缺陷

实际晶体中总是含有某些缺陷，尽管它们在室温处于"冻结"状态，但仍可明显地影响晶体的物理性能。空位引起的晶体附加体积变化为

$$\Delta V = BV_0 \exp\left(-\frac{Q}{k_B T}\right) \tag{4.33}$$

式中，Q 是空位形成能；B 是常数；V_0 是晶体 0 K 时的体积。空位可以由辐射引起，如 X 射线、γ 射线、电子、中子、质子辐照皆可引起辐照空位的产生，或者由高温淬火产生。

如果忽略空位周围应力，由于辐照空位而增加的体积为

$$\Delta V / V = n / N \tag{4.34}$$

式中，n/N 是辐照空位密度，N 为晶体原子数，n 为空位数。

热缺陷的明显影响是在温度接近熔点时，空位引起的附加热膨胀系数 $\Delta\alpha_V$：

$$\Delta\alpha_V = B\frac{Q}{T^2} \exp\left(-\frac{Q}{k_B T}\right) \tag{4.35}$$

4）结构

热膨胀系数和晶体结构密切相关：结构紧密的晶体，膨胀系数大；结构空敞的晶体，膨胀系数小。

比如氧离子密堆积的氧化物结构（如 Al_2O_3，MgO），其膨胀系数较大；硅酸盐晶体，由于存在硅氧的网络结构，常具有较低的密度，膨胀系数较小（如莫来石 A_3S_2）。具有各向异性的非等轴晶体，热膨胀系数是各向异性。一般说来，弹性模量较高的方向有较小的膨胀系数，反之亦然。

对于一些具有很强非等轴性的晶体，某一方向上的膨胀系数可能是负值，结果总体膨胀可能非常低，甚至是负值，如 β-锂霞石（$LiAlSiO_4$）。

很小或负的体膨胀系数往往是与高度各向异性结构相联系的，因此，在多晶中，晶界处于很高的应力状态下，导致材料固有强度低。

5）铁磁性转变

对于铁磁性的金属和合金，膨胀系数随温度变化将出现反常，即在正常的膨胀曲线上出现附加的膨胀峰。出现反常的原因，目前大都从物质的磁性行为去解释，认为是磁致伸缩抵消或加强了合金正常热膨胀的结果。镍和钴的热膨胀峰向上，称为正反常。铁的热膨胀峰向下，称为负反常。铁镍合金也具有负反常的膨胀特性。如铁镍、铁钴合金

的线膨胀系数(约 $1 \times 10^{-6}℃$ 量级)与 Pyrex 玻璃的相近,因此,可用于玻璃与金属的封接,以减小温度变化时的热应力和开裂。

6)键性

共价键结合晶体势能曲线对称性比离子键结合的对称性高,热膨胀系数将随离子键的增加而增加。

4.2.4 材料的导热性

1. 材料的导热性及热导率

1)材料的导热性

不同温度的物体具有不同的内能;同一物体在不同的区域,如果温度不等,含有的内能也不同。这些不同温度的物体或区域相互靠近或接触时,就会以传热的形式交换能量。当材料相邻部分间存在温度差时,热量将从温度高的区域自动流向温度低的区域,这种现象称为热传导。

不同的材料导热性能不同。有些材料是极为优良的绝热材料(导热性能很差),而有些材料是热的良导体。工程应用上,有时希望材料的导热性越差越好,如航天飞行器上使用的陶瓷瓦挡热板、加热炉的炉衬材料等;有时又希望材料的导热性越良越好,如散热器材料、电子信息材料等。在热能工程、致冷技术、工业炉设计、燃气轮机叶片散热等诸多技术领域,材料的导热性能都是非常重要的问题。那么,材料的导热性能好坏如何定量地比较、衡量?需引入"热导率"的概念。

2)材料的热导率与热扩散率

当固体材料的两端存在温度差时,如果垂直于 x 方向的截面积为 ΔS ,在 Δt 时间内沿 x 轴正方向传过 ΔS 截面上的热量为 ΔQ ,对于各向同性的物质,在稳定传热状态下具有如下关系式:

$$\Delta Q = -\lambda \frac{dT}{dx} \Delta S \Delta t \qquad (4.36)$$

式中, λ 称为热导率(或导热系数); $\frac{dT}{dx}$ 为 x 方向上的温度梯度(指向温度升高的方向);负号表示热流方向与温度梯度方向相反。

热导率 λ 的物理意义是:在单位温度梯度下,单位时间内通过单位截面积的热量,单位为 $W/(m \cdot K)$ 或 $J/(m \cdot s \cdot K)$,表示材料本质的导热能力。热导率的倒数称为热阻率,用 $\bar{\omega}$ 表示。 $\Delta Q = -\lambda \frac{dT}{dx} \Delta S \Delta t$ 称作傅里叶定律。它只适用于稳定传热过程,即传热过程中,材料在 x 方向上各处的温度 T 恒定, $\frac{\Delta Q}{\Delta t}$ 为常数。

对于非稳定传热过程,即物体内各处的温度随时间而变化(比如工件在加热炉内加热过程中,自工件表面逐渐向内部传热,工件本身存在的温度梯度逐渐趋近于零,整个工件的温度最后达到一致)的情况,不难想象,温度(热焓)变化并达到一致的时间与材料的热导率、密度及其热容有关。对于非稳定传热过程,物体内单位面积上温度随时间的变

化率为

$$\frac{\partial T}{\partial t} = \frac{\lambda}{\rho C_p} \times \frac{\partial^2 T}{\partial x^2} \tag{4.37}$$

式中，ρ 为材料的密度，C_p 为比定压热容。$\alpha = \dfrac{\lambda}{\rho C_p}$，$\alpha$ 称为热扩散率或导温系数，其用来衡量在热传导的同时，还有温度场的变化时，物体温度变化的速率。α 越大的材料各处温度变化越快，温差越小，达到温度一致的时间越短。要计算出经多长时间才能使工件达到某一预定的均匀温度，就需知热扩散率。

2. 热传导的物理机制

气体的传热是依靠分子间的碰撞传递能量来实现，即气体中温度高的分子运动激烈，能量大；温度低的分子运动较弱，能量小。通过碰撞，低能量分子能量升高，温度上升，高能量的分子能量降低，温度下降，从而实现传热。但固体中的质点只能在其平衡位置附近做微小振动，不能像气体一样依靠质点间的直接碰撞来传递热能。固体中的导热主要是依靠晶格振动的格波和自由电子的运动来实现的。

对于金属材料，由于有大量的自由电子存在，且电子的质量很轻，所以可迅速地实现热量的传递。因此，金属材料一般都有较大的热导率。虽然晶格振动对金属导热也有贡献，但相对来说是很次要的。

对于非金属材料，晶格中自由电子极少，因此，它们的导热主要是依靠晶格振动的格波来实现。材料内存在温度差时，晶格中处于较高温度的质点热振动较强烈，其临近温度较低的质点热振动较弱。由于质点间存在着相互作用力，振动较弱的质点在振动较强的质点的影响下振动加剧，能量增加；振动较强质点的能量部分传递给其相邻振动较弱的质点，使热量发生转移。这样能量传递在整个材料内进行，使整个固体中的热量从温度较高处传向温度较低处，从而实现传热。如果系统对周围环境是绝热的，整个固体最终将达到温度平衡状态。

在温度不太高时，光频支的能量是很微弱的，固体材料的导热主要依靠声频支的作用，可忽略光频支在导热过程中的贡献。在导热机理讨论中，要使用前面所述的声子的概念。声频支格波可以看成一种弹性波，类似在固体中传播的声波，可以把格波的传播看成声子的运动，把声频支传热理解为声子运动的结果。把格波与物质的相互作用理解为声子与物质的碰撞，把格波在晶体中传播时遇到的散射看做声子同晶体中质点的碰撞，把理想晶体中的热阻理解为声子与声子的碰撞。这样，就可以用气体中热传导的概念来处理声子热传导问题了。根据气体分子运动理论，理想气体的导热公式为

$$\lambda = \frac{1}{3} c \overline{v} l \tag{4.38}$$

式中，c 为单位气体的比热容；$\overline{v}$ 为气体分子的平均速度；l 为气体分子的平均自由程。将 $\lambda = \dfrac{1}{3} c \overline{v} l$ 引申到晶体材料中，式中的 c 即为声子的体积热容，$\overline{v}$ 为声子的平均速度，l 为声子的平均自由程。

声子的速度可以看成仅与晶体的密度和弹性力学性质有关，而与频率 ν 无关的参量。但声子的热容 c 和自由程 l 都是声子振动频率的函数。所以固体热导率公式的一般形式可写成

$$\lambda=\frac{1}{3}\int c(\nu)\nu l(\nu)\mathrm{d}\nu \tag{4.39}$$

式中，ν 为声子振动频率。声子的热容随温度的变化规律同固体材料中的热容。

如果把晶格热振动看成严格的线性振动，则格波间没有相互作用，没有声子-声子碰撞，声子在晶格中是畅通无阻的，晶格中的热阻为零，这样热量就以声子的速度在晶体中传递。这显然是与实际不符的。事实上，在很多晶体中热量的传递速度是很迟缓的，这是因为晶格热振动并非线性的，晶格间有一定的耦合作用，即声子间会有碰撞，使声子的平均自由程减小，热导率降低。这种声子间碰撞引起的散射，是晶格中热阻的主要来源。

晶体中的各种缺陷、杂质和晶粒界面都会引起格波的散射，使声子的平均自由程减小，从而降低热导率。波长较长的格波容易绕过缺陷，声子自由程较大，导热率也较大。

平均自由程还与温度有关，温度升高，声子的振动能量加大，频率增高，碰撞增多，使自由程减小。但自由程受温度的影响有一定的限度。在高温下，自由程的下限等于几个晶格间距；反之，在低温下，自由程的上限为一个晶粒的尺度。

3. 影响材料导热性能的因素

1）金属热导率与电导率之间的关系

在量子理论出现以前，人们研究金属材料的导热率时，发现了一个规律：在室温下很多金属的热导率与电导率之比 $\frac{\lambda}{\sigma}$ 几乎相同，称为维德曼-弗兰兹定律。这一定律表明，导电性好的金属，其导热性也好。后来洛伦兹（Lorentz）进一步发现，比值 $\frac{\lambda}{\sigma}$ 与温度 T 成正比，即

$$\frac{\lambda}{\sigma}=LT \tag{4.40}$$

式中，比例常数 L 称为洛伦兹常数，$L=\frac{\lambda}{\sigma T}=\frac{\pi^2}{3}\left(\frac{k_\mathrm{B}}{e}\right)=2.45\times10^{-8}(\mathrm{W}\cdot\Omega)/\mathrm{K}^2$，$k_\mathrm{B}$ 为玻尔兹曼常数，e 为电子电量。

就是说，各种金属的洛伦兹数是一样的。但后来进一步研究表明，事实上洛伦兹数只有在 $T>0℃$ 的较高温度时，才近似为常数。因为金属中的热传导不仅仅依靠自由电子，还有声子的作用（尽管它所占的比例很小）。随着温度的降低，自由电子的作用被削弱，使导电过程变得复杂。尽管如此，热导率与电导率之间的这一关系还是很有意义的。因为与电导率相比，热导率的测定既困难又不准确，这一规律提供了一个通过测定电导率来确定金属热导率的既方便又可靠的途径。

2）温度的影响

热容 c 在低温下与温度的三次方成正比，因此 λ 也近似与 T^3 成比例地变化，随着温度的升高，λ 迅速增大。

温度继续升高时，l 值要减小，c 随温度 T 的变化也不再与 T^3 成比例，并在德拜温度以后，趋于一恒定值，且 l 值因温度升高而减小成了主要影响因素。λ 值随温度升高而迅速减小。在更高的温度，由于 c 已基本上无变化，l 值也逐渐趋于下限（晶格间距），所以随温度的变化 λ 值又变得缓和了。

在达到一定的高温后，λ 值又有少许回升，这是高温时辐射传热带来的影响。由上述前两点可知，在某个温度处，λ 值出现极大值，如图 4-13 所示。

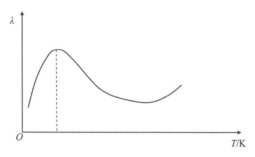

图 4-13　热导率和温度的关系

不过物质种类不同，导热系数随温度变化的规律也有很大不同。各种气体随温度上升导热系数增大。这是因为温度升高，气体分子的平均运动速度增大，虽然平均自由程因碰撞几率加大而有所缩小，但前者的作用占主导地位，因而热导率增大。

金属材料在温度超过一定值后，热导率随温度的上升而缓慢下降，并在熔点处达到最低值。但像铋和锑这类金属熔化时，它们的热导率增加一倍，这可能是过渡至液态时，共价键合减弱，而金属键合加强的结果。

耐火氧化物多晶材料在实用的温度范围内，随温度的上升，热导率下降不密实的耐火材料，如黏土砖、硅藻土砖、红砖等，气孔导热占一定分量，随着温度的上升，热导率略有增大（气体导热）。

3）显微结构的影响

声子传导与晶格振动的非简谐性有关。晶体结构越复杂，晶格振动的非简谐性程度越大，格波受到的散射越大，因此，声子平均自由程较小，热导率较低。例如，镁铝尖晶石（$MgAl_2O_4$）的热导率较 Al_2O_3 和 MgO 的热导率都低。莫来石（$3Al_2O_3 \cdot 2SiO_2$）的结构更复杂，所以热导率比尖晶石低得多。

立方晶系的热导率与晶向无关，非等轴晶系晶体的热导率呈各向异性。石英、金红石、石墨等都是在膨胀系数低的方向热导率最大。温度升高时，不同方向的热导率差异减小。这是因为温度升高，晶体的结构总是趋于更好的对称。

对于同一种物质，多晶体的热导率总是比单晶体小。由于多晶体中晶粒尺寸小，晶界多，缺陷多，晶界处杂质也多，电子和声子更易受到散射，其平均自由程小得多，所以热导率小。低温时多晶的热导率与单晶的平均热导率一致。随着温度升高，平均热导率差异迅速变大。这一方面说明晶界、缺陷、杂质等在较高温度下，对声子和电子传导有更大的阻碍作用；另一方面也是单晶在温度升高后比多晶在光子传导方面有更明显的效应。

　　玻璃具有近程有序、远程无序的结构。在讨论它的导热机理时，近似地把它当作由直径为几个晶格间距的极细晶粒组成的"多晶体"。可以用声子导热的机制来描述玻璃的导热行为和规律，对于玻璃来说，声子平均自由程在不同温度基本上是常数，其值近似等于几个晶格间距，因此，玻璃的导热系数对组成不敏感。

　　根据声子导热公式可知，玻璃的导热主要由热容与温度的关系决定，在高温则需考虑光子导热的贡献。如图 4-14 所示，900 K 以下的导热主要由热容与温度的关系决定，900 K 以上 λ 的增加是光子导热的贡献。

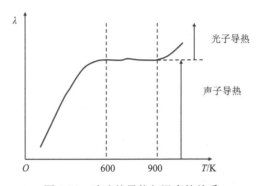

图 4-14　玻璃的导热与温度的关系

　　晶态和非晶态的导热系数(随温度变化)曲线比较，如图 4-15 所示。非晶态的导热系数(不考虑光子导热的贡献)在所有温度下都比晶态的小。非晶态的声子平均自由程，在绝大多数温度范围内都比晶态的小得多。晶态和非晶态材料的导热系数在高温时比较接近。当温度升到一定值时，晶态的平均自由程已减小到下限值，类似于非晶态，其声子平均自由程等于几个晶格间距的大小；而晶态与非晶态的热容也都接近 $3R$；光子导热还未有明显的贡献，因此晶态与非晶态的导热系数在较高温度时比较接近。非晶态与晶态导热系数曲线的主要区别是，非晶态导热系数曲线没有导热系数的峰值。

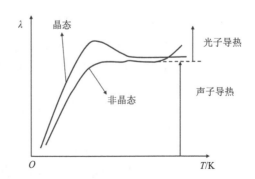

图 4-15　晶态和非晶态的导热系数(随温度变化)曲线比较

4)化学组成的影响

两种金属构成连续无序固溶体时，溶质组元浓度越高，热导率降低越多，并且热导率最小值靠近原子浓度 50%。

当组元为铁及过渡族金属时，热导率最小值相对 50%处有较大的偏离，形成有序固溶体时，热导率提高，最大值对应于有序固溶体化学组分。

不同组成的晶体，热导率往往有很大差异。这是因为构成晶体的质点的大小、性质不同，它们的晶格振动状态不同，传导热量的能力也就不同。一般来说，质点的原子量越小，密度越小，杨氏模量越大，德拜温度越高，则热导率越大。即轻元素和结合能大的固体热导率较大，如金刚石的热导率为 $\lambda = 1.7 \times 10^{-2} \text{W}/(\text{m} \cdot \text{K})$，硅、锗的热导率分别为 $\lambda = 1.0 \times 10^{-2} \text{W}/(\text{m} \cdot \text{K})$ 和 $\lambda = 0.5 \times 10^{-2} \text{W}/(\text{m} \cdot \text{K})$。

5）陶瓷的热导率

一般情况下，陶瓷的导热系数曲线往往介于晶体和非晶体导热系数曲线之间，主要有三种情况：

（1）当材料中所含有的晶相比非晶相多时，在某一温度以上，它的热导率将随温度上升而稍有下降。在高温下热导率基本上不随温度变化。

（2）当材料中所含的非晶相比晶相多时，它的热导率通常随温度升高而增大。

（3）当材料中所含的晶相和非晶相为某一适当的比例时，它的热导率可以在一个相当大的温度范围内基本上保持常数。

陶瓷材料典型微观结构是晶相分散在连续的玻璃相中，其热导率为

$$\lambda = \lambda_c \times \frac{1 + 2V_d \left(1 - \dfrac{\lambda_c}{\lambda_d}\right) \Big/ \left(\dfrac{2\lambda_c}{\lambda_d} + 1\right)}{1 - 2V_d \left(1 - \dfrac{\lambda_c}{\lambda_d}\right) \Big/ \left(\dfrac{2\lambda_c}{\lambda_d} + 1\right)} \tag{4.41}$$

6）气孔的影响

无机材料中常含有一定量的气孔。因为气体的热导率比固体材料低得多，因此，气孔率高的多孔轻质材料的导热系数比一般的材料都要低，这是隔热耐火材料生产应用的基础。气孔对热导率的影响比较复杂。在温度不是很高、气孔率不大、气孔尺寸很小、分布又比较均匀时，可将气孔作为分散相处理，陶瓷材料的热导率仍可按式 4.41 计算。由于气孔的热导率很小，与固体相的热导率相比可近似看做零，因此，可得

$$\lambda = \lambda_s (1 - P) \tag{4.42}$$

式中，λ_s 为固相的热导率；P 为气孔的体积分数。

对于大尺寸的气孔，气孔内的气体会因对流而加强传热，当温度升高时，热辐射的作用也会增强，并与气孔的大小和温度的 3 次方成比例。这一效应在高温时更为明显，此时气孔对热导率的贡献就不能忽略，式（4.42）便不再适用。

对于热辐射高度透明的材料，它们的光子传导效应较大，在有微小气孔存在时，由于气体与固体的折射率有很大差异，这些气孔就成为光子的散射中心，导致材料的透明度显著降低，往往仅有 0.5%气孔率的微孔存在，就可使光子的自由程明显减小。因此，大多数烧结陶瓷材料的光子传导率要比单晶和玻璃小 1~3 个数量级。

对于粉末和纤维材料，其热导率又比烧结态时低得多。这是因为气体形成了连续相，其热导率在很大程度上受气孔相热导率的影响。这就是通常粉末、多孔和纤维类材料具有良好的热绝缘性能的原因。

对于有显著各向异性的材料和膨胀系数相差较大的多相复合材料，由于存在较大的内应力而形成微裂纹，气孔以扁平微裂纹出现并沿晶界发展，使热流受到严重的阻碍，这样即使在气孔率很小的情况下，也使材料的热导率明显减小。所以复合材料的热导率实验测定值一般都比按陶瓷材料典型微观结构计算的值小。

4.3　材料的电学性能

材料的电学性能，广义上包括材料受到某种或几种因素作用时，材料内部的带电粒子发生相应的定向运动或者其空间分布状态发生变化，由此导致宏观上出现电荷输运或者电荷极化的现象。材料的导电性是指在电场作用下，材料中的带电粒子发生定向移动从而形成宏观电流的现象，属于材料的电荷输运特性。材料的导电性受到许多其他因素的影响。比如半导体材料的光电导特性、一些材料中表现出来的磁电阻效应等，分别反映了光照和磁场对材料的导电性的影响。

从导电角度出发，根据导电性机理，参照材料导电性的高低，习惯上将材料划分为导体、半导体和绝缘体，这三类材料在电力工业和电子工业中都具有非常重要的作用。比如，以铜和铝为代表的导体广泛用于电能的输送导线；以 Si 和 GaAs 为代表的半导体材料分别在微电子电路和半导体光学技术领域发挥关键作用；而陶瓷、高分子类的绝缘体同样在电力、电子工业中必不可少。另外，还有一类电阻趋于零的超导材料，它可以承载非常高密度的电流而不发热，目前虽然还没在输电中得到实际应用，但在一些特殊领域中具有很独特的效果。因此，了解材料的导电性规律、微观机理及其影响因素，对于控制材料的导电性使其满足各种具体的实际需求，以及对于开发新的材料是非常必要的。

4.3.1　固体电子理论

1. 固体电子理论概述

金属电子论就是讨论金属晶体中电子状态。

金属晶体中电子状态的发展，可分为三大阶段：

第一阶段为经典自由电子学说，主要代表人物是德鲁德(Drude)和洛伦兹(Lorentz)。经典自由电子学说由德鲁德和洛伦兹于 1900 年提出。经典自由电子学说认为金属原子的价电子受原子核的束缚较微弱，易电离，当分立的原子组成晶体时，由于原子之间的相互作用，价电子脱离相应原子的束缚，为整个晶体所共有，而离子实则处在晶格位置。这些价电子可以自由地在金属中运动，故称为自由电子。自由电子在晶体中的行为如同气体，故又称电子气体。德鲁德进一步把电子气体看成理想气体，可以和离子实碰撞，在一定温度下达到热平衡，用金属自由电子论很容易解释金属优异的电导和热导性能。但该理论在说明下列问题上遇到了困难：实测的电子对热容的贡献比经典自由电子学说估计值小得多；实际测量的电子平均自由程比经典理论估计值大得多；绝缘体、半导体、金属导体导电性为何存在巨大差异？

第二阶段为索末菲(Sommerfeld)量子自由电子学说。量子自由电子学说由索末菲首先把量子力学观点引入电子理论中而提出。量子自由电子学说认为自由电子气体模型是正确的，但认为自由电子不服从经典统计而服从量子统计，电子的运动要用量子力学观点来描述。结果得出，电子的能量是不连续的，而是存在一准连续的能级。电子从最低的能级开始填充，每个能级只能填二个电子，热力学零度时，从最低能级填充到费米能级 E_F^0。在金属熔点以下，虽然自由电子因受热而激发，但只有能量在 E_F 附近 $K_B T$ 范围内的电子，吸收能量，从 E_F 以下能级跳到 E_F 以上能级，才能对热容有贡献。量子自由电子学说解释了金属电子比热容较小的原因，其值只有德鲁德理论值的百分之一。但是，量子自由电子学说尚无法解释为何绝缘体、半导体、金属的导电性能存在巨大差异。

第三阶段为能带理论，它是目前最好的近似处理。量子自由电子学说忽略了周期势场的影响。考虑到周期势场，提出能带理论。能带理论认为晶体中电子的许可能级是由一定能量范围内准连续分布的能级组成的能带。相邻两能带之间的能量范围称为禁带，完整晶体中电子不可能具有这种能量。不同的材料能带结构不一样，能带结构对固体的电磁性质有重大影响。有了能带概念，就可以说明金属和绝缘体的区别，并且由能带理论预言了介于两者之间的半导体的存在。

2. 量子自由电子理论

1) 金属中自由电子能级

自由电子模型认为金属中的价电子组成自由电子气体，是理想气体，电子之间无相互作用，各自独立地在离子实的平均势场中运动。因此，只需考察一个电子的运动就能了解电子气体的能量状态。

讨论一维的情况，即一个自由电子在一根长为 L 的金属丝中做一维运动。用一维势阱模型处理：电子势能不是位置的函数，即电子势能在晶体内到处都一样，取 $U(x)=0$；由于电子不能逸出金属丝外，则在边界处，势能无穷大，即 $U(0)=U(L)=\infty$。势阱中电子运动状态应满足定态薛定谔方程：

$$\frac{\mathrm{d}^2\psi(x)}{\mathrm{d}x^2} + \frac{2m}{\hbar^2}E\psi(x) = 0 \ (m \text{ 为电子质量}) \tag{4.43}$$

由德布罗意(de Broglie)假设，可知电子的能量：

$$E = \frac{h^2}{2m\lambda^2} = \frac{\hbar^2}{2m}K_x^2 \ (K_x^2 = 2\pi/\lambda \text{ 为波矢}) \tag{4.44}$$

将上式代入薛定谔方程后，得到一般解：

$$\psi(x) = A\cos K_x x + B\sin K_x x \tag{4.45}$$

根据波函数的归一化条件并结合边界条件，得到 $A=0$，$B=\sqrt{2/L}$，$\sin K_x x = 0 \Rightarrow K_x L \Rightarrow n_x \pi \Rightarrow K_x \Rightarrow n_x \pi/L$。

自由电子的波函数为

$$\psi(x) = \sqrt{2/L} \sin\frac{n_x\pi}{L}x \qquad (4.46)$$

自由电子的能量为

$$E = \frac{\hbar^2\pi^2}{2mL^2}n_x^2 \qquad (4.47)$$

式中，n_x 为非零正整数，称为金属中自由电子能级量子数。

综合以上讨论，可以得出：

(1) 金属中价电子是做共有化运动，它属于整个晶体，能在晶体中自由运动。它在晶体中各处出现的几率是 $|\psi(x)|^2 = \frac{2}{L}\sin^2\frac{n_x\pi}{L}x$。

(2) 电子的能量是量子化的，存在一系列分立的能级，最低能级(即基态，$n_x=1$)的能量 $E = h^2/(8mL^2)$，在 10^{-15} eV 量级，较高能级的能量为 $E_n = n_x^2 E_1$。电子的状态(即波函数)由量子数 n_x 决定。

(3) 波矢 K_x 也只能取分立的值，它和能量是抛物线关系 $E = \frac{h^2}{2m\lambda^2} = \frac{\hbar^2}{2m}K_x^2$。

每个能级只能容纳自旋相反的两个电子，电子从最低的能级开始，逐渐往上填充。热力学零度时，填充到费米能级 E_F^0 为止。

将简单的一维运动推广到三维：设一电子在边长 L 的正方体金属内运动，根据类似分析，因 $U(x, y, z)=0$，故三维定态薛定谔方程变为

$$\frac{\partial^2\psi}{\partial x^2} + \frac{\partial^2\psi}{\partial y^2} + \frac{\partial^2\psi}{\partial^2 z} + \frac{8m\pi^2}{h^2}E\psi = 0 \qquad (4.48)$$

采用分离变量法获得上述方程的解为

$$\psi(x,y,z) = (1/2)^{2/3}\sin\frac{\pi n_x}{L}x\sin\frac{\pi n_y}{L}y\sin\frac{\pi n_z}{L}z \qquad (4.49)$$

同样电子在 x、y、z 方向上运动能量分别为

$$E_x = \frac{h^2}{8mL^2}n_x^2, \quad E_y = \frac{h^2}{8mL^2}n_y^2, \quad E_z = \frac{h^2}{8mL^2}n_z^2 \qquad (4.50)$$

$$E_n = \frac{h^2}{8mL^2}(n_x^2 + n_y^2 + n_z^2) \qquad (4.51)$$

决定自由电子在三维空间中运动状态需要三个量子数 n_x、n_y、n_z，其中每个量子数可独立地取 1、2、3、…中的任何值。可见，金属晶体中自由电子的能量是量子化的，其各分立能级组成不连续的能谱，而且由于能级间能量差很小，故又称之为准连续的能谱。

2) 自由电子的能级密度

为了计算金属中自由电子的能量分布，或者计算某能量范围内的自由电子数，需要了解自由电子的能级密度。能级密度亦称状态密度或态密度。态密度物理意义：单位能

量范围内所能容纳的电子数。设比能量 E 低的能级的电子状态总数为 $N(E)$，且包含自旋，则可推导得

$$N(E) = 2\frac{V}{8\pi^3}\frac{4\pi}{3}K^3 = \frac{V}{3\pi^3}\left(\frac{3m}{\hbar^2}E\right)^{3/2} \quad (K \text{ 为波矢，} V \text{ 为体积}) \tag{4.52}$$

$$Z(E) = \frac{\mathrm{d}N}{\mathrm{d}E} = \frac{v}{2\pi^2}\left(\frac{2m}{\hbar^2}\right)^{3/2}E^{1/2} = C\sqrt{E} \tag{4.53}$$

态密度 $Z(E)$ 与能量呈 $E^{1/2}$ 关系，能量越大，态密度越大。

3）自由电子按能级分布

金属中自由电子的能量是量子化的,构成准连续谱。理论和实验证实,电子的分布(在能级中的占据)服从费米-狄拉克(Femi-Dirac)统计。具有能量为 E 的状态被电子占有的几率(即费米分布函数) $f(E)$ 由费米-狄拉克分配定律决定：

$$f(E) = \frac{1}{\mathrm{e}^{[(E-E_{\mathrm{F}})/k_{\mathrm{B}}T]}+1} \quad (E_{\mathrm{F}} \text{ 为费米能}) \tag{4.54}$$

利用费米分布函数，可以求出在能量 $E+\mathrm{d}E$ 和 E 之间分布的电子数 $\mathrm{d}N$：

$$\mathrm{d}N = f(E)z(E)\mathrm{d}E = \frac{C\sqrt{E}\mathrm{d}E}{\mathrm{e}^{[(E-E_{\mathrm{F}})/k_{\mathrm{B}}T]}+1} \tag{4.55}$$

当 $T = 0\,\mathrm{K}$ 时，由上式可知，若 $E > E_{\mathrm{F}}$，则 $f(E) = 1$。说明在 $0\,\mathrm{K}$ 时，能量小于 E_{F}^0 的能级全部被电子占满，能量大于 E_{F}^0 的能级全部空着。因此，费米能表示 $0\,\mathrm{K}$ 时基态系统电子所占有的最高能级的能量。

$0\,\mathrm{K}$ 时费米能 E_{F}^0 如图 4-16 所示。

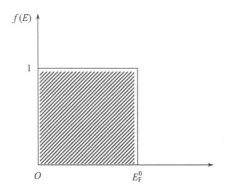

图 4-16　$T=0\,\mathrm{K}$ 时费米能分布函数图

$T = 0\,\mathrm{K}$ 时，$f(E) = 1$，有 $\mathrm{d}N = C\sqrt{E}\mathrm{d}E$ 。令系统自由电子数为 N，则有

$$N = \int_0^{E_{\mathrm{F}}^0} C\sqrt{E}\mathrm{d}E = \frac{2}{3}(E_{\mathrm{F}}^0)^{2/3} \tag{4.56}$$

$$E_{\mathrm{F}}^0 = \left(\frac{3N}{2C}\right)^{2/3} = \frac{h^2}{2m}\left(\frac{3n}{8n}\right)^{2/3} \tag{4.57}$$

式中，$n = N/V$，表示单位体积自由电子数。

可见，费米能只是电子密度 n 的函数。一般金属费米能大约为几个电子伏特至十几个电子伏特，多数为 5 eV 左右。0 K 时自由电子具有的平均能量为

$$\overline{E}_0 = \frac{总能量}{N} = \frac{\int_0^{E_F^0} C\sqrt{E}\,dE}{N} = \frac{3}{5}E_F^0 \tag{4.58}$$

当 $T > 0$ K 时（图 4-17），因 $E_F \gg k_BT$（室温时 k_BT 大约为 0.025 eV，金属在熔点以下都满足此条件），所以：

当 $E = E_F$ 时：$f(E) = \frac{1}{2}$；

当 $E < E_F$ 时：若 $E \ll E_F$，则 $f(E) = 1$；若 $E_F - E \leqslant k_BT$，则 $f(E) < 1$；

当 $E > E_F$ 时：若 $E \gg E_F$，则 $f(E) = 0$；若 $E_F - E \leqslant k_BT$，则 $f(E) < \frac{1}{2}$。

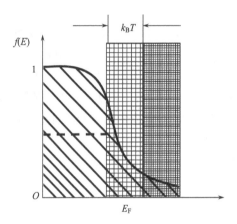

图 4-17　$T>0$ K 时费米能分布函数图

温度高于 0 K，但又不是特别高时，即在金属的熔点以下，虽然自由电子都受到热激发，但只有能量在 E_F 附近 k_BT 范围内的电子，吸收能量，从 E_F 以下能级跳到 E_F 以上能级。即温度变化时，只有一小部分的电子受到温度的影响。所以量子自由电子学说正确解释了金属电子比热容较小的原因，其值只有德鲁德理论值的百分之一。

温度高于 $T>0$ K 时，电子平均能量略有提高：

$$\overline{E} = \frac{3}{5}E_F^0\left[1 + \frac{5}{12}\pi^2\left(\frac{k_BT}{E_F^0}\right)^2\right] \tag{4.59}$$

E_F 值略有下降，即

$$E_F = E_F^0\left[1 - \frac{1}{12}\pi^2\left(\frac{k_BT}{E_F^0}\right)^2\right] \tag{4.60}$$

减小值数量级为 10^{-5}，可以认为费米能不随温度变化。

3. 能带理论

量子力学认为，即使电子的动能小于势能位垒高度，电子也有一定几率穿过位垒，这被称为隧道效应。这个效应产生的原因是电子波到达位垒时，波函数并不立即降为零。据此可以认为固体中一切价电子都可位移。

为简化处理，采用近似处理方法来研究电子状态。假定固体中的原子核不动，并设想每个电子是在固定的原子核的势场中及其他电子的平均势场中运动，这样就把问题简化成单电子问题，这种方法称为单电子近似。用这种方法求出的电子在晶体中的能量状态，将在能级的准连续谱上出现能隙，即分为禁带和允带。用单电子近似法处理晶体中电子能谱的理论，称为能带论。

能带理论和量子自由电子学说的联系是把电子的运动看作基本上是独立的，它们的运动遵守量子力学统计规律，即费米-狄拉克统计。它们的区别是自由电子模型忽略了离子实的作用，而且假定金属晶体势场是均匀的，能带理论则考虑了晶格的周期势场对电子运动的影响。

1）准自由电子近似理论

晶体场势能周期性变化可表征为一周期性函数（一维晶体，图 4-18）：

$$U(x + Na) = U(x) \quad (a \text{ 为点阵常数}) \tag{4.61}$$

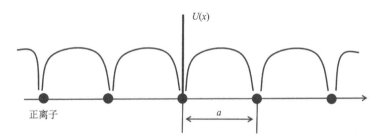

图 4-18　一维晶体场势能变化曲线

为了尽量简化求解电子在周期势场中运动波函数，假设（准自由电子近似）：点阵是完整的晶体无穷大、不考虑表面效应、不考虑离子热运动对电子运动的影响、每个电子独立地在离子势场中运动（准自由）。

一维晶体的价电子运动状态满足如下定态薛定谔方程：

$$\left[-\frac{\hbar^2}{2m} \cdot \frac{d^2}{dx^2} U(x) \right] \psi(x) = E\psi(x) \tag{4.62}$$

式中，$U(x)$ 满足 $U(x + Na) = U(x)$ 的周期性。

按准自由电子近似条件求解上式，可以得到结论：当波矢 $K = \pm n\pi/a$ 时，在准连续的能谱上出现能隙，即出现允带和禁带（图 4-19）。产生的禁带宽度依次为 $2|U_1|$，$2|U_2|$，$2|U_3| \cdots K$ 值从 $-\pi/a$ 到 $+\pi/a$ 的区间称为第一布里渊（Brillouin）区（简称第一布氏区）。在第一布氏区内，能级分布是准连续谱。K 值从 $-\pi/a$ 到 $-2\pi/a$ 和 $+\pi/a$ 到 $+2\pi/a$ 称为第二

布氏区。以此类推第三、第四布氏区等。

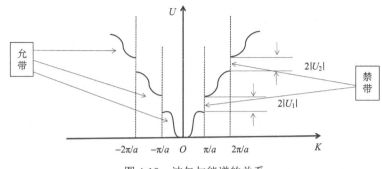

图 4-19　波矢与能谱的关系

2) 紧束缚近似

准自由电子近似导出的能带概念，是从假设电子为准自由电子的观点出发，即采用布里渊理论。如果用相反的思维过程，即先考虑电子完全被原子核束缚，然后再考虑近似束缚的电子，也可以得到能带概念，这种方法称为紧束缚近似。紧束缚近似方法便于了解原子能级与固体能带间的联系。

紧束缚近似基本思路是原子靠近时，电子云重叠，产生能级分裂，分裂的能级数与原子数相等。当很多原子聚集成固体时，原子能级分裂成很多亚能级。由于这些亚能级彼此非常接近，故称它们为能带。当原子间距进一步缩小时，以致电子云的重叠范围更加扩大，能带的宽度也随之增加。能级的分裂和展宽总是从价电子开始的。因为价电子位于原子的最外层，最先发生作用。内层电子的能级只是在原子非常接近时，才开始分裂。

12 个原子相互接近时，每个原子 1s 与 2s 电子能级分裂成 12 个能级。

原子基态价电子能级分裂而成的能带称为价带，相应于价带以上的能带（即第一激发态）称为导带。

紧束缚近似和准自由电子近似两种方法是互相补充的。

对于碱金属和铜、银、金，由于其价电子更接近自由电子的情况，则用准自由电子近似方法（布里渊区理论）处理较为合适。当元素的电子比较紧密地束缚于原来所属的原子时，如过渡族金属的 d 电子，则应用紧束缚近似方法更合适。

4.3.2　材料电导性能

1. 电导的物理现象

物体电导现象的微观本质：载流子在电场作用下的定向迁移。载流子为离子（正、负离子和空位）的电导称为离子电导，载流子为电子（电子、空穴）的电导称为电子电导。材料的导电难易，是用材料的电阻率 ρ 或其倒数电导率 σ 表示的。假设单位体积中带电粒子的数目（浓度）为 n，每个粒子带的电荷是电价 z 和电荷 e 的乘积，带电粒子的漂移速度为 v，则单位时间通过单位截面的电荷量（即电流密度）$j = nzev$。如果材料在电场强度

ε 作用下，根据欧姆定律，其电导率为

$$\sigma = \frac{j}{\varepsilon} = nze\left(\frac{v}{\varepsilon}\right) \tag{4.63}$$

若用迁移率 μ（单位电场作用下带电粒子漂移速度）表示，则

$$\sigma = nze\mu(\mu = v/\varepsilon) \tag{4.64}$$

若用绝对迁移率 B（单位作用力 f 作用下漂移速度）表示，由于 $B=v/f=v/ze\varepsilon$，则

$$\sigma = nz^2e^2B \tag{4.65}$$

可见，材料电导率的大小主要是由带电粒子的浓度 n 和它们的迁移率 μ 决定的。

材料总的电导率是各种带电粒子的电导率的总和，即

$$\sigma = \sigma_1 + \sigma_2 + \cdots + \sigma_i = \sum n_iz_ie_i\mu_i \tag{4.66}$$

设每种带电粒子的电导率占总电导率的分数为 t_i，则称它为该粒子的迁移数。

$$t_i = \sigma_i/\sigma \tag{4.67}$$

$$t_1 + t_2 + \cdots + t_i = 1 \tag{4.68}$$

室温时几种典型材料的电阻率如表 4-2 所示。

表 4-2 室温时几种典型材料的电阻率

材料	电阻率/($\Omega\cdot$cm)	材料	电阻率/($\Omega\cdot$cm)
钢	1.7×10^{-6}	Fe_3O_4	10^{-2}
钨	5.5×10^{-6}	SiO_2 玻璃	$>10^{14}$
ReO_3	2.0×10^{-6}	板滑石瓷	$>10^{14}$
CrO_2	3.0×10^{-5}	黏土耐火砖	10^8
纯锗	40	低压瓷	$10^{12}\sim10^{14}$
密相碳化硅	10		

按导电性的大小，固体材料分成导体、半导体和绝缘体三类。

(1) 导体：电阻率小于 10^{-4} $\Omega\cdot$cm 的固体材料。

(2) 绝缘体：电阻率大于 10^{10} $\Omega\cdot$cm 的固体材料。

(3) 半导体：电阻率介于导体和绝缘体之间的固体材料（电阻率为 $10^{-4}\sim10^6$ $\Omega\cdot$cm）。

2. 电子电导

电子导电主要发生在导体和半导体中。在电子导电的晶体材料中，由于电场周期性受到破坏，电子与点阵之间会产生非弹性碰撞。这种碰撞所引起的电子波散射是电子运动受阻（即电阻来源）的原因之一。电场周期性破坏的来源：晶格热振动、杂质的引入、位错和裂缝等。

1) 外电场对晶体内电子的加速关系及电子迁移率

根据量子力学，电子波的波包速度（群速）v_g，即为电子的前进速度，则

$$v_g = 2\pi \cdot \frac{\mathrm{d}\gamma}{\mathrm{d}K} \tag{4.69}$$

式中，γ 为德布罗意波的频率，K 为波数。

因 $E = h\gamma$，则：$v_g = \dfrac{2\pi}{h} \cdot \dfrac{\mathrm{d}E}{\mathrm{d}K}$，$a = \dfrac{\mathrm{d}v_g}{\mathrm{d}t} = \dfrac{2\pi}{h} \dfrac{\mathrm{d}}{\mathrm{d}t}\left(\dfrac{\mathrm{d}E}{\mathrm{d}K}\right) = \dfrac{2\pi}{h} \dfrac{\mathrm{d}E^2}{\mathrm{d}K^2} \dfrac{\mathrm{d}K}{\mathrm{d}t}$

设电子受到电场力 $e\varepsilon$ 作用而加速，在 $\mathrm{d}t$ 时间内，能量增加 $\mathrm{d}E$：

$$\mathrm{d}E = \frac{\mathrm{d}E}{\mathrm{d}K} \cdot \mathrm{d}E = e\varepsilon \mathrm{d}x = e\varepsilon(v_g \mathrm{d}t) \tag{4.70}$$

将 v_g 代入上式后有

$$\frac{\mathrm{d}E}{\mathrm{d}K} \cdot \mathrm{d}K = \frac{2\pi e\varepsilon}{h} \frac{\mathrm{d}E}{\mathrm{d}K} \mathrm{d}t \tag{4.71}$$

$$\frac{\mathrm{d}K}{\mathrm{d}t} = \frac{2\pi}{h} \cdot e\varepsilon \tag{4.72}$$

因此，加速度 a 为

$$a = e\varepsilon \frac{4\pi^2}{h^2} \frac{\mathrm{d}^2 E}{\mathrm{d}K^2} \tag{4.73}$$

$$F = e\varepsilon = a\left(\frac{4\pi^2}{h^2} \frac{\mathrm{d}^2 E}{\mathrm{d}K^2}\right)^{-1} = m^* a \tag{4.74}$$

式中，$\left(\dfrac{4\pi^2}{h^2} \dfrac{\mathrm{d}^2 E}{\mathrm{d}K^2}\right)^{-1}$ 为电子有效质量。对自由电子，$m^* = m_e$；对晶体中的电子，m^* 与 m_e 不同，m^* 中已包括了晶格场对电子的作用。

当电子与晶格点阵、杂质、缺陷等发生碰撞，电子向四面八方散射，因而对大量电子平均而言，碰撞后电子在前进方向上的平均迁移速度为 0。但在电场的作用下，电子又被电场加速，获得定向速度。

设每两次碰撞之间的平均时间为 2τ（τ 为松弛时间），则电子的平均速度为

$$\bar{v} = \tau e\varepsilon / m^* \tag{4.75}$$

自由电子的迁移率为

$$\mu = \bar{v} / \varepsilon = \tau e / m^* \tag{4.76}$$

平均自由运动时间 (2τ) 的长短是由载流子的散射强弱来决定的。散射越弱，τ 越大，迁移率也就越高。掺杂浓度和温度对迁移率的影响本质上是对载流子散射强弱的影响。晶格散射为晶格振动引起的散射。温度上升，晶格振动上升，晶格散射上升。电离杂质散射是电离杂质产生的正负电中心对载流子的吸引或排斥作用产生的散射。温度上升，载流子运动速度上升，所受吸引和排斥作用的影响下降，散射作用下降。

2) 载流子浓度

导体中导带和价带之间没有禁区，电子进入导带不需要能量，因而导电电子的浓度很大。绝缘体中价带和导带隔着一个宽的禁带 E_g，通常导带中导电电子浓度很小。半导体和绝缘体有相类似的能带结构，只是半导体的禁带较窄（E_g 小），电子跃迁比较容易。

下面分别以本征半导体和非本征半导体为例，讨论载流子的浓度。

　　本征半导体是指其载流子只由半导体晶格本身提供，即电性由纯物质本身电子结构决定。

　　本征电导是指导带中的电子导电和价带中的空穴导电同时存在的电导现象。本征电导的载流子电子和空穴的浓度是相等的，载流子是由热激发产生的，载流子浓度与温度成指数关系。本征半导体包括元素半导体(Si、Ge)、Ⅲ-Ⅴ族化合物半导体(如 GaAs、GaP、InSb)、Ⅱ-Ⅵ化合物半导体(如 CdS、ZnTe)。如图 4-20 所示，a 图为激发前的状态，b、c 两图为激发后的状态，即自由电子和空穴在外加电场作用下运动。

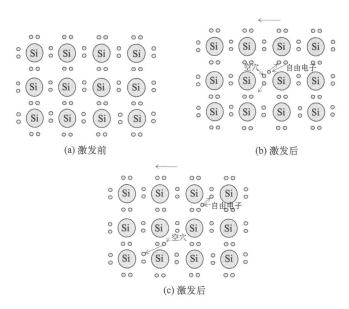

图 4-20　电子-空穴对激发图

　　根据费米统计理论，在某一能带(E_1 和 E_2 之间)，存在的电子浓度 n_e 为

$$n_e = \int_{E_1}^{E_2} Z(E) f_e(E) \mathrm{d}E \tag{4.77}$$

式中，$Z(E)$ 为电子态密度；$f_e(E)$ 为电子存在几率。

　　根据费米-狄拉克分布函数，$f_e(E)$ 为

$$f_e(E) = \frac{1}{1 + \exp\left[(E - E_F)/k_B T\right]} \tag{4.78}$$

式中，E_F 为费米能级。

　　室温下($k_B T = 0.025 \text{ eV}$)，$E - E_F \gg k_B T$，则上式可近似为

$$f_e(E) \approx \exp\left[-(E - E_F)/k_B T\right] \tag{4.79}$$

　　导带中存在的导电电子浓度 n_e 为

$$n_e = \int_{E_C}^{\infty} Z_C(E) f_e(E) \mathrm{d}E \quad (E_C \text{ 为导带底部能级}) \tag{4.80}$$

$$Z_C(E) = \frac{1}{2\pi^2}\left(\frac{8\pi^2 m_e^*}{h^2}\right)^{3/2}(E - E_C)^{1/2} \tag{4.81}$$

式中，$Z_C(E)$ 为导带电子态密度；m_e^* 为电子有效质量。

积分后可得

$$\begin{aligned} n_e &= 2(2\pi m_e^* k_B T/h^2)^{3/2}\exp\left[-(E - E_F)/k_B T\right] \\ &= N_C\exp\left[-(E - E_F)/k_B T\right] \end{aligned} \tag{4.82}$$

式中，$N_C = 2(2\pi m_e^* k_B T/h^2)^{3/2}$，为导带的有效状态密度。

本征半导体中，空穴的分布函数 f_h 和电子的分布函数 f_e 之间的关系是 $f_h = 1 - f_e$，只要 $(E_F - E) \gg k_B T$，就有

$$\begin{aligned} f_h(E) &= 1 - \frac{1}{1 + \exp\left[(E - E_F)/k_B T\right]} \\ &\approx e^{\left[(E - E_F)/k_B T\right]} \end{aligned} \tag{4.83}$$

可仿照导带电子浓度计算得到价带中空穴的浓度：

$$\begin{aligned} n_h &= \int_{-\infty}^{E_V} Z_V(E)f_h(E)\mathrm{d}E \\ &= 2(2\pi m_h^* k_B T/h^2)^{3/2}\exp\left[-(E_F - E_V)/k_B T\right] \\ &= N_V\exp\left[-(E_F - E_V)/k_B T\right] \end{aligned} \tag{4.84}$$

式中，E_V 为价带顶部能级；$Z_V(E)$ 为空穴态密度；m_h^* 为空穴有效质量；N_V 为价带的有效状态密度。

对于本征半导体，$n_e = n_h$，由此可得

$$E_F = \frac{1}{2}(E_C + E_V) - \frac{1}{2}k_B T\ln\frac{N_C}{N_V} \tag{4.85}$$

上式代入前面的载流子浓度公式，可得

$$\begin{aligned} n_e &= n_h = 2(2\pi k_B T/h^2)^{3/2}(m_e^* m_h^*)^{3/4}\exp(-E_g/2k_B T) \\ &= N\exp(-E_g/2k_B T) \end{aligned} \tag{4.86}$$

式中，N 为等效状态密度。可见，对于本征半导体，载流子浓度随禁带宽度的增加而快速减小，随温度增加而快速增加。

非本征半导体，又称杂质半导体，其电性是由杂质所决定。几乎所有商用半导体都是杂质半导体。杂质半导体分为 n 型半导体和 p 型半导体。n 型半导体中载流子主要为导带中的电子，如在四价的半导体硅单晶中掺入五价的杂质磷，"多余"的电子所处杂质能级称为施主能级，该能级离导带很近。p 型半导体中载流子主要为空穴，如在四价的半导体硅单晶中掺入三价的杂质硼，空穴所处杂质能级称为受主能级，该能级离价带很近。

对于 n 型半导体，设单位体积中有 N_D 个施主原子，施主能级为 E_D，电子具有电离能 $E_i = E_C - E_D$。当温度不很高时，导带中的电子几乎全部由施主能级提供。按前面的

推导，将 E_V、N_V 换为 E_D、N_D，则导带中的电子浓度 n_e 和费米能级为

$$n_e = (N_C N_D)^{1/2} \exp\left[-(E_C - E_D)/2k_B T\right] \tag{4.87}$$

$$E_F = \frac{1}{2}(E_C + E_D) - \frac{1}{2}k_B T \ln \frac{N_C}{N_D} \tag{4.88}$$

对于 p 型半导体，设 N_A 为受主杂质浓度，E_A 为受主能级，$E_i = E_A - E_V$ 为电离能，仿照上式，在温度不是很高时，同样可得

$$n_e = (N_V N_A)^{1/2} \exp\left[-(E_A - E_V)/2k_B T\right] \tag{4.89}$$

$$E_F = \frac{1}{2}(E_V + E_A) - \frac{1}{2}k_B T \ln \frac{N_A}{N_V} \tag{4.90}$$

可见，杂质半导体的载流子浓度与温度的关系也符合指数规律。

3）电子电导率

本征半导体，其电导率为

$$\sigma = n_e e \mu_e + n_h e \mu_h = N \exp\left[-E_g/2k_B T\right](\mu_e + \mu_h)e \tag{4.91}$$

n 型半导体的电导率为

$$\sigma = N \exp(-E_g/2k_B T)(\mu_e + \mu_h)e + (N_C N_D)^{1/2} \exp(-E_i/2k_B T)\mu_e e \tag{4.92}$$

第一项与杂质浓度无关，第二项与施主杂质浓度 N_D 有关。

因 $E_g > E_i$，低温时，上式第二项起主要作用；高温时，杂质能级上的相关电子已全部电离激发，温度继续升高时，电导率增加是属于本征电导率（即第一项起主要作用）。

本征半导体或高温时的杂质半导体的电导率与温度的关系可简写为

$$\sigma = \sigma_0 \exp(-E_g/2k_B T) \tag{4.93}$$

p 型半导体的电导率为

$$\sigma = N \exp(-E_g/2k_B T)(\mu_e + \mu_h)e + (N_V N_A)^{1/2} \exp(-E_i/2k_B T)\mu_h e \tag{4.94}$$

3. 离子电导

具有离子电导的固体物质称为固体电解质。

晶体的离子电导可以分为两类：

第一类是源于晶体点阵的基本离子运动，称为固有离子电导（或本征电导）。在高温下固有电导特别显著。

第二类是由固定较弱的离子的运动造成的，主要是杂质离子，因而常称为杂质电导。杂质离子是弱联系离子，所以在较低温度下杂质电导表现得显著。

1）载流子浓度

杂质离子载流子的浓度决定于杂质的数量和种类。对于固有离子电导（本征电导），载流子由晶体本身热缺陷（弗仑克尔缺陷和肖特基缺陷）提供。

弗仑克尔缺陷浓度：填隙离子和空位的浓度是相等的，都可表示为

$$N_f = N \exp(-E_f/2k_B T) \tag{4.95}$$

式中，N 为单位体积内离子结点数；E_f 为形成一个弗仑克尔缺陷(即同时生成一个填隙离子和一个空位)所需要的能量。

肖特基缺陷浓度：

$$N_S = N \exp(-E_S/2k_B T) \tag{4.96}$$

式中，N 为单位体积内离子对的数目；E_S 为离解一个阴离子和一个阳离子并到达表面所需的能量。可见热缺陷的浓度决定于温度 T 和缺陷形成能 E。常温下，$k_B T$ 比起 E 来很小，只有在高温下，热缺陷浓度才显著，即固有离子电导在高温下显著。

2) 离子迁移率

离子电导的微观机制为离子的扩散。

间隙离子要从一个间隙位置跃入相邻原子的间隙位置,需克服一个高度为 U_0 的"势垒"。完成一次跃迁，又处于新的平衡位置(间隙位置)上。这种扩散过程就构成了宏观的离子"迁移"。经推导，载流子沿外加电场方向的迁移率为

$$\mu = \frac{v}{\varepsilon} = \frac{\delta^2 v_0 q}{6k_B T} \exp\left(-\frac{U_0}{k_B T}\right) \tag{4.97}$$

式中，v_0 为间隙离子在半稳定位置上振动的频率；δ 为相邻半稳定位置间的距离(等于晶格间距)；q 为间隙离子的电荷数(C)；U_0 为无外加电场时间隙离子的势垒(eV)。

通常离子的迁移率为 $10^{-16} \sim 10^{-13}$ m²/(s·V)。

3) 离子电导率

如果本征电导主要由肖特基缺陷引起，其本征电导率为

$$\sigma = nq\mu = N_1 \exp\left(-\frac{E_S}{2k_B T}\right) \times \frac{\delta^2 v_0 q}{6k_B T} \exp\left(-\frac{U_0}{k_B T}\right)$$
$$= N_1 \times \frac{\delta^2 v_0 q}{6k_B T} \exp\left(-\frac{U_0 + E_S/2}{k_B T}\right) = A_S \exp(-W_S/k_B T) \tag{4.98}$$

式中，W_S 称为电导活化能，它包括缺陷形成能和迁移能。

本征离子电导率的一般表达式为

$$\sigma = A_1 \exp(-W/k_B T) = A_1 \exp(-B_1/T) \tag{4.99}$$

式中，A_1 为常数；$B_1 = -W/k_B$。

杂质离子在晶格中不管是处于间隙位置，还是置换原晶格中的离子，杂质离子电导率都可以仿照本征离子电导率公式写出：

$$\sigma = A_2 \exp(-B_2/T) \tag{4.100}$$

式中，$A_2 = N_2 \delta^2 v_0 q^2 / 6k_B T$；$N_2$ 杂质离子浓度。

虽然一般 N_2 比 N_1 小得多，但因为 $B_2 < B_1$，$\exp(-B_2/T) \gg \exp(-B_1/T)$，所以杂质电导率比本征电导率仍然大得多，离子晶体的电导主要为杂质离子电导。若同时考虑本征离子电导和杂质离子电导，则晶体的电导率为

$$\sigma = A_1 \exp(-B_1/T) + A_2 \exp(-B_2/T) \tag{4.101}$$

式中，第一项由本征离子缺陷决定；第二项由杂质离子决定。

离子扩散机制主要有空位扩散、间隙扩散、亚晶格间隙扩散三种，以第三种为主。能斯特–爱因斯坦方程用来描述离子电导率与离子扩散系数之间的关系。

$$\sigma = D \times \frac{n_0 q^2}{k_B T} \quad (D \text{ 为离子扩散系数，} n_0 \text{ 为常数}) \tag{4.102}$$

上式说明离子电导率不仅与温度有关，还与影响扩散的晶体性质有关。扩散系数 D 按下列指数规律随温度变化：

$$D = D_0 \exp(-W / k_B T) \quad (W \text{ 为扩散活化能}) \tag{4.103}$$

4.3.3 材料介电性能

本节讨论材料最一般的介电性能，包括介质极化、介质损耗、介质强度等性能，着重讨论这些参数的物理概念及其与物质微观结构之间的关系。

1. 基本概念

电介质，又称介电质，是指在电场作用下，能建立极化的一切物质(电绝缘物质)。电介质的极化是指电介质在电场作用下产生感应电荷的现象。感应电荷，又称束缚电荷、极化电荷。它是指在一个真空平行板电容器的电极板间嵌入一块介电质时，如果在电极之间施加外电场，则可发现在介质表面上感应出了电荷，正极板附近的介质表面上感应出负电荷，负极板附近的介质表面感应出正电荷。

电容器的电容 C 包含几何和材料两种因素，真空平行板电容器的电容为

$$C_0 = \frac{A}{d} \varepsilon_0 \tag{4.104}$$

式中，A 为电容器板面积；d 为板极间距；$\varepsilon_0 = 8.85 \times 10^{-12}$ F/m，ε_0 为真空介电常数。

如果在真空电容器中嵌入电介质，则有

$$C = C_0 \times \frac{\varepsilon}{\varepsilon_0} = C_0 \varepsilon_r \tag{4.105}$$

$$\varepsilon_r = \frac{C}{C_0} = \frac{1}{\varepsilon_0} \times \frac{Cd}{A} \tag{4.106}$$

式中，ε 为是电介质的介电常数；ε_r 为相对介电常数，大小反映了电介质极化的能力。

2. 介质极化

1) 介质极化的现象及其特征

极化是指介质内质点(原子、分子、离子)正负电荷中心的分离，转变成偶极子的现象。极化的基本特征是介质内部感应出电偶极矩，介质表面出现宏观束缚电荷。极化的种类有电子位移极化、离子位移式极化、固有电偶极子转向极化。

电子位移极化(图 4-21)是指在电场作用下，组成介质的质点(原子、离子)的电子层在电场作用下发生畸变，造成正负电荷中心不重合，形成电偶极子。

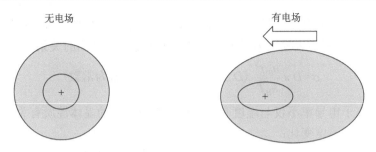

图 4-21　电子位移极化图

离子位移式极化的电介质由正负离子组成，电场作用下正负离子发生相对位移而出现感应电偶极矩(图 4-22)。

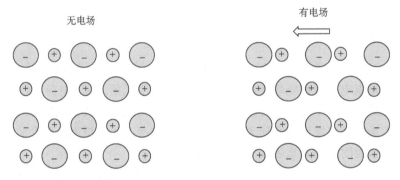

图 4-22　离子位移式极化图

当组成材料的分子具有极性(即存在固有电偶极矩)，在电场作用下发生转向，趋于和外加电场一致，介质整体出现宏观电偶极矩，称为固有电偶极子转向极化(图 4-23)。

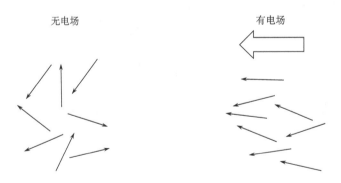

图 4-23　固有电偶极子转向极化图

在相同电场作用下，可用单位体积介质感应的总电偶极矩来描述介质极化的难易程度。总电偶极矩，也称介质的极化强度或极化电荷密度，它是指介质单位体积内的电偶极矩总和 P。

设 N 是单位体积内偶极矩(或极化质点)的数目，每个偶极矩 μ 等于正负电荷 q 乘以它们相互位移的间隔距离 d，即 $\mu = qd$，因此极化强度 $P = N\mu = Nqd$。

当电压 V 加到两块中间是真空的平行金属板上时，极板上自由电荷密度为

$$\frac{Q_0}{A} = \frac{C_0 V}{A} = \frac{C_0 d}{A} \times \frac{V}{d} = \varepsilon_0 E \ (E=V/d \text{ 为电场强度}) \tag{4.107}$$

由于有介电材料存在，极板上电荷密度 (D) 等于自由电荷密度加上极化电荷密度，即有

$$D = \varepsilon E = \varepsilon_0 E + P \tag{4.108}$$

$$P = (\varepsilon - \varepsilon_0)E = \varepsilon_0 (\varepsilon_r - 1)E \tag{4.109}$$

令 χ_e 表示极化电荷密度与自由电荷密度的比值，即 $\chi_e = P / \varepsilon_0 E = \varepsilon_r - 1$，则有

$$P = \varepsilon_0 \chi_e E \tag{4.110}$$

上式与磁性理论中磁矩和磁场强度的关系类似，故称 χ_e 为介电磁化率。

材料中质点形成的电偶极矩是和作用在这些质点的局部电场 E_{loc} 成正比的，即有

$$\mu = \alpha E_{loc} \tag{4.111}$$

式中，比例系数 α 称为极化率，反映单位局部电场所形成质点的电偶极矩大小的量度。局部电场 E_{loc} 由外源所施加电场 E、所有其他质点形成的偶极矩给予这个质点的总电场组成。

若质点是指原子，则从理论上可以推导出局部电场为

$$E_{loc} = E + \frac{1}{3\varepsilon_0} P \ (\text{洛伦兹关系}) \tag{4.112}$$

将极化强度 $P = \varepsilon_0 (\varepsilon_r - 1)E$ 代入上式，可得

$$E_{loc} = E + \frac{1}{3\varepsilon_0} P = E + \frac{1}{3\varepsilon_0} \varepsilon_0 (\varepsilon_r - 1)E = \frac{\varepsilon_r + 2}{3} E \tag{4.113}$$

所以有

$$P = N\mu = N\alpha E_{loc} = N\alpha \frac{\varepsilon_r + 2}{3} E = \varepsilon_0 (\varepsilon_r - 1)E \tag{4.114}$$

则可以推导出：

$$\frac{\varepsilon_r - 1}{\varepsilon_r + 2} = \frac{N\alpha}{3\varepsilon_0} \tag{4.115}$$

上式称为克劳修斯-莫索提方程，它建立了宏观量 ε_r 与微观量 α 之间的关系。克劳修斯-莫索提方程适用于分子间作用很弱的气体、非极性液体、非极性固体以及一些 NaCl 晶型的离子晶体和具有适当对称的晶体。

对具有两种以上极化质点的介质，克劳修斯-莫索提方程可变为

$$\frac{\varepsilon_r - 1}{\varepsilon_r + 2} = \frac{1}{3\varepsilon_0} \sum_k N_k \alpha_k \tag{4.116}$$

由克劳修斯-莫索提方程可知，为了获得高介电常数，除了选择 α 大的质点外，还要求 N 大，即单位体积的极化质点数要多。介质的极化强度 P 取决于介质的介电常数 ε_r。ε_r 是材料本征的特性，是综合反映介质内部电极化行为的一个主要宏观物理量。一般介质 ε_r 都在 10 以下，而铁电材料 ε_r 最大可大于 10000。高介电常数材料是制造电容器的主

要材料，可大大缩小电容器体积。

2）极化机理

极化的基本形式可分为位移式极化、松弛式极化、转向极化、空间电荷极化和自发极化。位移式极化是一种弹性的、瞬时完成的极化，不消耗能量，如电子位移极化、离子位移极化。松弛式极化与热运动有关，完成这种极化需要一定的时间，而且是非弹性的，因而要消耗一定的能量，如电子松弛极化、离子松弛极化和偶极子松弛极化。

（1）电子位移极化

电子位移极化是指在外电场作用下，原子或离子外围的电子云相对于正电荷原子核发生位移形成的极化。电子位移极化具有如下特点：一切电介质中都存在；极化形成的时间极短，为 $10^{-14} \sim 10^{-15}$ s，相当于光的频率；外场取消后，能立即恢复原来状态，基本上不消耗能量；温度升高，ε_r 略减小，表现为负温度系数。电场和电子云相互作用是引起折射率的原因，因此，在光频范围内，电子位移极化引起的相对介电常数 ε_r 和折射率 n 存在如下关系：

$$\varepsilon_r = n^2 \qquad (4.117)$$

将上式代入克劳修斯-莫索提方程可求出电子位移极化率 α_e，用玻尔原子模型处理可得到如下的电子位移极化率 α_e 的关系：

$$\alpha_e = \frac{4}{3}\pi\varepsilon_0 R^3 \ (R \text{ 为原子或离子半径}) \qquad (4.118)$$

原子或离子半径 R 增大时，电子位移极化率迅速增加；离子中的电子增多时，电子位移极化率也增大。

（2）离子位移极化

由离子构成的电介质，在电场作用下，正负离子发生相对位移，产生感应电偶极矩，即为离子位移极化。离子位移极化具有如下特点：离子位移极化建立的时间很短，约为 $10^{-12} \sim 10^{-13}$ s；离子位移总是在有限范围内的弹性位移，外场取消后能立即恢复原来状态，基本上不消耗能量；温度升高，ε_r 增大，表现为正温度系数。离子位移极化率 α_i 和正负离子半径之和的立方成正比：

$$\alpha_i = \frac{(r_+ + r_-)^3}{j} 4\pi\varepsilon_0 \ (j \text{ 为电子层斥力指数}) \qquad (4.119)$$

（3）松弛极化

材料中存在着弱联系电子、离子和偶极子等松弛质点时，热运动使这些松弛质点分布混乱而无电偶极矩，在电场作用下，质点沿电场方向做不均匀分布而在一定的温度下形成电偶极矩，使介质发生极化。这种极化具有统计性质，称为松弛极化。松弛极化具有如下特点：带电质点在热运动时移动的距离大，且质点移动需要克服一定的势垒，因此极化建立的时间较长（可达 $10^{-2} \sim 10^{-9}$ s）；需要吸收一定的能量；在高频电场作用下，极化跟不上电场的变化，有较大的能量损耗。因此是一种非可逆的过程。

（4）转向极化

转向极化主要发生在极性分子介质中，具有恒定偶极矩 μ_0 的分子称为极性分子。当极性分子受到外电场作用时，偶极子发生转向，趋于和外加电场方向一致，介质整体出现宏观偶极矩，这种极化现象称为偶极子转向极化。

热运动会抵抗偶极子沿外电场方向取向的趋势，体系最后建立一个新的统计平衡，所以偶极子转向极化仍要受到温度的影响。根据经典统计，可求得极性分子的转向极化率与温度的关系：

$$\alpha_{or} = \frac{\mu_0^2}{3k_B T} \tag{4.120}$$

转向极化一般需要较长时间，为 $10^{-2} \sim 10^{-10}$ s，频率很高时，转向极化来不及建立；偶极子转向极化的介电常数具有负温度系数。

(5) 空间电荷极化

在电场作用下，不均匀介质内部的正负间隙离子分别向负、正极移动，引起介质内各点离子密度变化，即出现电偶极矩，这种极化叫作空间电荷极化(在电极附近积聚的离子电荷就是空间电荷)。晶界、相界、晶格畸变、杂质、夹层、气泡等缺陷区都可成为自由电荷(间隙离子、空位、引入的电子等)运动的障碍，产生自由电荷积聚，形成空间电荷极化。由于空间电荷的积聚，可形成很高的与外电场方向相反的电场，因此这种极化有时称为高压式极化。

温度升高，离子运动加剧，离子扩散容易，因而空间电荷减小，即空间电荷极化随温度升高而下降。空间电荷的建立需要较长的时间，大约几秒到数十分钟，甚至数十小时，因而空间电荷极化只对直流和低频下的介电性质有影响。

(6) 自发极化

自发极化并非由外电场引起，而是由晶体的内部结构造成的。在这类晶体中，每一个晶胞里存在有固有电偶极矩，这类晶体称为极性晶体。有关自发极化机理将在铁电体一节中详细介绍。

3. 介质损耗

1) 介质损耗的概念

介质损耗定义为单位时间内因发热而消耗的能量。

由电工知识可知，功率损失为 $P = VI\cos\varphi$ (V 是电压，I 是电流，φ 是位相角)。

理想电介质是指电流相位超前电压相位 $\pi/2$ (即 $\varphi = \pi/2$)，$P=0$，不产生介质损耗。

实际电介质的位相角略小于 $\pi/2$，即 $\varphi = \pi/2 - \delta$，两者之差为 δ。电流可分解为垂直于电压和平行于电压两部分，垂直于电压的部分(称无功电流)不消耗能量，而平行于电压的部分(称有功电流)消耗能量，即产生介质损耗。当 δ 很小时，有

$$P = VI\cos\left(\frac{\pi}{2} - \delta\right) VI\sin\delta \approx VI\tan\delta \tag{4.121}$$

因 $V = I/\omega C = Id/\omega K\varepsilon A$ (ω 是角频率；C 是电容，K 为电容器形状系数；A 是电容器极板面积；d 是电介质厚度)，电场强度 $E = V/d$，将它们代入上式，得到单位体积电介质的功率损耗为

$$P / Ad = \omega K E^2 \varepsilon \tan \delta \qquad (4.122)$$

当 V(外加电压)一定时，介质损耗只与 $\varepsilon \tan \delta$ 有关，$\varepsilon \tan \delta$ 称为损耗因素，它是判断电介质是否可做绝缘材料的初步标准。$1 / \tan \delta$ 称为品质因素，或称 Q 值。Q 值可直接用实验测定，它是材料本征的性质。

2) 介质损耗的微观机理

介质损耗的微观机理主要包括漏导损耗、极化损耗和共振吸收损耗。束缚较弱的带电质点(载流子)在外电场作用下运动，产生一定的电导，造成能量损失，称为漏导损耗。

极化损耗是由各种介质极化的建立所造成的电流引起的损耗。极化损耗主要与极化的弛豫(松弛)过程有关，外加电场频率很低，即 $\omega \to 0$ 时，介质的各种极化都能跟上外加电场的变化，此时不存在极化损耗，介电常数达到最大值，介质损耗主要由漏导引起。

对于离子晶体，晶格振动的光频波代表原胞内离子的相对运动，若外电场的频率等于晶格振动光频波的频率，则发生共振吸收损耗。室温下，共振吸收损耗在频率 10^8 Hz 以上时发生。

4. 介电强度

当电场强度超过某一临界值时，介质由介电状态变为导电状态，这种现象称介电强度的破坏(或称为介质的击穿)，相应的临界电场强度称为介电强度(或称为击穿电场强度)。

介质击穿分为电击穿、热击穿和局部放电击穿三种类型。

电击穿是指固体介质电击穿的碰撞电离。少数电导的电子在高电场下被加速，它们与原子或分子碰撞时，激发了价带中的电子到导带。这些电子又被加速撞击另一些原子或分子，如此继续下去，形成雪崩，结果电流迅速增大，产生电击穿。

若介电损耗很高，电介质内部发出的热量超过它传导出去的热量，使材料的温度升高，直至出现永久性损坏，产生热击穿。

某些陶瓷材料，内部存在气泡，在高电场下发生电弧通过这一区域，导致局部放电击穿。

4.3.4　材料铁电性能

1. 基本概念

在电场的作用下，电介质可以使它的带电粒子相对位移而发生极化。机械作用使某些电介质晶体变形而发生极化，并导致介质两端表面出现符号相反的束缚电荷——压电效应。温度的变化也可使某些晶体产生极化，在其表面上产生数量相等符号相反的电荷——热释电效应。热释电效应是由于晶体中存在自发极化而引起，即这些晶体的每一个晶胞里存在固有电偶极矩，这类晶体通常称为极性晶体。

铁电体是指在一定温度范围内具有自发极化性质，并且自发极化方向可随外电场作可逆转动的晶体。铁电体所具有的自发极化性质，称为铁电性。铁电晶体一定是极性晶体，但并非所有的极性晶体都具有这种自发极化可随外电场转动的性质。铁电晶体可分为有序-无序型铁电体和位移型铁电体。

有序-无序型铁电体的自发极化同个别离子的有序化相联系，如 KH_2PO_4。位移型铁电体的自发极化起因于一类离子的亚点阵相对于另一类亚点阵的整体位移。这类铁电体的结构大多同钙钛矿结构及钛铁矿结构紧密相关，如 $BaTiO_3$。

2. 铁电材料的特征

1）自发极化的微观机理

以典型铁电材料——钛酸钡 $BaTiO_3$ 晶体为例，介绍其自发极化的微观模型。

$BaTiO_3$ 晶体从非铁电相到铁电相的过渡总是伴随着晶体立方向四方的改变，因此提出了一种离子位移理论，认为自发极化主要是由晶体中某些离子偏离了平衡位置，使得单位晶胞中出现了电偶极矩造成的。

如图 4-24 所示，在居里温度（120℃）以上，Ba^{2+} 离子处于立方点阵顶角位置，O^{2-} 离子处于面心位置，钛离子进入八面体间隙（体心位置）。当冷却至居里温度以下时，Ti^{4+} 和 O^{2-} 偏离平衡位置，造成正负电荷中心不重合，产生永久电偶极子。自发极化包括两部分：一部分直接由离子位移而产生，约占总极化的 39%；另一部分由离子的电子云的形变而产生。

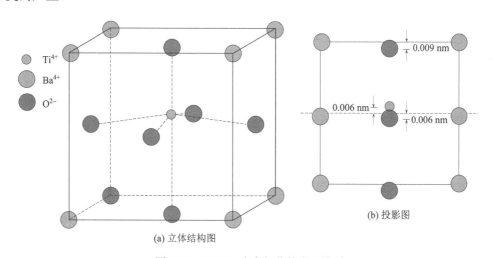

(a) 立体结构图　　　(b) 投影图

图 4-24　$BaTiO_3$ 自发极化的微观模型

出现自发极化的必要条件是晶体结构不具有对称中心。不具有对称中心的晶体并非都有自发极化效应。$CaTiO_3$ 属钙钛矿结构，但 Ca^{2+} 离子半径小，氧八面体间隙小，Ti^{3+} 不易移动，因而 $CaTiO_3$ 晶体无自发极化效应。

2）铁电畴

通常，一个铁电体并不是在一个方向上单一地产生自发极化。但在一个小区域内，各晶胞的自发极化方向都相同，这个小区域称为铁电畴，两畴之间的界壁称为畴壁（图 4-25）。铁电畴在外电场作用下，总是要趋向于与外电场方向一致，这形象地称作电畴的"转向"。实际的电畴运动是通过在外电场作用下新畴的出现、发展以及畴壁的移动来实现的。

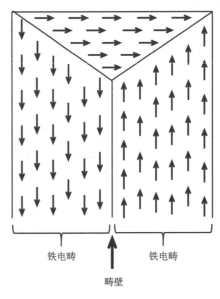

图 4-25 铁电畴示意图

铁电畴在外电场作用下的"转向"，使得铁电材料具有宏观极化强度，即材料具有"极性"，这种极化方式称为人工极化。

当外加电场撤去后，有小部分电畴偏离极化方向，恢复原位，大部分电畴则停留在新转向的极化方向上，使材料仍具有宏观剩余极化强度，这种极化方式称为剩余极化。

由于铁电材料中存在着电畴，使得铁电材料在外场作用下，其极化强度 P 和外场 E 不再是线性关系，而是一个电滞回线(图 4-26)。由于极化的非线性，铁电体的介电常数不是常数，一般以 $P\text{-}E$ 曲线在原点 O 的斜率来代表介电常数。所以在测量介电常数时，所加的外电场(测试电场)应很小。还有一类物体在转变温度以下，邻近的晶胞彼此沿反

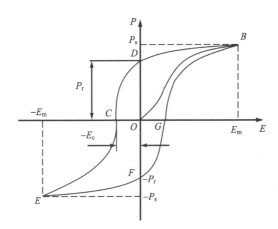

图 4-26 电滞回线图

P_s 表示饱和极化强度或自发极化强度；P_r 表示剩余极化强度；E_c 表示矫顽电场强度

平行方向自发极化,这类晶体叫反铁电体。例如,钙钛矿型的 $PbZrO_3$、$PbHfO_3$、$Pb(Mg, W)O_3$ 等,因此,从宏观上总自发极化强度为零,也无电滞回线。这类晶体随温度发生相变,高温时往往是顺电相(电畴无序排列),在相变温度(反铁电居里温度)以下变成对称性较低的反铁电相。

3)居里点

通常铁电体的自发极化只在一定温度范围内呈现,当温度高于某一临界温度 T_C,自发极化消失,这一过程称为铁电相到顺电相的转变,一般伴随结构相变。这一临界温度 T_C 称为居里点或居里温度。

居里温度附近具有最大介电常数,这对制造小体积大容量的电容器具有重要意义。利用固溶体的方法,来达到改变铁电体介电性质,使居里点符合使用条件。如在 $BaTiO_3$ 中加入低 T_C 的 $SrTiO_3$,使 T_C 向低温侧移,加入高 T_C 的 $PbTiO_3$,则使 T_C 向高温侧移。这些能使居里温度改变的添加剂叫移峰剂。为了克服居里点处介电常数随温度变化太快,也可加入使峰值展宽的展宽剂或压峰剂。如在 $BaTiO_3$ 中加入 $Bi_{2/3}SnO_3$ 使峰值展宽,致使居里点几乎消失,显示出直线型的温度特性,而介电常数 ε_r 仍能保持近 2000。

4)介电常数

铁电体的极化强度和外加电压的关系是非线性的,即其介电常数不是一个常数,随外电场的增大而增大。

铁电体介电常数可以很大,最大可以超过 10 万,这对制造大容量小体积的电容器十分有意义。但铁电体用作电容器介质材料时,不适宜性也很多。例如,随电压变化大、产生电致伸缩现象、呈现电滞回线,因而损耗很大、耐电性能差、老化严重。

4.4　材料的磁学性能

4.4.1　材料的磁性

1. 材料磁性的产生

物质的磁性来源于原子的磁矩。原子是由原子核和围绕核外运动的电子组成,原子磁矩由原子核磁矩和电子磁矩构成。因为原子核磁矩实际上是无穷小,在讨论问题时,可以忽略不计,因此,原子磁矩即核外运动的电子的磁矩。过渡金属的原子具有未充满的 3d 电子层,可产生电子自旋磁矩;稀土金属原子具有未充满的 4f 电子层,并且被外层的 5s、5d 电子层屏蔽,可以产生更强的电子自旋磁矩和轨道磁矩。

2. 磁场及其基本参量

电场分布于电荷之间,磁场则分布于两个磁极(南北极)之间。随时间变化的磁场,可以产生电场;同样借助于运动的电荷,也可以产生磁场。设一个环形电流(强度为 I)流过一个线圈(匝数为 n,长度为 L),在线圈内部产生磁场,其磁场强度 H 为

$$H = nI/L \tag{4.123}$$

将一单匝测量线圈通过磁场运动,此时线圈中所产生的脉冲电压 $u(t)$,只取决于线

圈通过磁场运动时所切割的磁力线的多少。电压对时间的积分得

$$\int_0^t u\mathrm{d}t = \Phi \tag{4.124}$$

式中，Φ 为总磁通量，即包括了全部的磁力线。

如果线圈面积为 A，则

$$B = \Phi/A \tag{4.125}$$

式中，B 为磁通量密度，是通过垂直于磁场方向的单位面积的磁力线数。

磁场强度 H 越高，磁通量密度 B 越大，则

$$B = \mu H \tag{4.126}$$

式中，μ 为磁导率。磁导率的大小与磁场所处的介质有关，在真空中，μ_0 为一个常数，即 $\mu_0=4\pi\times10^{-7}$ H/m 叫作磁场常数；在其他介质中，$\mu=\mu_r\mu_0$，μ_r 为相对磁导率。磁化强度 M 为 B 和 B_0 的差值：

$$M = B - B_0 = (\mu_r - 1)\mu_0 H = \chi\mu_0 H \tag{4.127}$$

式中，χ 为磁化率。对于所有的磁性材料来说，并不是在任何温度下都具有磁性。一般地，磁性材料具有一个临界温度 T_C，即居里温度。在这个温度以上，由于高温下原子剧烈热运动，原子磁矩的排列是混乱无序的。在此温度以下，原子磁矩排列整齐，产生自发磁化，物体变成磁性材料。

磁性材料磁化过程中发生沿磁化方向伸长（或缩短）的现象，叫作磁致伸缩。它是一种可逆的弹性变形。材料磁致伸缩的相对大小用磁致伸缩系数 λ 表示，即

$$\lambda = \Delta L/L \tag{4.128}$$

式中，ΔL 和 L 分别表示磁场方向的绝对伸长与原长。当磁场强度足够高，磁致伸缩趋于稳定时，磁致伸缩系数 λ 称为饱和磁致伸缩系数，用 λ_s 表示。通常称因磁致伸缩现象而产生的形变能为磁弹性能。磁致伸缩会激励磁棒产生机械振动，可应用在电声技术领域。通常温度升高，磁致伸缩的绝对值减小，并在居里点处变为零。

3. 物质磁性的分类

根据磁化率 χ 的大小及其变化规律，可把各物质的磁性分为逆磁性、顺磁性、铁磁性、反铁磁性、亚铁磁性五类（图 4-27）。

1) 逆磁性（或称抗磁性）

如果物质的 $\chi<0$，$\mu_r<1$，且与温度无关，$|\chi|$ 为 $10^{-6}\sim10^{-4}$，磁化强度 M 和磁场 H 方向相反，则该物质的磁性为逆磁性。例如，惰性气体、不含过渡元素的离子晶体（如 NaCl 等）、不含过渡族元素的共价键化合物（CO_2）和所有的有机化合物、某些金属（如 Bi、Zn、Cu、Ag、Au、Hg、Pb 等）和某些非金属（Si、P、S 等）。

2) 顺磁性

如果物质的 $\chi>0$，$\mu_r>1$，χ 值很小，为 $10^{-5}\sim10^{-3}$，磁化强度 M 和磁场 H 方向相同，则该物质的磁性为顺磁性。例如，某些过渡元素的金属和合金及含过渡元素的化合物（La、Pr、MnAl、$AuMn_3$、$MnSO_4\cdot4H_2O$、$FeCl_3$、Gd_2O_3、$PrCl_3$ 等）、除 Be 以外的碱金

属和碱土金属及在居里温度以上的铁磁元素 Fe、Ni、Co 等。

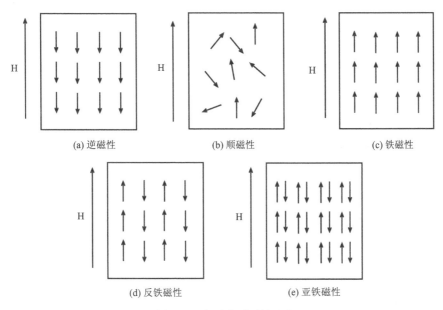

(a) 逆磁性　　　　　　(b) 顺磁性　　　　　　(c) 铁磁性

(d) 反铁磁性　　　　　　(e) 亚铁磁性

图 4-27　各种物质磁性分类

3) 铁磁性

如果物质的 $\chi \gg 0$，为 $10^{-5} \sim 10^{-1}$，$\mu_r \gg 1$，则该物质的磁性为铁磁性。这类物质与上两类物质相比，是一种磁性很强的物质。我们所说的磁性材料，主要指这类物质。

逆磁物和顺磁物只有在外磁场的作用下，才显其逆磁性和顺磁性。而铁磁物即使无外磁场的存在，它们中的元磁体也会定向排列，这叫作"自发磁化"。铁磁性是通过相邻晶格结点原子的电子壳层的相互作用而引起的。这种相互作用致使原子磁矩定向平行排列，并产生自发磁化现象。铁磁体内这些自发磁化的区域，叫作"磁畴"。外磁场作用促使磁畴磁化成同一方向，即表现出宏观的磁化强度。铁磁材料只有在铁磁居里温度以下，才具有铁磁性；在居里温度以上，就会呈顺磁性。例如，铁的居里温度 $T_c = 768℃$，当 $T > T_c$ 时，呈顺磁性。这是因为促使原子磁矩定向排列的相互作用力并不很强，受晶体热运动的干扰，最终消失，内部原子磁矩定向排列遭到破坏，铁磁性消失。在外磁场作用下，磁化过程不可逆性，即所谓的磁滞现象。人们往往利用这种现象来为人类服务。

4) 反铁磁性

如果物质的 $\chi > 0$，一般为 $10^{-5} \sim 10^{-3}$，$\mu_r > 1$，则该物质的磁性为反铁磁性，反铁磁性材料有一个显著特点，就是 χ 在临界温度时出现极大值，这个临界温度叫作奈尔温度。当温度大于奈尔温度时，呈顺磁性。反铁磁物质主要为：一部分金属，如 Mn、Cr；部分铁氧体，如 $ZnFe_2O_4$；某些化合物，如 MnO、NiO、FeF_2 等。

5) 亚铁磁性

亚铁磁性强于反铁磁性，弱于铁磁性。亚铁磁性的 $\chi \gg 0$，$\mu_r \gg 1$。亚铁磁物是一类很重要的磁性材料，如尖晶石型晶体、石榴石型晶体等几种结构类型的铁氧体、稀土钴金属间的化合物和一些过渡族金属、非金属化合物等。

　　按原子磁矩排列次序，物质的磁性可分为有序排列和无序排列。逆磁性和顺磁性物质为无序排列，其余三类磁性物质为有序排列。如按外磁场作用下物质磁行为的表现则可分为抗磁、弱磁和强磁。逆磁性物质表现为抗磁，顺磁性和反铁磁性物质表现为弱磁，亚铁磁性和铁磁性物质表现为强磁。在常温下表现为强磁性的亚铁磁性和铁磁性材料，按矫顽力的高低又可分为软磁、硬磁、铁氧体等材料。

　　4. 磁化曲线和磁滞回线

　　物质的磁化曲线是评价铁磁材料性能和质量的一个重要方面。由图 4-28 可以看出，当 H 减小为零时，B 并未回到零值，出现剩余磁感应强度 B_r。B_s 称为最大磁感应强度(或饱和磁感应强度)。磁感应强度滞后于磁场强度变化的性质称为磁滞性。若使剩磁消失，通常需进行反向磁化。将 $B=0$ 时的 H 值称为矫顽磁力。AO 曲线表示未磁化的铁磁物加磁场 H，随着 H 增加磁化强度 B 也不断增加，也就是(a)曲线磁畴在生长。当 H 再增加至 H_m 时，B 达到饱和。减小磁场 H，磁化强度并不沿原路返回，而是按(b)路线下降。到 B_r 时，磁场为零。只有 H 向−H 方向增加时，B 才为零，继续反向增加 H，会达到反向饱和。磁滞曲线中包围的面积表示单位体积材料每周期的能量损耗。不同的铁磁材料，磁化曲线会有显著差别。

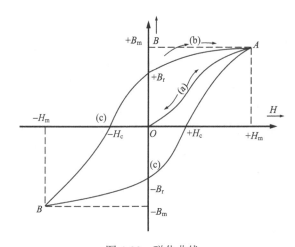

图 4-28　磁化曲线

(a)磁畴生长；(b)去除磁场；(c)磁滞回线

4.4.2　磁性材料的分类及其特点

　　磁性材料历史悠久，种类繁多，从不同的角度可以将其分为许多类。目前在技术上得到大量应用的磁性材料有两大类：一类是由金属和合金所组成的金属磁性材料；另一类是由金属氧化物所组成的铁氧体磁性材料。这两类材料因为各有特点而拥有其广阔的应用领域，它们之间不能完全相互替代。

　　磁性材料按其形态可分为粉体材料、液体材料、块状材料、薄膜材料等；按照用途可分为铁芯材料(变压器、继电器)、磁头材料(录音机)、磁记录材料(磁带、磁盘)、磁致伸缩材料(传感器)、磁屏蔽材料(通讯仪器、电器);按照磁性能可分为软磁材料、硬磁材料、矩磁材料、压磁材料、旋磁材料等。

1. 软磁材料

在较弱的磁场下易于磁化,也易于退磁的材料称为软磁材料。退磁是指在加磁场(或称为磁化场)使磁性材料磁化以后,再加上与磁化场方向相反的磁场使其磁性降低的磁场。

其特点包括:①磁导率大,在较弱的外磁场下就能获得高磁感应强度,并随外磁场的增强很快达到饱和;②矫顽磁力小,当外磁场去除时,其磁性立即基本消失;③磁滞回线呈细长条形。图 4-29 为软磁材料的磁滞回线示意图。

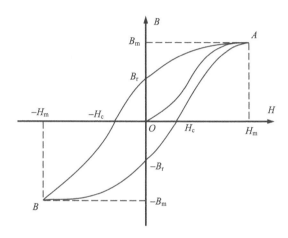

图 4-29　软磁材料的磁滞回线示意图

常用的软磁材料有电工纯铁、硅钢片、铁钴合金、镍铁合金、铁铝合金、软磁铁氧体等。软磁材料在电子工业中主要用来导磁,可用作变压器、线圈、继电器等电子元件的导磁体。

1) 电工纯铁

电工纯铁是一种含碳量低,铁质量分数 $\omega_{Fe} > 99.95\%$ 的软铁。它是在转炉中进行冶炼时,用氧化渣除去碳、硅、锰等元素,再用还原渣除去磷和硫,出钢时在钢包中加入脱氧剂而得。

早在 1886 年,世界上第一台变压器采用铁片做成,材料中有较多的杂质,磁性能较差,材料使用一段时间后,磁性能进一步恶化。在以后的发展过程中,纯铁中的杂质含量得到了有效控制,因而磁性能得到显著改善。

电工纯铁具有饱和磁感应强度高、磁导率高、矫顽磁力较小、冷加工性能良好、易焊接、有一定的耐腐蚀性且成本低廉等优点,被广泛地用于制造电磁铁的铁心和磁极、继电器的磁路和各种零件、电话中的振动膜等。

2) 硅钢片(硅铁合金)

硅钢片,也可称为电工用硅钢片,是电工纯铁中加入 0.4%～4.5% 的硅,使之形成固溶体,可以提高材料电阻率、最大磁导率,降低矫顽磁力、铁心损耗(铁损),减轻重量。

硅加入量过多时,会降低饱和磁化强度、居里温度,含硅量的增大会使材料变脆,降低机械性能和加工性能。

硅钢片主要应用于各种形式的发电机、电动机和变压器中,在继电器和测量仪表中也大量使用。它是应用最广、用量最大的磁性材料。

3) 铁钴合金

铁钴合金主要是指含钴量 50% 的铁钴合金。纯铁中加入钴后,B_s 明显提高,具有高的磁导率。

合金中存在 C、H、N 等,当出现无序-有序转变时,会使材料变脆,加入少量的 V、Mo、W 和 Cr 可改变其加工性能。特别是加入 2% V 的铁钴合金,抑制了有序化的进行,从而可使性能获得很大改善。

实际应用的铁钴合金主要有 $Fe_{49}Co_{49}V_2$ 和 $(Fe_{50}Co_{50})_{98.7}V_{1.3}$。铁钴合金具有高的磁导率、最大磁感应强度($B_s$)和饱和磁致伸缩系数,可以用作磁致伸缩合金;适用于小型化、轻型化以及有较高要求的飞行器及仪器仪表元件的制备,也可以用于制造电磁铁极头和高级耳膜震动片等,但价格昂贵。

4) 镍铁合金

镍铁合金主要是含镍量为 30%～90% 的 Fe-Ni 合金,通常称为坡莫合金(permalloy)。

镍铁软磁合金的主要成分是铁、镍、钼、铬、铜等元素,它的软磁性能要比电工硅钢片优越得多。在弱磁场及中等磁场下,具有高的磁导率、低的饱和磁感应强度、很低的矫顽磁力和低的损耗,且加工成型性比较好。它被广泛地应用于电信工业、仪表、电子计算机、控制系统等领域中。根据合金组分的不同,它能够用来制作小功率电力变压器、微电机、继电器、互感器和磁调制器等。

5) 铁铝合金

铁铝合金的居里温度随含铝量的增大而下降。当含铝量大于 18%(质量)时,合金的居里温度已低于室温。因而作为实用的软磁合金,铁铝合金的含铝量需小于 18%。

铁铝合金是较早研究的一种软磁材料,该类合金与其他金属软磁材料相比,具有如下特点:①随着含铝量的变化,可以获得各种较好的软磁特性。②有较高的电阻率。③有较高的硬度、强度和耐磨性。④密度低,可以减轻磁性元件的铁心质量。这对于铁心质量占相当大比例的现代电器设备来说很有必要。⑤对应力敏感性小。适于在冲击、振动等环境下工作。⑥合金的时效性好。随着环境温度的变化和使用时间的延长,其性能变化不大。此外,铁铝合金还具有较高温度稳定性和抗核辐射性能。

铁铝合金和镍铁合金相比较,在性能上具有独特的优点:不含 Ni、Co 等贵重元素,成本低,使用范围很广。它可以部分取代坡莫合金在电子变压器、磁头及磁致伸缩变换器等处使用。铁铝合金主要用于磁屏蔽、继电器、微电机、信号放大铁芯、超声波换能器元件、磁头,还用于中等磁场工作的元件,如微电机、音频变压器、脉冲变压器、电感元件等。

6）软磁铁氧体

软磁铁氧体是氧离子和金属离子组成的尖晶石结构的氧化物，是以 Fe_2O_3 为主要成分的复相氧化物。它是一种容易磁化和退磁的铁氧体。其特点是起始的磁导率高，矫顽磁力小，损耗小。

软磁铁氧体是目前用途广、品种多、数量大、产值高的一种铁氧体材料。常用的软磁铁氧体有镍锌铁氧体和锰锌铁氧体，主要用作各种电感元件，如滤波器磁芯、变压器磁芯、无线电磁芯以及磁带录音和录像磁头等。软磁铁氧体也是磁记录元件的关键材料。

2. 硬磁材料

与软磁材料相反，硬磁材料是指那些难以磁化，且除去外磁场以后，仍能保留高的剩余磁化强度的材料。其特征是矫顽磁力（矫顽磁场）高，它常作永磁体，故又称为永磁材料。

衡量一种永磁材料性能的优劣，首先要看其磁能积 $(BH)_{max}$、H_c 和剩磁 B_r，其次看它对振动、温度的稳定性。$(BH)_{max}$ 是磁感应强度与磁场强度乘积的最大值。单位体积内储存磁能的能力越大，磁性能越好。H_c 是衡量硬磁材料抵抗退磁的能力，一般 $H_c > 10^4$ A/m，剩余磁感应值大于 1 T 以上。

永磁材料是发现和使用最早的一类磁性材料。我国最早发明的指南器（称为司南）便是利用天然永磁材料磁铁矿制成的。现在的永磁材料不但种类繁多，而且用途十分广泛。常用的永磁材料主要具有以下四种特性：

（1）高的最大磁能积。最大磁能积 $(BH)_{max}$ 是永磁材料单位体积存储和可利用的最大磁能量密度的量度，简单地说，就是永久磁铁磁极之间的空隙中所能提供磁能的量度，它在数值上等于退磁曲线上各点所对应的磁感应强度和磁场强度乘积中的最大值。当永久磁铁的工作点位于退磁曲线上具有 $(BH)_{max}$ 的那一点时，为提供相同的磁能所需的永磁材料体积最小。决定 $(BH)_{max}$ 大小的因素有两个：一是 H_c 和 B_r，即 H_c 和 B_r 越大，则 $(BH)_{max}$ 越大；二是退磁曲线的形状，即退磁曲线越凸起，则 $(BH)_{max}$ 越大。退磁曲线的这种特性可用凸起系数 η 表示，$\eta = (BH)_{max}/B_rH_c$。一般硬磁材料的 η 为 0.25~0.85。

（2）高的矫顽磁力。矫顽磁力 H_c 是永磁材料抵抗磁和非磁的干扰而保持其永磁性的量度。

（3）高的剩余磁通密度 B_r 和高的剩余磁化强度 M。

（4）高的稳定性，即有关磁性能在长时间使用过程中或者在受到外加干扰磁场、温度、震动和冲击等外界环境因素影响时保持不变的能力。材料稳定性的好坏直接关系到永久磁铁工作的可能性。通常用磁感应强度衰减率表示，即

$$\psi = [(B'_m - B_m)/B_m] \times 100\% \tag{4.129}$$

式中，ψ 为磁感应强度衰减率，简称衰减率；B_m 和 B'_m 分别为硬磁体受外界因素作用前后的磁感应强度。一般 ψ 为负值，即这种不可逆的变化常常反映为磁性能的下降，其绝对值越小，说明材料的磁稳定性越好。

3. 矩磁材料

矩磁材料是具有矩形磁滞回线、剩余磁感应强度 B_r 和工作时最大磁感应强度 B_m 的比值，即 B_r/B_m 接近于 1 以及矫顽磁力较小的磁性材料。其特点是：当有较小的外磁场作用时，就能使之磁化，并达到饱和；去掉外磁场后，磁性仍然保持与饱和时一样。矩磁材料磁滞回线如图 4-30 所示。

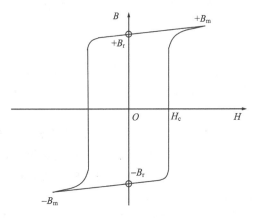

图 4-30　矩磁材料磁滞回线

在常温使用的矩磁材料有 $(Mn\text{-}Mg)Fe_2O_4$ 系、$(Mn\text{-}Cu)Fe_2O_4$ 系、$(Mn\text{-}Ni)Fe_2O_4$ 系等。在 $-65\sim125\,^{\circ}C$ 范围内使用的矩磁材料有 Li-Mn、Li-Ni、Mn-Ni、Li-Cu 等。

矩磁材料主要用于电子计算机随机存取的记忆装置，还可用于磁放大器、变压器、脉冲变压器等。用这类材料作为磁性涂层可制成磁鼓、磁盘、磁卡和各种磁带等。

4. 压磁材料

当铁磁材料因磁化而引起伸缩产生应力时，其内部必然存在磁弹性能量，从而产生应力 σ，导致磁导率 μ 发生变化，这种现象称为压磁效应。具有压磁效应的材料称为压磁材料。采用压磁材料制成的传感器来感知其磁性（磁导率）变化，从而检测其内部应力及外部载荷的变化。压磁效应的逆效应即磁滞伸缩效应。磁致伸缩材料具有电磁能与机械能或声能的相互转换功能，是重要的磁功能材料之一。

压磁材料有如下特点：①饱和磁致伸缩系数高，可获得最大变形量。②产生饱和磁致伸缩的外加磁场低。③在恒定应力作用下，单位磁场变化可获得高的磁致伸缩变化，或是在恒定磁场下单位应力变化可获得高的磁通密度变化。④材料的磁状态和上述磁参量对温度等环境的稳定性好。

常见的压磁材料有：金属压磁材料，其饱和磁化强度高，力学性能优良，可在大功率下使用，但电阻率低，不能用于高频，如 Fe-Co-V 系、Fe-Ni 系、Fe-Al 系和 Ni-Co 系合金；而铁氧体压磁材料与金属压磁材料正相反，其电阻率高，可用于高频，但饱和磁化强度低，力学强度也不高，不能用于大功率状态；一些含稀土元素的金属化合物，如 $TbFe_2$、$SmFe_2$ 系，其饱和磁致伸缩系数和磁弹耦合系数都高，但缺点是要求外加磁场高，往往难以满足。

5. 磁记录材料

磁记录材料是指利用磁特性和磁效应输入(写入)、记录、存储和输出(读出)声音、图像、数字等信息的磁性材料。磁记录材料包括磁记录介质材料和磁头材料,前者主要完成信息的记录和存储,后者主要完成信息的写入与读出。

磁记录材料的性能要求主要是磁性能,包括:①剩余磁感应强度 B_r 高,材料的灵敏度高,输出信号大。②矫顽磁力 H_c 越高,越有利于高频记录,以消磁不困难为限。③矩形比是指最大剩余磁感应强度 B_{max} 与饱和磁感应强度 B_m 的比值,即 B_{max}/B_m,它表示材料的矩形性,比值大,可望获得宽频的记录。

磁记录介质材料是矫顽磁力较高、B_s 较高、磁滞回线陡直的硬磁材料,主要有 Fe_2O_3 系、CrO_2 系、Fe-Co 系和 Co-Gr 系材料等,如计算机硬盘。

磁头材料是高硬度、高磁导率、高 B_s、低矫顽磁力的软磁材料。主要有 Mn-Zn 系和 Ni-Zn 系铁氧体、Fe-Al 系、Ni-Fe-Nb 系及 Fe-Al-Si 系合金材料等,如计算机、摄录像机、录音机的磁头。

4.4.3　其他磁性材料及应用

1. 磁性液体

磁性材料的种类很多,通常以固态形式存在。随着科学技术的发展,固态形式的磁性材料已经不能满足高技术的特殊要求(如宇航服的转动密封、传感器等)。为此,科学家研究并开发了一种既有磁性又具有流动性的新型磁性材料,即磁性液体。

磁性液体是纳米级(一般小于 10 nm)磁性微粒(Fe_3O_4、γ-Fe_2O_3、Fe、Co、Ni、γ-Fe_3N 及 Fe-Co-Ni 合金等),通过界面活性剂(羧基、胺基、羟基、醛基、硫基等)高度地分散、悬浮在载液(水、矿物油、酯类、有机硅油、氟醚油及水银)中,形成稳定的均匀胶体溶液,同时具有磁体的磁性和液体的流动性。即使在重力、离心力或强磁场的长期作用下,不仅纳米级的磁性颗粒不发生团聚现象,能保持磁性能稳定,而且磁性液体的胶体也不被破坏。

磁性液体最显著的特点是把液体特性和磁性特性有机结合起来。正是由于磁性液体具有独到的特性,人们将这种特性开发到应用上。磁性液体在应用上的工作原理为:①通过磁场检测或利用磁性液体的物性变化。②随着不同磁场或分布的形成,把一定量的磁性液体保持在任意位置或者使物体悬浮。③通过磁场控制磁性液体的运动。

2. 磁致冷材料

磁致冷作为一项高效率的绿色致冷技术,而被世人关注。它是以磁性材料为工质的致冷技术。其基本原理是借助磁致冷材料的磁热效应。即磁致冷材料等温磁化时,磁熵减少,相当于气体致冷中的气体膨胀过程,自旋系统从外界放出热量;而等温退磁时,磁熵增大,相当于气体致冷中的气体膨胀过程,自旋系统从外界吸收热量,达到致冷目的。磁致冷与通常的压缩气体致冷方式相比较，都是利用熵的变化。但磁致冷使用的是固态工质，具有较大的熵密度，可以使致冷机体积减小，只有活塞式压缩机的一半。

磁致冷机是利用磁场变化来取代压力变化的，一方面，使整个系统省去了压缩机、膨胀机等运动机械，因此其结构相对简单，振动和噪音也大幅度降低，无污染；另一方面，固态工质使所有的热交换能在液态和固态之间进行，因而功耗低，效率高，可达到气体致冷机的 10 倍。由于气体致冷工质使用的氟利昂对大气中臭氧层有破坏作用而在国际上被禁用，所以更促使磁致冷成为引人瞩目的国际前沿研究课题。磁致冷总的研究趋势是从低温向高温发展，通常在磁致冷的概念中，低温是指温度低于 20 K，主要利用顺磁盐作为致冷工质。低温磁致冷已是十分成熟的技术，也是目前获得超低温十分有效的手段，已被普遍使用。作为磁致冷技术的心脏，磁致冷材料的性能直接影响磁致冷的功率和效率等，因而性能优异的磁致冷材料的研究激发了人们极大的兴趣。

磁性材料广泛地应用于计算机、通信、自动化、音像、电视、仪器和仪表、航空航天、农业、生物与医疗卫生等技术领域。从磁性材料直接应用的领域看，其应用可以概括为家用电器、自动控制、仪器仪表、通信、电力、信息、能源、生物工程、空间研究、海洋研究、军事以及科学研究等方面。从与磁性材料相关的学科来说，在生物磁学、地磁学、天体磁学、原子核磁学、基本粒子磁学、微波磁学、磁流体学、磁勘探磁化学等领域，直接和间接地用到磁性材料和磁学技术的也不少。由这些相关学科进一步发展到更大范围的学科领域就更广泛了。

4.5　材料的光学性能

光学材料是功能材料中的重要组成部分。尤其是激光技术出现以后，光通讯及光机电一体化技术得到飞速发展，对材料的光学性能提出了更高的要求，因此了解材料的光学性能显得非常重要。

本节简要介绍材料的折射、色散、反射、吸收、散射等线性光学性能的基本概念，线性光学性能在材料中的应用及其影响因素，以及非线性光学性能产生的条件、结构与性能之间的关系，以期对于寻找新的非线性光学材料具有一定的指导意义。

4.5.1　材料的线性光学性能

在激光技术出现以前，描述普通光学现象的重要公式常表现出数学上的线性特点。在解释介质的折射、散射和双折射等现象时，均假定介质的电极化强度 P 与入射光波中的电场 E 成简单的线性关系：

$$P = \varepsilon_0 \chi E \tag{4.130}$$

式中，χ 为极化率。

由此可以得出，单一频率的光入射到非吸收的透明介质中时，其频率不发生任何变化；不同频率的光同时入射到介质中时，各光波之间不发生相互耦合，也不产生新的频率；当两束光相遇时，如果是相干光，则产生干涉，如果是非相干光，则只有光强叠加，即服从线性叠加原理。上述这些特性称为线性光学性能。

1. 基本光学性能

1) 光通过固体的现象

当光从一种介质进入另一种介质时(例如从空气进入固体中),一部分透过介质,一部分被吸收,一部分在两种介质的界面上被反射,还有一部分被散射。设入射到材料表面的光辐射能流率为 φ_0,透过、吸收、反射和散射的光辐射能流率分别为 φ_T、φ_A、φ_R、φ_σ,则

$$\varphi_0 = \varphi_T + \varphi_A + \varphi_R + \varphi_\sigma \tag{4.131}$$

光辐射能流率的单位为 W/m^2,表示单位时间内通过单位面积(与光线传播方向垂直)的能量。若用 φ_0 除上式的等式两边,则得

$$T + \alpha + R + \sigma = 1 \tag{4.132}$$

式中,$T = \varphi_T/\varphi_0$ 称为透射系数;$\alpha = \varphi_A/\varphi_0$,称为吸收系数;$R = \varphi_R/\varphi_0$ 称为反射系数;$\sigma = \varphi_\sigma/\varphi_0$ 称为散射系数。

从微观上分析,光子与固体材料相互作用,实际上是光子与固体材料中的原子、离子、电子之间的相互作用,出现的两种重要结果是:①电子极化。电磁辐射的电场分量,在可见光频率范围内,电场分量与传播过程中的每个原子都发生作用,引起电子极化,即造成电子云和原子核电荷重心发生相对位移。其结果,当光线通过介质时,一部分能量被吸收,同时光波速度减小,导致折射发生。②电子能态转变。光子被吸收和发射,都可能涉及固体材料中电子能态的转变。原子吸收光子能量后,可能将 E_i 能级上的电子激发到能量更高的 E_j 空能级上,电子发生的能量变化 ΔE 与电磁波的频率有关:

$$\Delta E = h\nu_{ij} \tag{4.133}$$

式中,h 为普朗克常数;ν_{ij} 为入射光子的频率。

2) 材料折射率及其影响因素

光子进入材料,其能量将受到损失,因此光子的速度发生改变。当光从真空进入较致密的材料时,其速度下降,光在真空和在材料中的速度之比,称为材料的折射率 n。

$$n = v_{真空}/v_{材料} = C/v_{材料} \tag{4.134}$$

材料的折射率是大于 1 的正数,例如,空气 $n = 1.0003$。

影响材料折射率的因素如下:

(1) 构成材料元素的离子半径。由材料折射率的定义和光在介质中的传播速度,导出材料的折射率:

$$n = (\varepsilon_r \mu_r)^{1/2} \tag{4.135}$$

式中,ε_r 和 μ_r 分别为材料的相对介电常数和相对磁导率。因陶瓷等无机材料 $\mu_r \approx 1$,故

$$n \approx \varepsilon_r^{1/2} \tag{4.136}$$

因此,材料的折射率随介电常数增大而增大,而介电常数与介质的极化有关。当电磁辐射作用到介质上时,其原子受到电磁辐射的电场作用,使原子的正、负电荷重心发

生相对位移，正是电磁辐射与原子的相互作用，使光子速度减弱。由此可以推论，大离子可以构成高折射率的材料，如 PbS，其 $n = 3.912$；而小离子可以构成低折射率的材料，如 $SiCl_4$，其 $n = 1.412$。

(2)材料的结构和晶型。折射率不仅与构成材料的离子半径有关，还与它们在晶胞中的排列有关。根据光线通过材料的表现，把介质分为均质介质和非均质介质。对于非晶态(无定型体)和立方晶体结构，当光线通过时光速不因入射方向而改变，材料只有一个折射率，此乃为均质介质。除立方晶体外的其他晶型都属于非均质介质，其特点是光进入介质时产生双折射现象。折射定律的双折射现象使晶体有两个折射率：一个折射率服从寻常光折射率 n_0，不论入射方向怎么变化，n_0 始终为一常数；而另一个折射光的折射率随入射方向而改变，称为非寻常光折射率 n_e。当光沿晶体的光轴方向入射时，不产生双折射，只有 n_0 存在。当与光轴方向垂直入射时，n_e 最大，表现为材料特性。例如，石英的 $n_0 = 1.543$，$n_e = 1.552$。一般来说，沿晶体密堆积程度较大的方向，其 n_e 较大。

(3)材料存在的内应力。有内应力的透明材料，垂直于主应力方向的 n 值大，平行于主应力方向的 n 值小。

(4)波长的影响。材料的折射率还与入射光的波长有关，总是随着波长的增加而减小，这种性质称之为色散。其数值大小为

$$色散 = dn/d\lambda \tag{4.137}$$

3)材料反射系数及其影响因素

一束光从介质1(折射率为 n')穿过界面进入介质2(折射率为 n)出现一次反射；当光在介质2中经过第二个界面时，仍要发生反射和折射。从反射定律和能量守恒定律可以推导出，当入射光线垂直或接近垂直于介质界面时，其反射系数为

$$R = [(n_{21}-1)/(n_{21}+1)]^2, \quad n_{21} = n'/n \tag{4.138}$$

如果介质1是空气，则

$$R = [(n-1)/(n+1)]^2 \tag{4.139}$$

显然，如果两种介质折射率相差很大，因此反射损失相当大，透过系数只有 $(1-R)$。若两种介质折射率相同，则 $R=0$。垂直入射时，光透过几乎没有损失。光透过的界面越多，且材料的折射率相差越大，界面反射越严重。由于陶瓷等材料的折射率较空气的大，所以反射损失较严重。

为了减小反射损失，经常采取如下措施：①透过介质表面镀增透膜；②将多次透过的玻璃用折射率与之相近的胶将它们粘起来，以减少空气界面造成的损失。

若进入介质中存在不可忽略的吸收时，反射系数的表达式必须进行修正。引入的修正系数通称为消光系数 k，并定义为

$$k = \alpha\lambda/(4\pi n) \tag{4.140}$$

式中，α 为吸收系数；λ 为入射波长；n 为介质折射率。由此导出介质存在吸收情况下的 R 表达式为

$$R = \frac{(n-1)^2 + k^2}{(n+1)^2 + k^2} \tag{4.141}$$

当光线从光密介质(玻璃)进入光疏介质(空气)中时,折射角 r 大于入射角 i,当 i 为某值时,r 可达到 90°,相当于光线平行表面传播。对于任一更大的 i 值,光线全部向内反射回光密介质内。全部向内反射的临界角为

$$\sin i_{临界}= 1/n \tag{4.142}$$

典型玻璃的 $n=1.50$,临界角约为 42°。对于在玻璃纤维内传播的光线,其方向与纤维表面的法向所成夹角如果大于 42°,则光线全部内反射,无折射能量损失。光纤通信正是利用了此特性。

4)材料的吸收系数及其影响因素

光线穿过介质时,引起介质的价电子跃迁,或加剧原子振动而消耗能量,从而造成光能的衰减,即材料对光的吸收。

设有一块厚度为 x 的平板材料,入射光的强度为 I_0,通过此材料后光的强度为 I。选取其中一薄层,并认为光通过此薄层的吸收损失 dI 正比于在此处的光强 I 和薄层的厚度 dx,即 $dI=-\beta I dx$,积分后可得

$$I = I_0 \exp(-\beta x) \tag{4.143}$$

式中,I 为透射后的强度;β 为吸收系数,其单位为 cm^{-1}。可见,光强度随穿过介质厚度的变化符合指数衰减规律,这一规律称为朗伯(Lambert)定律。

吸收系数 β 与材料有关,可表示为

$$\beta = 4\pi K/\lambda \tag{4.144}$$

式中,K 为吸收率,其值取决于介质材料的特性。

光透射后的强度与入射时强度的比值称为光透过率 T

$$T = I/I_0 = \exp(-\beta x) \tag{4.145}$$

对于平面状材料,总透过率取决于反射损失和吸收两个方面。对于垂直入射的情况,总透过率由下式给出:

$$T' = I/I_0 = (1-R)^2 \exp(-\beta x) \tag{4.146}$$

式中,R 为反射系数。不同的材料 β 差别很大,空气的吸收系数 $\beta \approx 10^{-5}$ cm^{-1},玻璃的 β 为 10^{-2} cm^{-1},金属的 β 则达几十万,所以金属实际上是不透明的。

5)介质对光的散射

光波遇到不均匀结构产生与主波方向不一致的次级波,与主波合成出现干涉,使光波偏离原来方向的现象,称为散射。含有小粒子的透明介质、光性能不同的晶界面、气孔或其他夹杂物,都会引起一部分光束被散射,从而减弱光束强度。其减弱的规律为

$$I = I_0 e^{-sx} \tag{4.147}$$

式中,I_0 为光的原始强度,I 为光束通过厚度为 x 的试样后,在光前进方向上的剩余强度;s 为散射系数,单位为 cm^{-1}。它与散射质点的大小、数量以及散射质点与基体的相对折射率等因素有关。

根据散射效果是否强烈依赖于波长,散射分为瑞利散射和联合散射。当散射光波长与入射光相同时,称为瑞利散射。当散射光波长与入射光波长不同时,称为联合散射(亦

称拉曼散射)。

2. 材料的透光性

1) 透光性

材料可以使光透过的性能称为透光性。透光性是一个综合指标,即光能通过介质材料后剩余光能所占的百分比。影响材料透光性的因素主要是材料的吸收系数、反射系数及散射系数。其中吸收系数与材料的性质密切相关,如金属材料因吸收系数太大而不透光。陶瓷、玻璃和大多数纯净的高分子介电材料,吸收系数在可见光范围内是比较低的,不是影响透光性的主要因素。反射系数与相对折射率和表面光洁度有关。

散射系数是影响材料透光性的主要因素,表现在以下几个方面:①材料的宏观及显微缺陷。材料中的夹杂物、掺杂、晶界等对光的折射性能与主晶相不同,因而在不均匀界面上形成相对折射率,此值越大则界面上的反射系数越大,散射因子也越大,因而散射系数变大。②晶粒排列方向的影响。如果材料不是各向同性体,则存在双折射问题,与晶轴成不同角度的方向上,折射率均不相同。在多晶材料中,晶粒的不同取向均产生反射及散射损失。③气孔引起的散射损失。存在于晶粒之间以及晶界玻璃相中的气孔,引起的损失远较杂质、不等向晶粒排列等因素引起的损失大。但气孔的影响程度与气孔的直径有关。假如是微小气孔(小于波长),散射损失不大。

2) 界面反射与光泽

材料对光的反射取决于材料的反射系数。但就反射效果而言,都与反射界面的光洁度有关。光洁度非常高的情况下,反射光线具有较高的方向性,一般称为镜反射;反之,反射光线没有方向性的称为漫反射。

利用光的反射可以在光学材料中达到各种应用目的,例如雕花玻璃器皿,含铅量高,折射率高,因而反射率约为普遍钠钙硅酸盐玻璃的两倍,达到很好的装饰效果。宝石的高折射率使之具有高反射性能。光泽主要由折射率和表面光洁度决定。

3) 不透明和半透明性

有许多材料本来是透明的电解质,也可以被制成半透明或不透明的,其基本原理是设法使光线在材料内部发生多次反射(包括漫反射)和折射,致使透射光线变得十分弥散。当散射作用非常强烈,以致几乎没有光线透过时,材料看起来就不透明了。

引起内部散射的原因是多方面的。一般地说,由折射率各项异性的微晶组成的多晶样品是半透明或不透明的。在这类材料中微晶无序取向,因而光线在相邻微晶界面上必然发生反射和折射。光线经过无数的反射和折射变得十分弥散。同理,当光线通过分散得很细的两相体系时,也因两相的折射率不同而发生散射。两相的折射率相差越大,散射作用越强。

3. 材料的发光

有辐射或其他形式的能量激发电子从价带进入导带,当其返回到价带时发射出光子,产生发光现象。与热辐射发光相区别,称这种发光为冷光。冷光发光一般有荧光和磷光两种类型。电子受激后很快发光(小于 10 ns)的为荧光,弛豫较长时间的为磷光。

通常人们把激发停止后的一段时间内能发光的复杂晶体无机物质叫磷光体。电视机荧光屏内表面常涂有这种物质，电视屏幕所用磷光体的弛豫时间 r 不能太长，否则会产生影像重叠。

工程上应用的磷光体材料要求具有下列性能：①高的发光效率；②希望的发光色彩；③适当的余辉时间，所谓余辉时间就是发光后其强度降到原强度 1/10 时所需要的时间；④材料与基体结合力强等。

4.5.2　材料的非线性光学性能

将激光束入射到石英晶体（α-SiO_2）时，实验过程中发现了两束出射光，一束是原来入射的红宝石激光，波长为 694.3 nm，另一束是新产生的紫外光，其波长为 347.2 nm，频率恰好为红宝石激光频率的两倍，也具有激光的所有性质，这是国际上首次发现的激光倍频现象，它不仅标志着非线性光学的诞生，而且强有力地推动了非线性光学材料的发展。近 40 年来，在无机非线性光学晶体、玻璃及有机非线性学晶体材料方面，研制出一批性能优异的非线性光学材料，应用于激光变频等领域。

1. 非线性光学性能的概念

在激光作用下，介质的电极化强度 P 与入射光强度 E 的关系为一般的幂级数关系：

$$P_i = \sum \chi^{(1)}{}_{ij} E_j(\omega_1) + \sum \chi^{(2)}{}_{ijk} E_j(\omega_1) E_k(\omega_2) + \sum \chi^{(3)}{}_{ijkl} E_j(\omega_1) E_k(\omega_2) E_l(\omega_3) + \cdots \quad (4.148)$$

式中，$\chi^{(1)}{}_{ij}$ 是线性极化系数（或称线性极化率）；$\chi^{(2)}{}_{ijk}$、$\chi^{(3)}{}_{ijkl}$ 分别为二阶、三阶非线性极化系数；χ 为张量，各项系数的数值逐项下降 7～8 个数量级；ω_1、ω_2、$\omega_3\cdots$为不同光频电场的角频率。通常把以非线性极化观点解释的一大类新效应称为非线性光学效应。

在强光光学范围内，光波在介质中传播时不再服从独立传播原理，两束光波相遇时，也不再满足线性叠加原理，而要发生强的相互作用，并由此使光波的频率发生变化。

将前式对光波电场求导，可得

$$\mathrm{d}p_i/\mathrm{d}E = \sum \chi^{(1)}{}_{ij} + \sum \chi^{(2)}{}_{ij} E + \sum \chi^{(3)}{}_{ij} EE + \cdots \quad (4.149)$$

由此可知，线性光学性质只与 $\chi^{(1)}{}_{ij}$ 有关，而高于 $\chi^{(2)}{}_{ij}$ 以上的非线性高次项，可引起介质的非线性光学效应，其中二次型 $\chi^{(2)}{}_{ij}$ 项所引起的非线性光学效应最为显著，应用也最广泛。本节主要讨论二阶非线性光学系数，二次项为

$$P^{(2)}{}_i = \sum \chi^{(2)}{}_{ijk}(\omega_1\omega_2\omega_3) E_j(\omega_1) E_k(\omega_2) \quad (4.150)$$

式中，$P^{(2)}{}_i$ 为二阶极化项所产生的非线性电极化强度分量；$\chi^{(2)}{}_{ijk}$ 为二阶非线性极化系数（又称为二阶非线性光学系数，研究倍频效应时又简称为倍频系数，常用 d 表示）；ω_1、ω_2 分别为基频光的角频率，$\omega_3 = \omega_1 \pm \omega_2$；$E_j$、$E_k$ 分别为入射光的光频电场分量。当 $\omega_3 = \omega_1 + \omega_2$ 时，所产生的二次谐波为和频；当 $\omega_3 = \omega_1 - \omega_2$ 时，所产生的二次谐波为差频。和频和差频统称混频。

2. 产生非线性光学性能的条件

1) 入射光为强光

普通光源的光强为 $1\sim10$ W/cm^2，光电场强度为 $0.1\sim10$ V/cm，而原子内电场约 10^9 V/cm。因此，普通光源发出的光入射到晶体上时仅能观察到线性效应。

激光属于强光范围，光强度可达 10^{10} W/cm^2，光电场强度可达 10^7 V/cm 以上(如果对激光束进一步聚焦，光频电场强度还可以进一步增大)，所以强激光中间的光频电场强度已接近原子内电场强度。极化强度与光电场关系式中高次项的贡献已不能忽略，正是这些高次项产生各类非线性光学效应。

2) 位相匹配

基频光射入非线性光学晶体，不同时刻在晶体中的不同部位所发射的二次谐波，在晶体内传播的过程中要发生相干现象，相干的结果决定着输出光的强度。如果位相一致(位相差为零)，则二次谐波得到不断加强；如果位相不一致，则二次谐波将相互抵消。位相差为180°时，不会有任何二次谐波的输出。因此，晶体倍频效应的位相匹配条件为

$$n(2\omega)=n(\omega) \tag{4.151}$$

即倍频光的折射率 $n(2\omega)$ 与基频光的折射率 $n(\omega)$ 相等。

3. 非线性光学性能的应用

1) 激光变频晶体

(1) 二次谐波发生(SHG)。二次谐波又称为倍频，当激光通过非线性光学晶体时，所产生的二次非线性光学效应，是将频率为 ω 的入射光变换成频率为 2ω 的出射光。

(2) 和频发生。当两束频率不同的光同时入射非线性光学晶体时，将产生第三种频率的激光，$\omega_3=\omega_1\pm\omega_2$。当 $\omega_3=\omega_1+\omega_2$ 时，称为和频，也称为激光频率上转换；当 $\omega_3=\omega_1-\omega_2$ 时，称为差频，也称为激光频下转换。借助可调谐激光，通过非线性光学晶体和频发生，可大大地拓宽激光辐射光谱区范围，使其激光辐射波长可达到远紫外光谱区。

2) 光折变晶体

晶体的折射率随光频电场作用而发生变化的效应，称为光折变效应。20世纪60年代，美国贝尔实验室的科学家在用铌酸锂进行高功率激光的倍频转换实验时，观察到晶体在强激光照射下出现可逆的"光损伤"现象。由于伴随这种效应是材料的折射率的改变，并且"光损伤"是可擦除的，故人们把这种效应称为光折变效应，以区别于通常遇到的晶体受激光照射所形成的永久性损伤。

光折变材料可作为全息记忆系统的存储介质，其特点是：①信息的写入是折射率变化方式，故读出效率很高。②信息的记录与消除方便，而且能反复使用，无损读出，可进行实时记录。③分辨率高，存储量大。信息可分层存储，在几毫米厚的晶体中可存储 10^3 个全息图。而各种材料的存储信息时间有很大不同。

4.6　材料的耐腐蚀性

金属材料抵抗周围介质腐蚀破坏作用的能力称为耐腐蚀性。耐腐蚀性由材料的成分、化学性能、组织形态等决定。

金属-类金属合金只含一种金属成分时,非晶态合金的化学性能比含同种单一金属成分的晶态金属要活跃,通常容易被腐蚀,例如,非晶态铁-非金属系合金在 1 mol/L HCl 中腐蚀速率比铁大,但添加第二种金属元素后,腐蚀速率均降低,如非晶态 Fe-8Cr-13P-7C 合金由于添加 Cr,即使在室温 2 mol/L 盐酸中也可形成有优越保护性能的氧化膜,自然地覆盖在合金表面并发生自然钝化。添加 Cr 能够有效提高 Co 类金属和 Ti 类金属的耐腐蚀性,若同时添加 Cr 和 Mo 效果更显著。

超耐蚀材料高耐蚀性的原因如下:

(1) 含 Cr 的各种非晶态及晶态合金所生成的钝化膜主要是由水合氧化铬 $(CrO_x(OH)_{3-2x} \cdot nH_2O)$ 组成,钝化膜的阳离子几乎都是 Cr^{3+}。在高温浓盐酸中,自然钝化也是由于水合氢氧化铬钝化膜的形成,水合氢氧化铬浓度越高,薄膜的保护作用越好。非晶态金属-类金属合金由于具有能够使有效络离子富集到钝化膜中的特异能力,自然钝化能力很高,故具有高耐蚀性。

(2) 非晶态金属—类金属合金经过钝化后很稳定,因金属溶解而产生的对钝化有效的金属离子,如 Cr^{3+} 不仅会和 OH^- 一起富集到金属和溶液的界面上,也会移向溶液的界面和深处,所以为了富集这种离子,由金属溶解而形成的有效金属离子的速度,必须比在溶液中的扩散速度快,形成金属离子的速度(即活性溶解速度)越快,则该离子的富集程度也越高,故越容易发生钝化。在所生成的钝化膜中,有效的金属离子浓度越高,则薄膜的保护作用也就越好;非晶态金属-类金属合金迅速地活性溶解,不仅是钝化膜中铬离子富集率提高的原因,也是导致耐杀虫剂性和高钝性的原因。

(3) 化学均匀性非晶态合金的化学组成均匀,可均匀地形成钝化膜,具有高耐蚀性,如在非晶态铁-类金属合金中添加钼后,即使在 1 mol/L 盐酸中也可以钝化,钝化膜中的阳离子几乎只有铁离子,而钼离子极少,通过 1 mol/L 盐酸中进行阳极极化后,非晶态 Fe-Mo-类金属合金所形成的钝化膜是由水合羟氧化铁构成的,不含有 Cl^- 离子的 1 mol/L H_2SO_4 中,通过阳极极化,所生成的钝化膜与晶态纯铁的相同;即使是晶态金属,如 304 不锈钢,对表面进行激光熔融再冷凝固处理后,由于表面被均匀化,而呈现高耐蚀性。

(4) 耐局部腐蚀性非晶态金属-类金属合金可通过添加一定数量以上的铬等方法,使其具有很好耐蚀性,即使在含有氯离子的强酸性溶液中进行阳极极化也不会发生孔蚀,因为合金是均匀的,难以发生局部腐蚀;再者即使钝化膜发生化学破坏,但其修复能力极高;将有人工间隙的非晶态 Fe-30Ni-16Cr-14P-6B 合金放在 1 mol/L 的 NaCl 水溶液中,若电位保持在 1.4 V,则发生间隙腐蚀且间隙内的 pH 也降低,但极化电位只要降低 0.1 V 就可使间隙内电流事实上变为 0,间隙腐蚀也就停止。总而言之,抓住金属等离子体这一实质,许多问题可以迎刃而解,并将发现一系列金属的新功能,得到更广阔的新应用。

4.7　复合材料的性能

复合材料是指由两种或两种以上具有不同物理或化学性质的材料，以微观、细观或宏观等不同的结构尺度与层次，经过一定的空间组合而形成的一个材料系统。复合材料根据性能可以分为结构复合材料和功能复合材料。结构复合材料以承载为目的，强调其力学性能；而功能复合材料是指除力学性能以外还提供其他物理性能，并包括部分化学和生物性能的复合材料，如有导电、超导、半导、磁性、压电、阻尼、吸声、摩擦、吸波、屏蔽、阻燃、防热等功能。本节主要介绍功能复合材料。

功能复合材料是由基体、功能体以及两者之间的界面相组成的。基体主要起黏结作用，赋予复合材料的整体性，并保持某种形状，某些情况下也具有功能特性。复合材料的功能特性主要由功能体贡献，加入不同特性的功能体可得到性能各异的功能复合材料。如加入导电功能体，可得到导电复合材料；加入电磁波吸收剂，可得到吸波复合材料。界面相在基体和功能体之间起着信息传递作用。

近几年功能复合材料发展很快，其原因与其特点有关。功能复合材料除具有复合材料的一般特性外，还具有如下特点：①应用面宽。根据需要可设计与制备出不同功能的复合材料，以满足现代科学技术发展的要求。②研制周期短。一般结构材料从研究到应用，一般需要10~15年，甚至更长，而功能复合材料的研制周期要短得多。③附加值高。单位质量的价格与利润远远高于结构复合材料。④小批量。多品种功能复合材料很少有大批量需求，但品种需求多。⑤适于特殊用途。在不少场合，功能复合材料有着其他材料无法比拟的使用特性。

4.7.1　功能复合材料

1. 电功能复合材料

1) 电接触复合材料

电接触复合材料分为滑动电接触复合材料和开关电接触复合材料。滑动电接触元件能可靠传递电能和电信号，要求耐磨、耐电、抗黏结、化学稳定性好、接触电阻小等性能；而开关电接触复合材料主要是以银作为基体的复合材料，它利用银的导电导热性好、化学稳定性高等优点，又通过添加一些材料来改善银的耐磨、耐蚀、抗电弧侵蚀能力，从而满足了断路器、开关、继电器中周期性切断或接通电路的触点对各项性能的要求。

2) 导电复合材料

导电复合材料是在聚合物基体中，加入高导电的金属与碳素粒子微细纤维，然后通过一定的成形方式而制备出的。加入聚合物基体中的这些添加材料为增强体和填料。增强体是一种纤维质材料，或者是本身导电，或者是通过表面处理来获得导电。用得较多的是碳纤维，其中用聚丙烯腈碳纤维制成的复合材料比沥青基碳纤维增强复合材料具有更加优良的导电性和更高的强度。在碳纤维上镀覆金属镍，可进一步增加导电率，但这种镀镍碳纤维与树脂基体的黏结性却被削弱，除碳纤维以外，铝纤维和铝化玻璃纤维亦用作导电增强体。不锈钢纤维是进入导电添加剂领域的新型材料,其纤维直径细小,以较低的添加量即可获得好的导电率。导电复合材料中使用较多的填料为炭黑,它具有小粒度、高石墨结构、高表面孔隙度和低挥发量等特点。金属粉末也可用作填料,加入量为 30%～40%。选择不同材质、不同含量的增强体和填料,可获得不同导电特性的复合材料。聚合物导电复合材料还具有某些无机半导体的开关效应的特性。因此,由这种导电复合材料所制成的器件在雷管点火电路、自动控制电路、脉冲发生电路、雷击保护装置等多方面有着广阔的应用前景。

(1)压电复合材料。压电复合材料具有应力—电压转换特性,当材料受压时产生电压,而作用电压时产生相应的变形。在实现电声换能、激振、滤波等方面有极广泛的用途。压电复合材料具有高静水压灵敏度,在水声、超声、电声以及其他方面得到广泛应用。用其制作的水声换能器不仅有高的静水压响应,而且耐冲击,不易受损且可用于不同深度。用其研制的高频(3～10 MHz)超声换能器已在生物医学工程和超声诊断等方面得到应用。压电复合材料密度可在较宽范围内改变,从而改善了换能器负载界面的声阻抗匹配,减少了反抗损耗。因此,压电复合材料已成为制作高频超声换能器的最佳材料之一。

(2)超导复合材料。高临界转化温度的氧化物超导体脆性大,虽有一定的抵抗压缩变形的能力,但其拉伸性能极差,成型性不好,使得超导体的实用化受到限制。用碳纤维增强锡基复合材料通过扩散连接法将 $YBa_2Cu_3O_7$ 超导体包覆于其中,从而获得良好的力学性能、电性能和热性能的包覆材料。试验发现,随着碳纤维体积含量增加,碳纤维/锡-铱钡铜氧复合材料的拉伸强度不断提高。碳纤维基本上承担了全部的拉伸载荷,在断裂点之前碳纤维/锡材料包覆的超导体,一直都能保持超导特性。

2. 光学功能复合材料

1)红外隐身复合材料

20 世纪 70 年代后期光电技术发展迅速,许多新型探测器相继问世,如激光测距、激光跟踪、激光警告、热像仪等,使光电对抗也加入到了现代战争的行列。由于探测器种类增多,工作频率加快,探测方式向空间立体化方向发展,对隐身技术宽带化,兼容性等方面提出了许多新要求。隐身技术包括结构隐身、材料隐身、干扰抗干扰隐身。雷达、激光与热像仪的探测原理不同,对材料参数的要求是相反的,使材料隐身的宽带化和兼容性成为难度。

红外隐身材料是针对热像仪而研制的隐身材料。Maclean 等用反差比辐射 C 的大小表示热像仪的可探测性,$C = E_0 - E_B$,E_0 为目标比辐射率,E_B 为背景比辐射率。C 越大,热像仪分辨率越强,可探测性就越大;当 $C = 0$ 时,处于隐身最佳状态。对抗热像仪探测器,需要控制材料的比辐射率。目标与背景的温差越大,要求材料的比辐射率就越低。由于比辐射率 E 与吸收系数 γ 成正比,因此,E 小则 γ 小,对主动隐身不利。抗热性仪探测的隐身技术又称为被动隐身。可见主被动隐身技术对材料参数的要求是矛盾的。因此主被动隐身技术的兼容性就成为材料隐身的高难技术领域。材料的比辐射率主要取决于材质、温度及表面状态。

红外隐身材料主要集中于红外涂层材料,有两类涂料。一类是通过材料本身或某些结构和工艺使吸收的能量在涂层内部不断消耗或转换而不引起明显的温升；另一类涂料是在吸收红外能量后，使吸收后释放出来的红外辐射向长波长转移，并处于探测系统的效应波段以外，达到隐身目的。涂料中的胶黏剂、填料、涂层的厚度与结构都直接影响红外隐身效果。

随着红外和光电探测及制导系统的迅速发展，在要求飞行器具有雷达波隐身的能力的同时也要求飞行器必须具有红外隐身效果。研制红外、微波兼容的多功能隐身材料，必须从材料本体结构以及复合工艺等多方面予以综合考虑。许多半导体材料及导电材料都具有良好的微波吸收特性，若将这些材料与红外隐身涂料进行合理的复合就能获得宽频兼容的雷达波、红外多功能隐身材料。

2) 导光和透光复合材料

减少反射的途径是增加吸收或增加透射。增加吸收不利于减小比辐射率，增加透射对反射、比辐射率均有益。在研究主被动兼容性隐身功能中，引进光的传输特性会收到事半功倍的效果。导光材料和透光材料就是在这种情况下而诞生的新材料。

纳米材料的光学性能与粗粉及块状材料差异极大。例如，当银的粒径为 50 nm 以下时，则由银白色变为浅粉色，当铁红、铁黄、铁黑等颜料的粒径为 150 nm 时是非常透明的颜料。纳米材料特殊的光学性质还体现在对于光的吸收、辐射、反射、透射等方面。粒径为 10 nm 的四氯化三铁超微粒子的透射特性与粗粉不同，其传输特性已发生了很大变化。将传输特性引入隐身材料设计已成为可能，纳米材料的透射特性异常，为导光材料和透光材料问世奠定了基础。

美国维斯特·考阿斯特公司最早成功地研制了无碱玻璃纤维增强不饱和聚酯型透光复合材料，根据建筑采光、化工防腐等各种应用的需要，制成的透光复合材料有耐化学腐蚀的、自熄的、耐热的(120℃)、透红外光的、透紫外光的、透红橙光的以及特别耐老化的等种类。但总的说来，不饱和聚酯型透光复合材料透紫外光能力差、耐光老化性不好。为此，美国、日本等又先后开发研制出了碱玻璃纤维增强丙烯酸型透光复合材料，其光学性能、力学性能都比不饱和聚酯型的有明显改进。

以玻璃纤维增强聚合物基体的透光复合材料的性能取决于基体、增强体、填料、纤维与树脂间界面的黏结性能以及光学参数的匹配。通常强度和刚度等力学性能主要由纤维承担，纤维的光学性能一般较固定，而树脂的光学性能在相当程度上与材料的各种化学、物理性能有关。如何使熟知的光学性能与玻璃纤维相匹配又兼顾其力学性能、阻燃性、耐老化性、经济性、色泽等特性，目前这方面的工作已取得较大进展。

3. 吸声和吸波功能复合材料

1) 吸声材料

吸声材料就是可把声能转换成热能的材料。目前的吸声材料主要有玻璃纤维、矿物纤维、陶瓷纤维等纤维类材料和泡沫玻璃、泡沫陶瓷等泡沫类材料。这些吸声材料可分为两类，即柔顺性的吸声材料和非柔顺性的吸声材料。对于柔顺性的吸声材料主要是通过骨架内部摩擦、空气摩擦和热交换来达到吸声的效果。这类材料为了提高柔顺性，内部要多孔。其表面膜层的面密度、韧度和骨架密度是重要的性能参数；为了避免吸收频带过窄，表面膜要轻，但表面可以无孔。非柔顺性多孔吸声材料，主要靠空气的黏滞性来达到吸声的功能。进入材料的声波迫使孔内的空气振动，而空气与固体骨架间的相互运动所引起的空气摩擦损耗使声能变成热能。

通常控制吸声性能的主要参量是吸声材料的厚度、频率、空气流阻、孔隙率和结构因子。结构因子是指材料中孔的形状和分布方向等。吸声材料层可不均匀，通常可直接固定在刚硬结构多孔材料层，形成广义上的复合材料。其对于高频($>50\text{ Hz}$)的吸收比低频更有效。这类材料的特点是声波易于进入材料的孔内，因此不仅内部而且表面也是多孔的。

吸声材料的性能：①力学性能。PVC-无机的复合材料的主要力学性能均优于聚氨酯泡沫塑料吸声板，而且已达到了安装和施工的要求。②阻燃性能。由于 PVC 本身分子链中含有氯原子，所以本身具有自熄性。同时加入大量耐热的无机物，对易燃成分起到了稀释作用，也降低了该复合材料的燃烧性。但是成形加工时需要加入的增塑剂是易燃的物质，又因为 PVC-无机物复合发泡体的单位体积质量相当小，而表面积大以及热导率低等因素都导致其容易燃烧。通过添加阻燃剂的方法可提高材料的阻燃性能。

2）吸波材料

吸波材料最早是针对雷达而研制的隐身材料。雷达依靠捕捉目标反射信号发现目标。根据反射信号的强弱、方位、时间等可得知目标的距离、方位。当一束电磁波辐射到一介质表面时，遵循 $\alpha+\beta+\gamma=1$ 的规律，α 为透射系数，β 为反射系数，γ 为吸收系数。反射信号越弱，雷达探测到目标就越困难。假设 $\alpha=0$，减小 β 唯一的途径是使 γ 值趋于 1，也就是使材料有大的吸收系数。对抗雷达探测的材料也称为吸波材料。凡是与雷达探测原理相同的探测器，都可用吸波材料达到隐身的目的；而对抗激光测距，吸波材料也是行之有效的手段，这类隐身技术被称为主动隐身技术。雷达吸波材料和激光吸波材料都可分为谐振型、非谐振型两类。谐振型吸波效果与材料厚度有关，非谐振型吸波效果与材料的介电常数、磁导率、电导率等参数有关，而且这些参数随材料厚度的变化是逐级或无级的，因此材料内部寄生反射较少，可不考虑材料厚度。

吸波材料可分为涂覆型和结构型两类。涂覆型吸波材料包括涂料和贴片。日本研制的一种宽频高效吸波涂料是由电阻抗变换层和低阻抗谐振层组成的双层结构。其中变换层是铁氧体和树脂的混合物，谐振层则是铁氧体、导电短纤维与树脂构成的复合材料，可吸收 1.2 GHz 的雷达波，吸收带宽达 50%、吸收率达 20 dB 以上。结构吸波材料是一种多功能复合材料，是由吸波材料与树脂基复合材料经合理的结构设计构成的，它既能承载作结构件，又能较好地吸收(或透过)电磁波，已成为当代隐身材料的重要发展方向。结构型吸波材料可制成蜂窝状、波纹状、层状、棱锥状、泡沫状。将吸波材料或吸波纤维复合到这些结构中去，用作飞机结构材料，尤其是用非金属结构材料做结构型骨架，可大大减轻机身质量。该类吸波材料通常有薄板型和杂质型两种，后者由于使得从表面透波层进入结构的电磁波可通过夹芯进行多次散射吸收，因而夹层结构更易于实现电磁波在结构中"透、吸、散"的作用。20 世纪 90 年代西欧联合研制的主力战斗机 EFA 也采用隐身技术，大量采用碳纤维、开费拉纤维以及其他纤维增强的热固性聚酰亚胺和热塑性复合材料；日本的 AMS-1 空对舰导弹尾翼就采用了含有铁氧体的玻璃钢。除了碳纤维复合材料用作结构吸波材料以外，由玻璃纤维、石英纤维、开费拉纤维和超高强度的聚乙烯纤维增强的高性能热塑性复合材料具有优异的透波性能，是制造雷达罩的理想材料。

4. 结构功能复合材料

1) 聚合物基复合材料

聚合物基复合材料是以有机聚合物为基体、纤维为增强材料组合而成的。纤维有高强度、高模量的特性。基体不仅黏结性能好，还能使载荷均匀分布，并传递到纤维上去，允许纤维承受压缩和剪切载荷。纤维和基体之间的良好的复合可发挥各自的优点，实现最佳结构设计。

聚合物基复合材料的性能：①具有较高的比强度和比模量。可与金属材料，如钢、铝、钛等进行比较。②减震性能及抗震、抗声性能好，纤维与基体界面具有吸振的能力，其振动阻尼很高。③高温性能好。耐热性相当好，宜作烧蚀材料，在高温时，表面发生分解，引起汽化，与此同时吸收热量，达到冷却的目的，随着材料的逐渐消耗，表面出现很高的吸热率。例如玻璃纤维增强酚醛树脂，就是一种烧蚀材料，烧蚀温度达 1650℃。原因是酚醛树脂受高热时，会立刻碳化，形成耐热性很高的碳原子骨架，而且纤维仍然被牢固地保持在其中。此外，玻璃纤维本身有部分汽化，而表面上残留下几乎是纯的二氧化硅，它的黏结性相当好，从而阻止了进一步的烧蚀。它的热导率仅为金属的 0~0.3%，瞬时耐热性好。④抗疲劳性能好。金属的疲劳极限是抗拉强度的 40%~50%，碳纤维复合材料为 70%~80%。⑤可设计性强。通过改变纤维、基体的种类及相对含量、纤维集合形成及排列方式等可以满足对复合材料结构与性能的各种设计要求。制造多为整体成形，不需要二次加工。⑥安全性好。聚合物基复合材料中有大量的独立纤维，每平方厘米的复合材料上有几千根，甚至上万根纤维分布着，当材料超载时，即使有少量纤维断裂，但其载荷会重新分配到未断裂的纤维上，在短期内不致使整个构件失去承载的能力。⑦断裂伸长率小、抗冲击强度差、横向强度和层间剪切强度低。

2) 金属基复合材料

金属基复合材料与金属材料相比，具有较高的比强度与比刚度；与陶瓷材料相比，具有高韧性和高冲击性能；与树脂基复合材料相比，具有优秀的导电性与耐热性。

3) 陶瓷基复合材料

陶瓷基复合材料在工业上得到广泛的应用，它的最高使用温度主要取决于基体特性，其工作温度按下列基体材料依次提高：玻璃、玻璃陶瓷、氧化物陶瓷、非氧化物陶瓷、碳素材料。

陶瓷基复合材料已实用化或即将实用化的领域包括：刀具、滑动构件、航空航天构件、发动机构件、能源构件等。法国将长纤维增强碳化硅复合材料应用于制作超高速列车的制动件。在航空航天领域，用陶瓷基复合材料制作的导弹的头锥、航天飞机的结构件等也收到了良好的效果。

热机的循环压力和循环气体的温度越高，其热效率也就越高。现在普遍使用的燃气轮机高温部件还是镍基合金或钴基合金，它可使汽轮机的进口温度高达 1400℃，但这些合金的耐高温极限受到了其熔点的限制，因此采用陶瓷材料来代替高温合金已成为了目前研究的一个重要内容。

4）碳/碳复合材料

碳/碳复合材料是由碳纤维或各种碳织物增强碳，或石墨化的树脂碳（或沥青），以及化学气相沉积碳所形成的复合材料，是具有特殊性能的新型材料，也称碳纤维增强碳复合材料。碳/碳复合材料由树脂碳、碳纤维和热解碳构成，能承受极高的温度和极大的加热速率。在机械加载时，碳/碳复合材料的变性与延伸都呈现出假塑性性质，最后以非脆性方式断裂。它抗热冲击和抗热诱导能力极强，且具有一定的化学惰性。

碳/碳复合材料的性能：

（1）力学性能。碳/碳复合材料不仅密度小，而且抗拉强度、弹性模量、挠曲强度也高于一般碳素材料，碳纤维的增强效果十分显著。在各种胚体形成的复合材料中，长丝缠绕和三向织物制品的强度高，其次是毡/化学气相沉积碳的复合材料。碳/碳复合材料属于脆性材料，其断裂应变较小。但是，其应力应变曲线呈现出"假塑形效应"，曲线在施加负载初期呈现出线性关系，但后来变为双线性。去负荷后，可再加负荷至原来的水平。假塑形效应使碳/碳复合材料在使用过程中可靠性更高，避免了目前宇航中常用的ATI-S 石墨的脆性断裂。

（2）热物理性能。碳/碳复合材料在温度变化时具有良好的尺寸稳定性，其热膨胀系数小，高温热应力小。热导率比较高，室温时为 1.59～1.88 W/(m·K)，当温度为 1650℃时，则降至 0.43 W/(m·K)。碳/碳复合材料的这一性能可以进行调节，形成具有内外密度梯度的制品。内层密度低，热导率低，外层密度大，抗烧蚀性能好。碳/碳复合材料的比热容高，其值随温度上升而增大，因而能储存大量热能。在高温和高压热速率下，材料在厚度方向存在着很大的热梯度，使其内部产生巨大的热应力。当这一数值超过材料固有的强度时，材料会出现裂纹。材料对这种条件的适应性与其抗热震因子大小有关。碳/碳复合材料的抗热震因子相当大，为各类石墨制品的 1～40 倍。

（3）烧蚀性能。碳/碳复合材料暴露于高温和快速加热的环境中，由于蒸发升华和可能的热化学氧化，其部分表面可被烧蚀。但其表面的凹陷浅，良好地保留其外形，且烧蚀均匀而对称，常用作防热材料。碳/碳复合材料的表面烧蚀温度高。在这样的高温下，通过表面辐射除去了大量热能，使传递到材料内部的热量相应地减少。碳/碳复合材料的有效烧蚀热比高硅氧/酚醛高 1～2 倍。线烧蚀率低，材料几乎是热化学烧蚀；但在过渡层附近，80%左右的材料是因机械剥蚀而损耗，材料表面越粗糙，机械剥蚀越严重。三向正交细编的碳/碳复合材料的烧蚀率较低。

（4）化学稳定性。碳/碳复合材料除含有少量的氢、氮和恒量的金属元素外，几乎 99%以上都是由元素碳组成。因此它具有和碳一样的化学稳定性。碳/碳复合材料耐氧化性能差。为了提高其耐氧化性，可在浸渍树脂时加入抗氧化物质，或在气相沉碳时加入其他抗氧元素，或者用碳化硅涂层来提高其抗氧化能力。碳/碳复合材料的力学性能比石墨高得多，热导率和膨胀系数却比较小，高温烧蚀率在同一数量级。已制成的 T-50-211-44三向正交细编碳/碳复合材料，克服了各向异性的问题，膨胀系数也更小，是一种较为理想的热防护和耐烧蚀材料，已得到广泛的应用。

4.7.2　功能复合效应

由于复合材料是由两种或两种以上的组元材料组成的，复合材料可以借助于组元之间的协同效应呈现出原有组分所没有的优异性能。这些优异性能的出现是由于组元之间的协同效应-复合效应，复合效应是复合材料特有的效应，对于功能复合材料叫作功能复合效应。结构复合材料基本上通过其中的线性效应起作用，但功能复合材料不仅能通过线性效应起作用，更重要的是可利用非线性效应设计出许多新型的功能复合材料。

1. 乘积效应的作用

乘积效应是在复合材料两组分之间产生可用乘积关系表达的协同作用。例如，把两种性能可以互相转换的功能材料：热-形变材料（以 X/Y 表示）与另一种形变-电导材料（Y/Z）复合，其效果是

$$\frac{X}{Y} \cdot \frac{Y}{Z} = \frac{X}{Z} \tag{4.152}$$

即由于两组分的协同作用得到一种新的热-电导功能复合材料。借助类似关系可以通过各种单质换能材料复合成各种各样的功能复合材料。这种耦合的协同作用之间存在一个耦合函数 F，即

$$f_A \cdot F \cdot f_B = f_C \tag{4.153}$$

式中，f_A 为 X/Y 换能效率；f_B 为 Y/Z 换能效率；f_C 为 X/Z 换能效率。$F \rightarrow 1$ 表示完全耦合，这是理想情况，实际上达不到。因为耦合还与相界面的传递效率等因素密切相关，故还需要深入研究。

2. 其他非线性效应

除了乘积效应外，还有系数效应、诱导效应和共振效应等，但机理尚不很清楚。人们从实际现象中已经发现这些效应，但还未应用到功能复合材料中。例如，彩色胶片以红、蓝、黄三色感光材料膜组成一个系统，能显示出各种色彩，单独存在即无此作用，这是系统效应的例子。又如，相间可以通过诱导作用使一相的结构影响另一相。复合材料中存在结晶的无机增强体诱导部分结晶聚合物在界面附近产生横晶现象，但人们尚未利用这种效应主动设计复合材料。共振效应是熟知的物理现象，也能发生作用。目前虽未对这些效应进行研究，但可以预言在不久的将来会发挥它们的作用。

4.8　纳米材料及效应

4.8.1　纳米材料简介

随着科技的发展，人类对物质世界的认识越来越深入，以空间尺度来衡量可以分为宇观、宏观和微观三个层次。纳米材料则是介于宏观世界与微观世界之间，当物质到纳米尺度以后，其物理、化学性质就会发生突变，出现特殊性能，这引发了世界各地科学

家的研究狂热,目前纳米材料在多个领域都有所应用。

1. 纳米材料的基本概念

纳米材料是指在纳米量级(1~100 nm)内对物质结构进行调控后得到特异功能的材料,其三维尺寸中至少有一维小于 100 nm,且性质不同于一般的块体材料。纳米材料不仅指在纳米尺度的材料,还重点在于以下两点:第一,不是所有物质到纳米尺度都会具有特殊性能,例如,轻质碳酸钙就没有,科学家仅仅将在纳米尺度下性能发生突变的材料定义为纳米材料;第二,纳米粉体材料可合成具有特殊功能的薄膜、颗粒膜、块体材料、一维管、棒、线材料以及复合材料,这些材料也属于纳米材料的范围,纳米材料不限于纳米粉体材料。

2. 纳米材料的分类

依据纳米材料的定义标准,其种类也格外多样,不同纳米材料的性能、化学组分、应用等也大不相同,可依据不同的标准进行分类。

按化学组分分类,纳米材料主要包括纳米金属材料、纳米陶瓷材料、纳米高分子材料、纳米复合材料等。

按材料的物性分类,纳米材料主要包括纳米半导体、纳米磁性材料、纳米铁电体、纳米超导材料、纳米热电材料等。

按空间尺度分类,纳米材料可以分为零维、一维、二维及三维纳米材料。

1) 零维纳米材料

零维纳米材料,是指空间三维尺度均在纳米尺度的纳米材料。如零维原子簇或簇组装、超微粉或超细粉。此种纳米材料是开发时间最长、技术最成熟,也是生产制备其他种类纳米材料的基础材料,主要用于微电子封装材料、光电子材料、高密度磁记录材料、太阳能电池材料、吸波隐身材料、高效添加剂、高韧性陶瓷材料、生物医药等。

2) 一维纳米材料

一维纳米材料,是指在空间有两维方向上处于纳米尺度,而第三维为宏观尺寸,如纳米线/丝、纳米棒、纳米管、纳米纤维、纳米带等。此种纳米材料的种类众多,又可以细分为一维无机纳米材料、一维有机纳米材料等。

以一维无机纳米材料为例来说明此种纳米材料的分类。一维无机纳米材料可以分为数种:一维碳纳米材料,如碳纳米管、碳纳米线及碳纳米纤维等;一维硅、锗纳米材料,如硅纳米线、硅纳米管、硅纳米带、锗纳米线等;金属及其他合金纳米线,如 Au、Ag、Cu、Ni 等及其合金纳米线、纳米管及纳米带等;一维氧化物及氢氧化物纳米材料如氧化锌纳米线、纳米带、纳米环,二氧化硅、二氧化锗、氢氧化镁纳米线、纳米管等;一维氮化物纳米材料,如氮化硅、氮化硼、氮化铝、氮化镓纳米线、纳米管等;一维碳化物纳米材料,如碳化硅、碳化硼纳米线、纳米管等。

3) 二维纳米材料

二维纳米材料,是指在一维方向上尺寸被限制为纳米量级的层状结构,即在两个空间坐标上的延展,如厚度为纳米尺寸的金刚石薄膜,分为颗粒膜(中间有极为细小的间隙)与致密膜(膜层致密),用于高密度磁记录材料、气体催化材料、平面显示器材料、光敏材料等。

4)三维纳米材料

三维纳米材料,是指在三个空间坐标的延续,也就是通常所说的块体材料,由最小构成单元为纳米结构的材料构成,用于超高强度材料、智能金属材料、纳米陶瓷等。

3. 纳米材料的微观结构

纳米相材料同金属、陶瓷等常见材料一样,都是由各种原子组成,只不过这些原子排列成了纳米级的原子团,成为材料的组成结构单元。纳米相材料主要是单相或者多相的多晶体,其晶粒尺度至少有一维是纳米级,其包括晶体相、准晶相或非晶相,但至少有一相是晶体相,这些相可以是金属、陶瓷、高分子以及复合物等。在纳米晶体材料中,有两个较为重要的特征就是纳米晶粒和晶界。

随着人们对纳米材料认识的加深,人们逐渐发现纳米材料的晶粒结构与普通多晶体有很大差异,主要表现在点阵偏离、晶格畸变和晶粒内部的密度降低。

晶界是晶粒与晶粒之间的接触界面。在晶界面上,原子排列从一个取向过渡到另一个取向,故晶界处原子排列处于过渡状态。实验表明纳米晶体的晶界上存在有序排列(与粗晶多晶体相同)和无序排列(与粗晶多晶体不同)。无序结构相对于有序结构稳定性差,是一种亚稳态状态,可在外界作用下放出热量变为有序结构。原子有序和无序排列的比例与制备及处理工艺有极大关系,可通过制备工艺进行调控。

4.8.2　纳米材料的特性

当材料达到纳米级尺寸时,虽然组成相同,但其表现出的性质会和普通材料不同。纳米材料具备传统固体材料没有的许多特殊性质,如表面效应、量子尺寸效应、体积效应和宏观量子隧道效应等。

1. 小尺寸效应

纳米材料中的微粒尺寸小到与光波波长或其他相干波长等物理特征尺寸相当或更小时,晶体周期性的边界条件被破坏,非晶态纳米微粒的颗粒表面层附近的原子密度减小,使得材料的声、光、电、磁、力学等特性出现改变而导致新的特性出现的现象,被称为纳米材料的小尺寸效应。

1)特殊的光学性质

金属超微颗粒对光的反射率很低,通常低于1%,大约几微米的厚度就能完全消光,因此所有的金属在超微颗粒状态时都呈现黑色,尺寸越小,颜色越黑。具有此种特性的纳米材料可以作为高效率的光热、光电等转换材料。

2)特殊的热学性质

固态物质在其形态为大尺寸时,熔点固定,超细微化后却发现其熔点将显著降低,当颗粒小于 10 nm 量级时尤为显著。例如,金的常规熔点为 1064℃,当颗粒尺寸减小到 10 nm 时,其熔点将降至约 327℃。

　　3）特殊的力学性质

　　陶瓷材料通常情况下呈脆性，然而由纳米超微颗粒压制而成的纳米陶瓷却具有良好的韧性。这是因为纳米材料具有大的界面，该界面的原子排列十分混乱，原子在外力变形的条件下很容易迁移，因此表现出甚佳的延展性。此外，纳米晶粒状态下的金属要比传统的粗晶粒金属硬 3～5 倍，小尺寸效应还表现在超导电性、介电性能、声学特性及化学性能等方面。

　　2. 量子尺寸效应

　　纳米材料的量子尺寸效应是指当纳米材料中微粒尺寸达到与光波波长或其他相干波长等物理特征尺寸相当或更小时，金属纳米能级附近的电子能级由准连续变为离散并使能隙变宽的现象。这一现象的出现使纳米银与普通银的性质完全不同，普通银为良导体，而纳米银在粒径小于 20 nm 时却是绝缘体。同样，纳米材料的这一性质也可用于解释二氧化硅从绝缘体变为导体的原因。

　　量子尺寸效应在微电子和光电子领域一直占据重要的地位，根据该效应已经研制出具有许多优异特性的器件。半导体的能带结构在半导体器件设计中非常重要，随着半导体颗粒尺寸的减少，价带和导带之间的能隙有增大的趋势，这就使即便是同一种材料，它的光吸收或发光带的特征波长也不同。实验发现，随着颗粒尺寸的减少，发光的颜色从红色→绿色→蓝色，即发光带的波长由 690 nm 移向 480 nm。

　　3. 宏观量子隧道效应

　　纳米材料中的粒子具有穿过势垒的能力，它们可以穿越宏观系统的势垒而产生变化，称为隧道效应。宏观物理量在量子相干器件中的隧道效应称为宏观隧道效应。例如，具有铁磁性的磁铁，其粒子尺寸达到纳米级时即由铁磁性变为顺磁性或软磁性。

　　4. 表面效应

　　纳米材料由于其组成材料的纳米粒子尺寸小，微粒表面所占有的原子数目远远多于相同质量的非纳米材料粒子表面所占有的原子数目。随着微粒粒径的减小，其表面所占粒子数目呈几何级数增加。例如，微粒半径从 100 nm 减小至 1 nm，其表面原子占粒子中原子总数从 20% 增加到 99%，这是由于随着粒径的减小，粒子比表面积增加，每克粒径为 1 nm 粒子的比表面积是粒径为 100 nm 粒子的比表面积的 100 倍。

　　单位质量粒子表面积的增大，表面原子数目骤增，使原子配位数严重不足。高表面积带来的高表面能，使粒子表面原子极其活跃，很容易与周围的气体反应，也很容易吸附气体，这种现象被称为纳米材料的表面效应。

习　题

　　1. 为什么说材料热学性能的物理本质都与晶格热振动有关？
　　2. 解释离子晶体可发射电磁波及具有红外光吸收特性的原因。

3. 画图并简要说明物质的热容随温度变化的规律。

4. 分别计算室温 298 K 及高温 1100 K 时莫来石瓷的摩尔热容，并将其与按照热容经典理论计算的结果相比较。

5. 试结合热膨胀的机理分析，即使在相同的温度条件下，不同的固体材料也往往具有不同的热膨胀系数的原因。

6. 分析金属材料和无机非金属材料的导热机制。

7. 单晶硅与多晶硅哪个热导率大？为什么？

8. 金属合金中固溶态合金元素对导电性的影响如何？影响的强度与哪些因素有关？合金有序化过程中其电阻率如何变化？怎样理解？

9. 掺杂半导体导电性随温度变化如何改变？原因是什么？

10. 温度、异价杂质对离子导电性分别有什么影响？为什么？

11. 金属、半导体、离子导电材料的导电性随温度变化的一般性规律中最大的差别是什么？

12. 纯 Cu 的室温电阻率 $\rho = 1.7 \times 10^{-8} \Omega \cdot m$。如果温度从 0℃上升到 100℃时，其电阻率上升 33%；加入 Ni 进行合金化时，每 1%摩尔分数的 Ni 使电阻率上升 $\rho = 1.25 \times 10^{-8} \Omega \cdot m$。请问，要想使 Cu-Ni 合金的电阻率在温度区间 0～100℃上升不超过 5%，至少需加入多少 Ni？

13. 半导体 Si 为金刚石结构，晶格常数 a=0.54 nm，E_g=1.12 eV，假定 $m_e = m_h = m_0$，$\mu_e = \mu_h$=0.1 $m^2/(V \cdot s)$。若掺入百万分之一原子数目的 As 形成 n 型半导体，假设约 10%的掺杂原子发生电离，而且掺杂不改变电子及空穴的有效质量及迁移率。比较掺杂前后电导率的相对变化。

14. 计算室温下纯 Si 的载流子体积密度与电导率。

15. 纳米材料的判断依据是什么，依据空间尺度可分为哪些种类？

16. 纳米材料的特性有哪些？请举例说明。

17. 日常生活中，纳米材料主要应用在哪些方面？请举例说明这些纳米材料与传统的材料相比有哪些不同。

18. 请举例说明纳米材料在生活中有哪些危害。

第5章 材料的制备与成型加工

5.1 材料的制备原理与技术基础

一些天然无机材料(如石英、蓝宝石、红宝石、金刚石等)和一些天然有机材料(如木材、天然橡胶、天然纤维等)可以直接作为材料使用。但是天然可用的材料毕竟是少数,如今我们使用的品种繁多的材料,大部分是要通过一定的制备方法获得。材料的制备是指通过一定的方法使原料变成可以应用的材料,通常包括两个方面:一是通过化学反应获得一定化学组成的材料,即所谓合成;二是指以一定的工艺控制材料的物理形态。目前常用的材料制备方法包括晶体生长技术、气相沉积法、溶胶-凝胶法、液相沉淀法、固相反应等。

半导体工业和光学技术等领域常用到单晶材料,这些单晶材料可以由液态、固态或气态生长而成,其中,液态方法是最常用的方法,可分为熔体生长和溶液生长两种。熔体生长是指通过让熔体达到一定的过冷而形成晶体,主要包括提拉法、坩埚下降法、区熔法、焰熔法、液相外延法等。溶液生长是指让溶液达到一定的过饱和而析出晶体,如水溶液法、水热法、溶剂热法、高温溶液生长法等。达到过饱和的途径主要有两个:一是利用晶体的溶解度随温度改变的特性,升高或降低温度而达到过饱和;另一个是采用蒸发等方法移去溶剂,使溶液浓度升高。通常情况下,无机晶体采用水作为溶剂,而有机晶体采用丙酮、乙醇等有机溶剂。

气相沉积法包括物理气相沉积(physical vapor deposition,PVD)和化学气相沉积(chemical vapor deposition,CVD),前者不发生化学反应,后者发生气相的化学反应。物理气相沉积法是利用高温热源将原料加热至高温,使之气化或形成等离子体,随后在基体上冷却凝聚成各种形态的材料,如晶须、薄膜、晶粒等。所用的高温热源包括电阻、电弧、高频电场或等离子体等,由此衍生出多种物理气相沉积技术,其中阴极溅射法和真空蒸镀法较为常用。化学气相沉积法是指通过气相化学反应生成固态产物并沉积在固体表面的过程,可用于制造覆膜、粉末、纤维等材料,是半导体工业中应用最为广泛的用来沉积多种材料的技术。按其所采用的反应能源,化学气相沉积可分为热能化学气相沉积、等离子体增强化学气相沉积和光化学气相沉积法。化学气相沉积法涉及的化学反应主要有热分解、氢还原及卤化物的金属还原、氧化、水解、碳化和氮化等反应。

溶胶-凝胶法是指通过凝胶前驱体的水解缩聚制备金属氧化物材料的湿化学方法,是一种常温、常压下合成无机陶瓷、玻璃等材料的方法。溶胶-凝胶法一般以含高化学活性结构的化合物作为前驱体,如无机盐、金属醇盐等,其主要反应步骤是先将前驱体溶于一定溶剂(如水、有机溶剂等)中,形成均匀的溶液,并进行水解、缩合,在溶液中形成稳定的透明溶胶体系,溶胶经陈化胶粒间缓慢聚合,形成三维空间网络结构,网络间充满了失去流动性的溶剂,形成凝胶。凝胶经过后续处理(如干燥、煅烧等),可以制备颗粒、陶瓷纤维、陶瓷薄膜和块状陶瓷等材料。

液相沉淀法是指在原料溶液中加入适当的沉淀剂,在一定条件下生成沉淀物,主要包括直接沉淀法、共沉淀法、均匀沉淀法和水解法,常用于制备金属氧化物粉体材料。

固相反应在广义上可认为是有固相参与的化学反应,如固体的热分解、氧化,以及固体与固体、固体与液体之间的化学反应等。按反应物质状态,固相反应可分为纯固相反应、气固相反应、液固相反应、气液固相反应。固相反应过程通常涉及相界面的化学反应和相内部或外界的物质扩散等若干环节,因此,除反应物的化学组成、特性和结构状态以及温度、压力等因素外,其他可能影响晶格活化,促进物质内外传输作用的因素均会对反应有影响。如,Al_2O_3 和 CoO 固相反应生成 $CoAl_2O_4$,常用轻烧 Al_2O_3 而不用较高温度死烧 Al_2O_3 作为原料,这是因为轻烧 Al_2O_3 中存在 γ-Al_2O_3 向 α-Al_2O_3 转变,而 α-Al_2O_3 具有较高的反应活性。

自蔓延高温合成法是利用反应物之间的化学反应热的自加热和自传导作用来合成材料。外部热源将原料粉或预先压制成一定密度的坯件进行局部或整体加热,当温度达到点燃温度时,撤掉外部热源,利用原料颗粒发生的固体与固体反应或固体与气体反应所放出的大量反应热,使反应得以继续进行,最后所有原料反应完毕原位生成所需材料。例如,利用 Ti 粉和 C 粉合成 TiC,Ti 粉和 N_2 气体反应合成 TiN 等。

合成新材料的一个巧妙方法是以现有的晶体材料为基础,把一些新原子导入其空位或有选择性地移去某些原子,前者称为插层法,后者称为反插层法。引入或抽取原子后,材料的结构一般保持不变,这是拓扑反应的例子。大部分插层反应和反插层反应涉及离子的引入或移除,如 Li^+、Na^+、H^+、O^{2-} 等。例如,在绝缘性的锐钛矿型 TiO_2 中引入 Li^+,得到具有超导性的钛酸锂,性质发生巨大改变。

制备非晶态材料必须形成原子或分子混乱排列的状态,并且需将热力学上的亚稳态在一定温度范围内保持住,使之不向晶态转变。对于一些结晶较弱的玻璃、高分子材料等,易满足上述条件,在熔体自然冷却下即可得到非晶态。而对于结晶倾向较强的固体,如金属、合金等,一般采用液相骤冷和从稀释态凝聚,包括蒸发、离子溅射、辉光放电和电解沉积等方法。其中,液相骤冷是目前制备非晶态金属和合金材料的主要方法之一,并已进入工业化生产阶段。它是将金属或合金加热熔融成液态,再通过不同途径使熔体急速降温,以致晶体生长甚至成核都来不及发生就降温到原子热运动足够低的温度,从而使熔体中的无序结构保存下来,得到结构无序的固体材料,即非晶或玻璃态材料。

5.2 材料的成型加工性

塑料、橡胶、合成纤维以及聚合物基复合材料等具有很强的延展性和可塑性,在受热状态下可通过各种加工方式制成人们所需工具的形状,以下是一些应用较为广泛的材料加工方法。

5.2.1 挤出成型

挤出成型也称挤压模塑或挤塑,它是受热条件下在挤出机中挤压物料使其以流动状态连续通过口模成型的方法，制得的制品为具有恒定断向形状的连续型材，如管、棒、丝、板、薄膜、电线电缆包覆层等。挤出法主要用于热塑性塑料的成型，约50%热塑性塑料制品是挤出成型的，也可用于某些热固性塑料。此外，还可用于塑料的混合、塑化造粒、着色、掺合等。

挤出成型机由挤出装置、传动机构和加热、冷却系统等组成。挤出机有螺杆式(单螺杆和多螺杆)和柱塞式两种类型。单螺杆挤出机结构如图5-1所示。前者的挤出工艺是连续式，后者是间歇式。螺杆式挤压机借助螺杆旋转产生的压力和剪应力使物料充分混合和塑化，通过型腔而成型，一台机器可以完成混合、塑化和成型等一系列工序，达到连续生产的目的。柱塞式挤出机是以柱塞压力将已塑化好的物料挤出口模成型，完成一次挤压后柱塞退回等待物料填入进行下一次操作，因此是间歇生产。

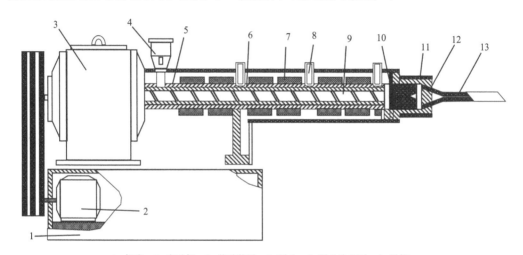

1. 机座；2. 电动机；3. 传动装置；4. 料斗；5. 料斗冷却区；6. 料筒；
7. 料筒加热器；8. 热电偶控温点；9. 螺杆；10. 过滤网及多孔板；
11. 机头加热器；12. 机头；13. 挤出物

图 5-1　单螺杆挤出机结构示意图

挤出成型工艺主要由以下四部分组成：

(1)干燥。原料中若水分过多会导致成品中出现气泡，力学性能下降，甚至无法挤出成型，因此必须进行干燥处理，将水分保持在0.5%以下。

(2)挤出成型。到达设定温度后，可以加料挤出制品。

(3)定型与冷却。当制品产出后应当及时冷却定型，防止重力等原因导致变形。挤出板材和片材时还需要通过压辊压平。

(4)拉伸和热处理。制品挤出成型后通常会产生离模膨胀现象，若不及时牵引出就会堵塞出口，使后续出口的制品发生形变，因此需要将牵引速度稍快于挤出速度形成拉伸。有些制品从口模挤出后，还需进行热处理以提高制品的尺寸稳定性，避免热收缩。

5.2.2　注射成型

注射成型主要应用于热固性塑料、热塑性塑料及橡胶制品成型。其基本原理是通过压力将熔融状态的物料注入具有一定形状的模具的模腔中，由于模具温度较低，物料在其中冷却定型，开启模具后可以得到所需制品。

塑料的注射成型又称注射模塑或注塑，热塑性塑料的注射成型包括加料、塑化、注射、保压、冷却、脱模等过程，塑料颗粒在注射成型机料筒中加热融化并均匀塑化，而后在柱塞或螺旋杆加压下塑料熔体被压缩并送入模具中，模具通过水道冷却将塑胶固化，得到与模腔一样的产品。

注射成型优点在于成型周期短（几秒至几分钟），成型制品质量可以由几克至几十千克，制得的产品尺寸精确，且可以制备外形复杂、带有金属或者非金属嵌件的模塑品，生产效率高、适应性强。注射成型几乎可以生产出各种形状和尺寸的塑料制品，但是不能用于制造大尺寸的管、棒、板等型材。此外，注射成型既可用于树脂、橡胶、泡沫塑料、复合材料等的成型，也可以与其他工艺相结合，因此是最为普遍的一种材料成型方法。

5.2.3　压延成型

压延成型是借助于辊筒间强大的剪切力，并配以相应的加工温度，使黏流态的物料通过一系列相向旋转的平行轴筒的间隙，多次受到挤压和延展作用，最终成为具有一定宽度和厚度的薄片制品的一种加工方法。塑料和橡胶均可采用压延成型工艺。压延成型产品除了用于制作薄膜和片材外，还可用于人造革和其他涂层制品。

压延成型工艺过程可分为供料和压延两个阶段。供料阶段是压延的备料阶段，主要包括物料的配制、混合、塑化和向压延机传输喂料等工序。压延工艺的控制主要是确定压延操作条件，包括辊温、辊速、速比、存料量、辊距等。

5.2.4　吹塑成型

吹塑成型又称中空成型、吹气成型，它最早用于制作玻璃瓶，目前是制造中空塑料部件的主要工艺，常用于热塑性塑料。吹塑过程是将塑料熔化后形成型坯，或者通过注射、注射拉伸吹塑形成型件。型坯是管状的塑料，一端有一个孔，压缩空气可以通过该孔，利用空气压力推出塑料以匹配模具。将塑料冷却和硬化，模具打开也部件被弹出。

一般来说，有三种主要的吹塑方式：挤出吹塑、注射吹塑和注射拉伸吹塑。

挤出吹塑成型是让塑料原料充满待注室后，透过螺杆配合外部加热器将进料混合，然后趁热将软化熔融的塑料压出成中空管状，将由上压出垂下的管状体夹在中空模具内，利用高压空气将软化的塑料吹胀至模具内壁，最后再从模具外将瓶口多余的部位去除。

注射吹塑成型的型坯的形成是通过注射成型的方法将型坯模塑在一根金属管上，管的一端通入压缩空气，另一端的管壁上开有微孔，型坯也就模塑和包覆在这一端上。注射模塑的型坯通常冷却后取出，吹塑前重新加热至材料的熔点以上，迅速移入模具中，并吹入压缩空气，型坯即胀大脱离金属管，贴于模型上成型和冷却。

注射拉伸吹塑是在注射吹塑的基础上发展形成的工艺。通过注射法制成的型坯处理到适宜的拉伸温度，经内部（用拉伸芯棒）或外部（用拉伸夹具）的机械力作用而进行纵向拉伸，同时或稍后压缩空气吹胀进行横向拉伸，最后获得制品。

5.2.5　压制成型

压制成型是指依靠外压的作用，实现成型物料造型的一次成型技术。按成型物料的性能、形状和加工工艺特征，可分为模压成型和层压成型。

1）模压成型

模压成型又称压缩模塑，这种方法是将粉状、粒状、碎屑状或纤维状的塑料放入加热的阴模模槽中，合上阳模后加热使其熔化，并在压力作用下使物料充满模腔，形成与模腔形状一样的模制品，再进行加热或冷却，脱模后即得制品。用模压法加工的塑料主要有酚醛塑料、氨基塑料、环氧树脂、有机硅、硬聚氯乙烯、聚三氟氯乙烯等。

模压成型与注射成型相比，生产过程的控制、使用的设备和模具较简单，较易成型大型制品。热固性塑料模压制品具有耐热性好、使用温度范围宽、变形小等特点；但其生产周期长、效率低、较难实现自动化，因而工人劳动强度大，不能成型复杂形状的制品，也不能模压厚壁制品。

2）层压成型

层压成型是指在压力和温度的作用下，将多层相同或不同材料的片状物通过树脂的黏结和熔合，压制成层压塑料的成型方法。

对于热塑性塑料，可将压延成型所得的片材通过层压成型工艺制成板材。层压成型是制造增强热固性塑料制品的重要方法。增强热固性层压塑料是以片状连续材料为骨架材料，浸渍热固性树脂溶液，经干燥后成为附胶材料，通过裁剪、层叠或卷制，在加热、加压作用下，使热固性树脂交联固化而形成板、管、棒状制品。

层压制品所用的热固性树脂主要有酚醛树脂、环氧树脂、有机硅、不饱和聚酯树脂等。所用的骨架材料包括棉布、绝缘纸、玻璃纤维布、合成纤维布、石棉布等，在层压制品中起增强作用。

5.2.6　浇铸成型

浇铸成型是将液状聚合物倒入一定形状的模具中，常压下烘焙、固化、脱模得到制品的方法。浇铸成型适用于热塑性及热固性塑料。

浇铸工艺、浇铸成型一般不施加压力，对设备和模具的强度要求不高，对制品尺寸限制较小，制品中内应力也低。因此，生产投资较少，可制得性能优良的大型制件，但生产周期较长，成型后须进行机械加工。

5.2.7　流延成型

流延成型又称带式浇注法、刮刀法，是一种比较成熟的能够获得高质量、超薄型瓷片的成型方法，已被广泛应用于独石电容器瓷片、厚膜和薄膜电路基片等先进陶瓷的生产。首先把粉碎好的粉料与有机塑化剂溶液按适当配比混合制成具有一定黏度的料浆，料浆从容器口流下，被刮刀以一定厚度刮压涂敷在专用基带上，经干燥、固化后剥下成为生坯带的薄膜，然后根据成品的尺寸和形状需要对生坯带作冲切、层合等加工处理，制成待烧结的毛坯成品。

流延成型还可应用于塑料加工，把热塑性或热固性塑料配制成一定黏度的胶液，经过滤后以一定的速度流延到卧式连续运转的基材上，然后通过加热干燥脱去溶剂、成膜，从基材上剥离就得到流延薄膜。流延薄膜清洁度高，特别适于用作光学用塑料薄膜，但成本高、强度低。

5.2.8　手糊成型

手糊成型又称手工裱糊成型、接触成型，指在涂好脱模剂的模具上，采用手工作业，一边铺设增强材料(包括玻璃布、无捻粗纱方格布、玻璃毡等)，一边涂刷树脂(主要是环氧树脂和不饱和聚酯树脂)，直到达到所需塑料制品的厚度为止，再通过固化和脱模而获得塑料制品。手糊成型是生产增强塑料制品的成型工艺之一。

手糊成型投资少、见效快、操作简单，适宜制作多品种、小批量的大中型零件设备，但机械化程度差，人工成本高。

5.2.9　喷射成型

喷射成型法是复合材料低压成型工艺之一。将混有促进剂、引发剂等的树脂分别从喷枪的不同喷嘴喷出，同时将玻璃纤维粗纱用切割器切断，并由喷枪中心喷出，与树脂一起均匀沉积到模具上，待沉积到一定厚度，用手辊或滚筒使纤维浸透树脂并压实以去除气泡，最后固化成制品。喷射工艺属于半机械化手糊，它将手工裱糊和叠层工序变成了喷枪的机械化连续作业，生产效率比手糊提高 2～4 倍，劳动强度降低，适于生产成型船体、淋浴间、汽车与火车车身等大尺寸制品和批量生产，并可利用廉价的玻璃纤维粗纱代替织物，降低了材料费用；制品无搭接缝，整体性好。其缺点是树脂含量高(60%以上)，制品强度低，现场污染多。

5.3　典型金属材料的制备工艺

绝大多数金属元素(除 Au、Ag、Pt 外)以氧化物、碳化物等化合物的形式存在地壳之中。因此，要获得各种金属及其合金材料，必须首先通过各种方法将金属元素从矿物中提取出来，接着对粗炼金属产品进行精炼提纯和合金化处理，然后浇注成锭，加工成型。

金属材料的制备主要采用冶金工艺，冶金工艺分为火法冶金、湿法冶金、电冶金三大类。

5.3.1　火法冶金

火法冶金是在高温条件下，将矿石或精矿经过一系列物理化学过程，使其中的金属与脉石或其他杂质分离，而得到金属的冶金方法。简言之，所有在高温下进行的冶金过程都属于火法冶金。火法冶金的工艺方法可分为提取冶金、氯化冶金、喷射冶金以及真空冶金。火法冶金一般包括炉料准备、熔炼吹炼和精炼三大过程，炉料准备是进行选矿、焙烧球化或烧结，熔炼吹炼是使金属化合物发生氧化还原反应，精炼是为了提纯，除去杂质。对于不同的金属，其火法冶金由不同的冶金过程组成。例如，铅的火法冶金是将铅精矿依次经过烧结焙烧、熔炼、火法精炼；铜的火法冶金是将铜精矿依次经过焙烧、熔炼(或者直接从精矿到熔炼)、吹炼、火法精炼。

5.3.2　湿法冶金

湿法冶金是指利用化学溶剂的化学作用，将矿石、经选矿富集的精矿或其他原料与水溶液或其他液体进行氧化、还原、中和、水解和络合等反应，使原料中所含有的有用金属转入液相，再对液相中所含有的金属进行分离富集，最后以金属或化合物的形式加以回收的方法。由于这种冶金过程大都是在水溶液中进行，故称湿法冶金，主要包括浸出、液固分离、溶液净化、溶液中金属提取及废水处理等单元操作过程。

下面从溶剂和浸出反应类型方面讲述湿法冶金的分类方式。

1. 按溶剂分类

1) 酸浸出

用酸作溶剂浸出有价金属的方法。常用的酸有无机酸和有机酸，工业上采用硫酸、盐酸、硝酸、亚硫酸、氢氟酸和王水等。硫酸的沸点高、来源广、价格低、腐蚀性较弱，是使用最多的酸浸出剂。在有色冶金中，硫酸常用于氧化铜矿的浸出、锌焙砂浸出、镍锍和硫化锌精矿氧压浸出等。盐酸可用于浸出多种金属、金属氧化物和某些硫化物，如镍锍、钴渣等。但盐酸及生成的氯化物腐蚀性较强，设备防腐要求较高。硝酸是强氧化剂，价格高，且反应易析出有毒的氮氧化物，只在少数特殊情况下才使用。

2) 碱浸出

碱浸出是用碱性溶液作溶剂的浸出方法。常用的碱有氢氧化钠、碳酸钠和硫化钠。铝土矿加压碱浸出是碱浸出典型的应用实例。碱浸出还用于浸出黑钨矿、铀矿(Na_2CO_3浸出)、硫化和氧化锑矿($Na_2S+NaOH$浸出)等。碱性溶液的浸出能力一般较酸性溶液弱，但浸出的选择性较好，浸出液较纯，对设备的腐蚀性小，不需特殊防腐。

3) 盐浸出

盐浸出是以盐作溶剂浸出有价金属的过程。如硫化矿用硫酸铁浸出铜：

$$CuS+Fe_2(SO_4)_3 \rightarrow CuSO_4+2FeSO_4+S$$

氯化钠浸出铅：

$$PbSO_4+2NaCl \rightarrow Na_2SO_4+PbCl_2, \quad PbCl_2+2NaCl \rightarrow Na_2[PbCl_4]$$

2. 按浸出反应类型分类

1) 氧化浸出

加入氧化剂，使矿石、精矿或其他固体物料有价组分在浸出过程中发生以氧化反应为特征的浸出方法。工业上常用的氧化剂有空气、氧、Fe^{3+}、MnO_2和Cl_2等。

对金属或低价金属氧化物而言，氧化浸出的目的是使金属氧化为离子或使低价离子氧化为易溶的高价离子进入溶液。如含金、银矿石的氧化浸出。

2)还原浸出

加入还原剂，使被浸出固体物料中的有价组分在浸出过程中发生以还原反应为特征的浸出方法。工业中常用的还原剂有 SO_2、$FeSO_4$ 等。例如，钴渣中钴以难溶的高价氢氧化物 $Co(OH)_3$ 形态存在，为了提取钴必须使 Co^{3+} 还原成易溶的 Co^{2+}，此时可以用 SO_2 作还原剂。

$$2Co(OH)_3+SO_2 \rightarrow CoSO_4+Co(OH)_2+2H_2O$$

5.3.3 电冶金

电冶金是利用电能进行提取和处理金属的工艺过程。根据电能转化形式的不同，分为电化冶金和电热冶金两类。

1. 电化冶金

电化冶金是利用电极反应进行的冶炼方法，对电解质水溶液或熔盐通以直流电，电解质发生化学变化，在阳极(电流从电极向电解液流动)上发生氧化反应(称为阳极反应)，而在阴极(电流从电解液流向电极)上发生还原反应(即阴极反应)。以粗金属作阳极，发生金属本身的溶解反应。这一过程称为电解精炼(或可溶性阳极电解)。使用不溶性电极作阳极，对溶解于电解液中的金属离子进行还原、分解的过程，称为电解提取。

根据电解液性质不同，对水溶液进行电解，称为水溶液电解；对熔盐电解液进行电解，称为熔盐电解。

水溶液电解精炼，主要用于电极电位较正的金属，如铜、镍、钴、金、银等，电解液多为酸液；熔盐电解精炼主要用于电极电位较负的金属，如铝、镁、钛、铍、锂、铌等，电解质用氯化物、氟化物或氯氟化物体系。

2. 电热冶金

电热冶金是利用电能转变为热能，在电炉内进行提取或处理金属的过程。按电能转变为热能的方法即加热的方法不同，分为电弧熔炼、电阻熔炼、电阻-电弧熔炼、感应熔炼、电子束熔炼和等离子熔炼等。

电弧熔炼是利用电能在电极与电极或电极与被熔炼物之间产生电弧，来熔炼金属的冶金过程。直接加热式电弧熔炼的电弧产生在电极棒和被熔炼的炉料之间，炉料受电弧直接加热，主要用于熔炼合金钢。直接加热式真空电弧熔炼炉主要用于熔炼钛、锆、钨、钼、铌等活泼和高熔点金属以及它们的合金。

电阻熔炼是在电阻炉内利用电流通过导体电阻所产生的热量来熔炼金属的冶金过程。按电热产生的方式，电阻炉分为直接加热和间接加热两种。

电阻-电弧熔炼是利用电极与炉料之间产生的电弧和电流通过炉料产生的电阻热来熔炼金属的冶金过程，是有色金属冶炼中应用广泛的一种电热冶金方法，主要用于生产铁合金、电石、铜锍、镍锍、黄磷等冶金及化工产品。

感应熔炼是利用电磁感应和电热转换所产生的热量来熔炼金属的冶金过程。感应熔炼在感应炉内进行。

电子束熔炼是利用电能产生的高速电子动能作为热源来熔炼金属的冶金过程，又称电子轰击熔炼。该法具有熔炼温度高、炉子功率和加热速度高、提纯效果好的优点，但也存在金属回收率低、电耗大等缺点。

等离子熔炼是利用电能产生的等离子弧作为热源来熔炼金属的冶金过程。该法具有熔炼温度高、物料反应速度快的特点，常用于熔炼、精炼、重熔高熔点金属和合金。

5.4　无机非金属材料的制备

无机非金属材料可分为传统无机非金属材料和先进无机非金属材料。传统无机非金属材料主要包括陶瓷、水泥、玻璃、耐火材料、搪瓷、砖瓦、琉璃、铸石、碳素材料和非金属矿等；先进无机非金属材料主要包括磁性材料、先进陶瓷材料、先进碳材料、人工晶体等材料。

普通无机非金属材料的生产是采用天然矿石作原料，经粉碎、配料、混合等工序，成型(陶瓷、耐火材料等)或不成型(水泥、玻璃等)，在高温下煅烧成多晶态(水泥、陶瓷等)或非晶态(玻璃、铸石等)，经过进一步的加工，如粉磨(水泥)、上釉彩饰(陶瓷)、成型后退火(玻璃、铸石等)，得到粉状或块状的制品。

先进无机非金属材料的原料多采用高纯、微细的人工粉料。单晶体材料用焰融、提拉、水溶液、气相及高压合成等方法制造。多晶体材料用热压铸、等静压、轧膜、流延、喷射或蒸镀等方法成型后，采用煅烧、烧结、水热合成、超高压合成或熔体晶化等方法制造粉状、块状或薄膜状的制品。非晶态材料用高温熔融、熔体凝固、喷涂、拉丝或喷吹等方法制成块状、薄膜或纤维状的制品。

无机非金属材料的制备工艺有所不同，但也有很多共性。

1. 原料

无机非金属材料的大宗产品，如水泥、玻璃、砖瓦、陶瓷、耐火材料的原料大多来自储量丰富的非金属矿物，如石英砂(SiO_2)、黏土($Al_2O_3 \cdot 2SiO_2 \cdot 2H_2O$)、长石($K_2O \cdot Al_2O_3 \cdot 6SiO_2$等)、铝钒土($Al_2O_3 \cdot nH_2O$)、石灰石($CaCO_3$)、白云石($CaCO_3 \cdot MgCO_3$)、硅灰石($CaO \cdot SiO_2$)、硅线石($Al_2O_3 \cdot SiO_2$)等。

据统计，氧、硅、铝三者的总量占地壳中元素总量的90%，其中除天然砂和软质黏土外都是比较坚硬的岩石。

因原料大多来自天然的硬质矿物，要使其重新化合、造型，必须进行矿物的粉碎再利用粉体配料，最后进行各种热处理或成型。粉体颗粒的大小、级配、形状及其均匀性往往直接影响产品的质量和产量。随着机械化和自动化水平的提高，对产品质量和原料均匀性的要求越来越高，而天然矿物往往均匀性差。当前水泥工业采取种种措施进行原料的均化，陶瓷工业通过对原料进行加工、成分检验、掺和等，提供标准化、系列化的粉体。因此，粉体的制备和运输在无机非金属材料的生产过程中占有重要的地位。如何防治在粉体的制备和运输过程中产生粉尘和噪声污染，也是无机非金属材料工业需要解决的问题。

近代发展起来的特种陶瓷和玻璃对原料纯度要求很高，因此大多采用化工原料合成粉体，因而形成一个新的学科分支——粉体的合成。由于其需要很高的投入，增加了粉体的成本，所以只用于少数高性能的功能材料中。

2. 高温加热(热处理)

由于无机非金属材料工业所用原料的稳定性和耐高温性，要使它们相互反应生成新的高度稳定的物质或使其形成熔融体，必须在较高的温度下进行(一般 1000℃以上)，因此大部分无机非金属材料生产都有加热过程，而且是整个生产的核心过程，一般都在用耐火材料砌筑的窑炉中进行。尽管不同产品的加热方式和目的有所不同：如石灰石($CaCO_3$)的煅烧是为了使其分解，得到活性的 CaO；水泥的煅烧是使石灰石和黏土等反应，合成硅酸钙类水泥矿物；玻璃工业中的加热是为了获得无气泡结石的均一熔体，而晶化是为了使熔体变成晶体；陶瓷的烧结是让黏土分解、长石熔化，再和其他组分生成新矿物和液相，最后形成坚硬的烧结体，但是加热过程中所遵循的基本原理是相同的：如热的传递，气体的流动，物质的传递，熔体、气体对炉体的侵蚀，气氛的影响等等。

在此过程中，加热所需的热量通常来自燃料的燃烧，因此燃料的品种、质量、燃烧的条件直接影响温度、温度的均匀性以及燃料的消耗。能否合理地组织燃料燃烧是决定质量、产量和成本的主要因素。例如，水泥生产中的燃料灰分会进入产品中，所以其组成对产品的性能有直接影响。此外，燃料燃烧产生的废气和烟尘对环境将产生污染，也应给予充分的重视。

3. 成型

由粉体变成产品都有成型过程。尽管成型的方法很多，所基于的原理各不相同，但其目的是相同的，都是使粉体变成具有高强度和特定尺寸的制品。

尽管水泥生产过程只有两磨一烧，没有成型工序，但水泥要真正投入使用，也一定要经过成型。水泥在使用时需加上水和其他材料，浇注成堤坝、管道、梁柱、预制板或作为防水涂层、砌筑胶泥涂抹于其他制品的表面。水泥成型的机理是通过水化形成各种水化产物，进而变成坚硬的水泥石。因此，水泥生产中配方、煅烧、粉磨、产品检验都要充分考虑今后成型的需要。

4. 干燥

由于有些天然原料如黏土、砂等常含有水分而不利于加工，需要烘干。有些成型方法需在粉料中加水方能完成(如陶瓷中的可塑成型和注浆成型)，成型后的制品必须经过干燥，才能进入烧成。虽然干燥的对象和水分高低不同，但都是从物料和制品中除去水，具有有共同的作用原理，如热量的传递、水分的蒸发、加热的方式、空气的温度和流速对水分蒸发的影响，干燥过程中坯体的收缩等。

5.5 高分子材料的制备与聚合物成型加工

高分子化合物是由一类相对分子质量很高的分子聚集而成的化合物,也称为高分子、大分子等。一般把相对分子质量高于 10000 的分子称为高分子。高分子通常由 $10^3 \sim 10^5$ 个原子以共价键连接而成。由低分子单体聚合为高分子聚合物的反应称为聚合反应。按聚合过程中单体聚合物的结构变化,聚合反应可分为缩合聚合、加成聚合和开环聚合三大类。由于高分子多是由小分子通过聚合反应而制得的,因此也常被称为聚合物或高聚物,用于聚合的小分子则被称为"单体"。

高分子聚合物的合成方法主要有以下几种:

5.5.1 本体聚合

本体聚合是指单体(或原料低分子物)在不加溶剂和其他分散剂的条件下,由引发剂或光、热作用下其自身进行聚合引发的聚合反应,是制造聚合物的主要方法之一。

本体聚合分为均相聚合与非均相聚合两类。生成的聚合物能溶于各自的单体中,为均相聚合,因制得的是块状聚合物,又称块状聚合,如苯乙烯、甲基丙烯酸甲酯等;生成的聚合物不溶于它们的单体,在聚合过程中不断析出,为非均相聚合,又称沉淀聚合,如乙烯、氯乙烯等。引发剂又称自由基引发剂,指一类容易受热分解成自由基(即初级自由基)的化合物,可用于引发烯类、双烯类单体的自由基聚合和共聚合反应,也可用于不饱和聚酯的交联固化和高分子交联反应。本体聚合的引发剂为油溶性引发剂,主要包括偶氮引发剂和过氧类引发剂。偶氮类引发剂有偶氮二异丁腈、偶氮二异庚腈、偶氮二环己基甲腈、偶氮二异丁酸二甲酯等。过氧类引发剂有过氧化氢、过硫酸铵、过氧化二苯甲酰等。

5.5.2 溶液聚合

溶液聚合为单体、引发剂(催化剂)溶于适当溶剂中进行聚合的过程。溶剂一般为有机溶剂,也可以是水,视单体、引发剂(或催化剂)和生成聚合物的性质而定。如果形成的聚合物溶于溶剂,则聚合反应为均相反应,这是典型的溶液聚合;如果形成的聚合物不溶于溶剂,则聚合反应为非均相反应,称为沉淀聚合,或称为淤浆聚合。

溶液聚合可由单体、油溶性引发剂和溶剂组成,或单体、水溶性引发剂和水组成。水溶性引发剂主要有过硫酸盐、氧化还原引发体系、偶氮二异丁脒盐酸盐(V-50 引发剂)、偶氮二异丁咪唑啉盐酸盐(VA-044 引发剂)、偶氮二异丁咪唑啉(VA061 引发剂)、偶氮二氰基戊酸引发剂等。

5.5.3 悬浮聚合

溶有引发剂的单体以液滴状悬浮于水中进行自由基聚合的方法称为正相悬浮聚合法。水为连续相,单体为分散相。在每个小液滴内进行聚合,反应机理与本体聚合相同,可看作小珠本体聚合。水溶性单体的水溶液作为分散相悬浮于油类连续相中,在引发剂的作用下进行聚合的方法，称为反相悬浮聚合法。同样也可根据聚合物在单体中的溶解性有均相、非均相聚合之分。

悬浮聚合主要由单体、油溶性引发剂、双亲性分散剂和去离子水组成。分散剂可分为有机和无机，有机有聚乙烯醇类，无机有碳酸钙、碳酸镁、硫酸钡等。具体用哪种根据产品的性能要求决定。

5.5.4 乳液聚合

乳液聚合是高分子合成过程中常用的一种合成方法，因为它以水作溶剂，对环境十分友好。在乳化剂的作用下并借助于机械搅拌，使单体在水中分散成乳液状，由引发剂引发而进行聚合反应。乳化剂是使互不相溶的油与水转变成难以分层的乳液的一类物质，通常是兼有亲水的极性基团和疏水(亲油)的非极性基团的表面活性剂。

乳液聚合包括单体、水、引发剂，主要是油溶性或水溶性引发剂。

5.5.5 聚合物的成型加工方式

聚合物的成型加工过程如下：预浸料的制造、制件的铺层、固化及制件的后处理与机械加工等。复合材料制品有几十种成型方法，它们之间既存在着共性又有着不同。以下是几种常见的加工方式。

1. 手糊成型

手糊成型法又称接触成型法，是将加有固化剂的树脂混合料和增强材料，在模具上用手工铺放分层叠合，使二者黏结在一起形成制品的方法。

手糊成型工艺包括原材料准备、模具准备及脱模剂涂刷、胶衣层制备、糊化及固化、脱模和修整等工序。原材料准备主要是针对树脂黏度、凝胶时间和固化程度等工艺特性选择配方，剪裁玻璃纤维布等。模具使用前后需清洗与擦拭，并涂刷脱模剂以保证制品顺利脱模，保持模具完好。胶衣层用于补偿胶液固化时的收缩，防止显露纤维或布纹，从而获得表面光滑的制品。糊化及固化是制品成型的过程，待胶衣层凝胶后，经过反复多次涂刷树脂和铺贴玻璃纤维布后交联固化，再经脱模修整后成制品。

手糊成型投资少、见效快、操作简单、可设计性强、不受制品尺寸和形状的限制，适宜于制作多品种、小批量的大中型零件设备，但该法操作水平低、机械化程度较差。

2. 预浸料

预浸料是将树脂体系浸涂至纤维或纤维织物，通过一定的处理过程后贮存备用的半成品。预浸料按增强材料的纺织形式可分为预浸带、预浸布、无纺布等；按照纤维的排布方式可分为单向预浸料和织物预浸料；按纤维类型可分为玻璃纤维预浸料、碳纤维预浸料和有机纤维预浸料等。复合材料制品的力学及化学性质在很大程度上取决于预浸料的质量。

3. 喷射成型

喷射成型法是将含有促进剂、引发剂等树脂和短纤维从喷枪的不同喷嘴中同时喷出，沉积在模具表面，用滚筒压实以除去气泡，使树脂浸透纤维，再固化成型制成复合材料的制品工艺。喷射成型也称半机械化手糊法。

在喷射成型开始前，应先检查树脂的凝胶时间，确定树脂和配方比例。待胶衣树脂凝胶后开始喷射成型操作。若需获得较高强度的制品，则必须与粗纱布并用。在使用粗纱布时，应先在模具上喷射足够量的树脂，再铺上粗纱布，仔细滚压除去气泡。

4. 缠绕成型

缠绕成型是用胶布在卷管机上加热卷制成型的一种制造复合材料管的工艺方法，其成型方法简便，但必须用布作增强材料。

利用连续纤维缠绕技术制作复合材料制品时，可以将纤维或带状织物浸渍树脂后缠绕在芯模上，或者将纤维或带状织物缠好后再浸渍树脂。纤维缠绕方式和角度可以通过计算机控制，缠绕到要求厚度后，制成一定形状。

5. 袋压成型

袋压成型是最早及最广泛用于预浸料成型的工艺之一。将纤维预制件铺放在模具中，盖上柔软的隔离膜，在热压下固化，经过所需的固化周期后，材料形成具有一定结构的构件。袋压成型可分为真空袋压成型、压力袋压成型和热压罐成型。

6. 拉挤成型

拉挤成型是将浸渍过树脂胶液的连续纤维束或带状织物在牵引装置作用下通过成型模定型，在模中或固化炉中固化，制成具有特定横截面形状和长度不受限制的复合材料型材的方法。一般情况下，只将预制品在成型模中加热到预固化的程度，最后固化在加热箱中完成。拉挤成型的最大特点是连续成型，制品长度不受限制，力学性能尤其是纵向力学性能突出，结构效率高，制造成本较低，自动化程度高，制品性能稳定，主要用于电气、电子、化工防腐、文体用品、土木工程和陆上运输等领域。

7. 层压成型

层压成型是制取复合材料的一种高压成型法，此法多用纸、棉布、玻璃布作为增强填料，以热固性酚醛树脂、芳烃甲醛树脂、氨基树脂、环氧树脂及有机硅树脂为黏结剂。

复合材料层压板的成型工艺是将一定层数的经过叠合的胶布置于两块不锈钢模板之间，在多层液压机中，经加热加压固化成型，再经冷却、脱模、修整后得到层压板制品。

8. 模压成型

模压成型是在封闭的模腔内，借助加热和压力固化成型复合材料制品的方法，是广泛使用的一种复合材料制造工艺，一般分为坯料模压、片状模塑料模压及块状模塑料模压。

模压成型工艺广泛用于生产家用制品、机壳、电子设备、办公室设备的外壳、卡车门和轿车仪表板等汽车部件，也用于制造连续纤维增强制品。当生产批量为几千件以上时，一般使用钢模或表面作适当处理的钢模。在生产批量比较少或产品开发阶段，模具也可以用高强度环氧树脂浇铸而成。

近年来，在复合材料的成型方法上也出现了几种工艺复合使用的情况，如一种特殊用途的管子，在采用纤维缠绕的同时，还用布带缠绕或用喷射方法复合成型。

习　题

1. 简述挤塑成型的原理及其制备过程。
2. 塑料有哪些常用的成型方法？
3. 吹塑成型有哪几种？它们有何区别？
4. 注射成型的原理及过程是什么？其主要优点有哪些？
5. 模压成型的优点有哪些？
6. 结合实际，简述流延成型在哪些方面有所应用。
7. 手糊成型与喷射成型的区别是什么？
8. 溶胶凝胶法的原理是什么？可以分为几个过程？
9. 常用的气相沉淀法有哪几种？它们有何区别？
10. 简述液相沉淀法的三个具体方法并结合实际举例。
11. 固相反应法是什么？请写出其特点。
12. 简述典型金属材料制备工艺。
13. 无机非金属材料如何分类？制备工艺共性有哪些？

第6章　集成电路材料与制备工艺

6.1　集成电路制造工艺

集成电路产业作为信息技术产业的核心，是支撑经济社会发展和保障国家安全的战略性、基础性和先导性产业，是培育发展战略性新兴产业、推动信息化和工业化深度融合的基础，是保障国家信息安全的重要支撑，其产业能力决定了各应用领域的发展水平，并已成为衡量一个国家产业竞争力和综合国力的重要标志之一（图 6-1 和表 6-1）。2018年国务院《政府工作报告》中，把推动集成电路产业发展放在实体经济发展的首位强调，凸显出在中国制造大投入、大发展、大跨越的趋势下集成电路产业的重要性。

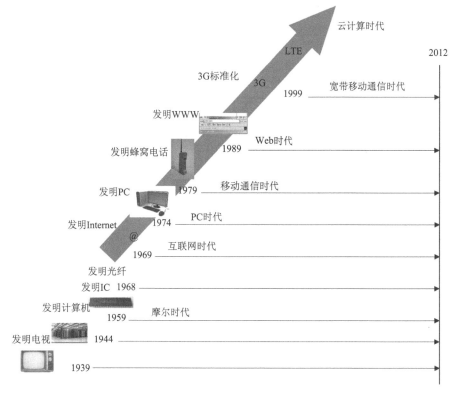

图 6-1　集成电路技术发展（1939～2012 年）

表 6-1　半导体产业发展历史大事记

年份	事件
1947	第一只晶体管问世
1955	飞兆半导体公司成立
1958	第一块集成电路问世
1961	飞兆半导体公司和德州仪器公司共同推出了第一颗商用集成电路(双极型模拟电路)
1962	TTL 逻辑电路问世(双极型数字电路)
1963	飞兆半导体公司推出第一块 CMOS 集成电路
1964	1 英寸硅晶圆出现
1965	Gordon Moore 提出摩尔定律
1967	专业半导体制造设备供应商——美国应用材料公司成立
1968	Intel 成立；NEC 制作出日本第一颗 IC
1973	商用的 BiCMOS 技术开发成功
1979	5 英寸的硅晶圆出现
1985	8 英寸硅晶圆开始使用
1987	中国台湾台积电开创专业 IC 制造代工模式
1988	专业 EDA 工具开发商益华电脑股份有限公司成立
1999	12 英寸硅晶圆出现
2000	中芯国际 IC 制造公司在中国成立
2019	Intel 建成首个 12 英寸生产线

从本章开始,将介绍集成电路基础、集成电路制造工艺和集成电路材料与工艺。

集成电路是一种微型电子器件或部件。采用一定的工艺,将一个电路中所需的晶体管、电阻、电容和电感等元件通过布线互连,制作在一小块或几小块半导体晶片或介质基片上,然后封装在一个管壳内,成为具有所需电路功能的微型器件。在电路中用字母"IC"表示集成电路。

集成电路产业链分为单晶硅生产、IC 设计、IC 芯片生产、封测等环节。单晶硅生产包括粗硅制备、提纯、单晶拉制、切片、磨片、抛光；IC 设计是根据功能要求设计出集成电路的结构和分层布线的方案、版图；IC 芯片生产是根据设计要求,通过扩散、注入、淀积薄膜、光刻等过程形成芯片；封测指对芯片进行封装、引出芯片电极、对性能进行分选、合格品打标出厂。图 6-2 示意了从硅锭制造到芯片生产的主要流程。

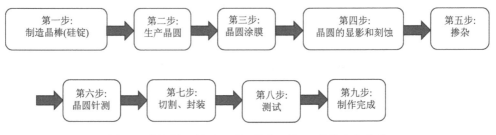

图 6-2　图解从"沙子"到"黄金"的 IC 芯片生产流程

　　集成电路制造包括在硅片上执行一系列复杂的化学或物理操作，主要分为四大基本类：薄膜制作、刻印、刻蚀和掺杂。以最典型的互补金属氧化物半导体(complementary metal oxide semiconductor，CMOS)为基础的集成电路芯片制造为例，如图 6-3 所示，其工艺极为复杂。若要将芯片制造流程控制在一个可管理的水平，必须清楚认识工艺中各类材料的属性和工艺变化。材料属性和工艺条件的变化直接影响最终的测试结果。由于集成电路制造工序较多，分类方式也较多，为简化讨论，本书不一一分析，仅针对其中涉及关键材料的流程进行分析。

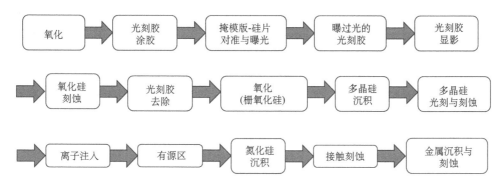

图 6-3　CMOS 工艺流程中的主要制造步骤(来源 Advanced Micro Devices 公司)

6.2　集成电路衬底材料与工艺

6.2.1　半导体材料基础

　　在晶体结构中，每个原子都是由一个带正电的原子核与环绕在原子核外围轨道带负电的电子所组成的。固体材料能够导电，是因为固体中的电子在外电场作用下做定向运动。由于电场力对电子的加速作用，电子的运动速度和能量都发生变化，即电子和外电场之间发生能量交换。从能带理论解释，电子的能量变化，即电子由一个能级跃迁到另一个能级。对于满带，其中的能级已被电子所占满，在外电场作用下，满带的电子并不形成电流，对导电没有贡献。通常情况下，原子中的内层电子都是占据满带中的能级，因而内层电子对导电没有贡献，而在最外层的电子称为价电子，是决定固体电性的主要因素。对于被电子部分占满的能带，在外电场作用下，电子可从外电场吸收能量跃迁到未被电子占据的能级，形成电流，起到导电作用。

　　根据流经材料电流的不同，可将材料分为导体、绝缘体和半导体三类。导体是电子以电流方式流过的材料，其原子最外层通常存在一些束缚松散的价电子，在施加电场的情况下，这些价电子并非局限在特定的原子轨道，而是可以从外电场中吸收能量跃迁到还未被电子占据的能级，因而产生导电电流。金属材料具有这种典型的价电子层结构，例如，铝是最常见的导体材料，在半导体制造中常用作器件之间的相互连线；铜可以被引入到硅片制造中取代铝充当微芯片上不同器件之间的互连材料；钨可以作为金属层之间的互连材料。硅片制造中特征尺寸的减小使电阻成为一个重要的参数。更小的尺寸引起互连线的电阻增加，这个非理想的效应增加了热损耗。更低的电阻正是铜取代铝作为主要互连线材料的原因。

绝缘体是对电流流过具有很高阻值的材料，其禁带宽度较大，激发电子需要极大能量，因此在常温下，能激发至导带的电子很少，所以导电性差。绝缘体又称为电介质，日常生活中的塑料、橡胶、玻璃和陶瓷等，在半导体制造中常用的二氧化硅、氮化硅、聚酰亚胺等都是绝缘体。

半导体材料指电导率在金属电导率(约 $10^4 \sim 10^6$ S/cm)和绝缘体电导率($<10^{-10}$ S/cm)之间的物质，其既可以充当导体，又能充当绝缘体。半导体材料与金属相比，能带是不连续的，其能带结构通常是由一个能量较低的、被价电子所充满的价带(valence band，VB)和一个能量较高的、未填充电子的导带(conduction band，CB)构成，价带和导带之间的区域称为禁带，该区域的大小称为禁带宽度(E_g)。要让价带中的价电子参与导电，首先必须有足够的能量激发它，使之越过禁带进入导带。所谓足够的能量，至少应等于禁带宽度。一般情况下，半导体材料具有较小的禁带宽度，为 0.2~3.0 eV，单位 cm^3 体积内的自由电子数目为 $10^{16} \sim 10^{19}$ 个，在常温下已有不少电子能被激发跃迁至导带，所以半导体具有一定的导电能力，这是半导体和绝缘体的主要区别。

通常人们把半导体分为本征半导体和非本征半导体两类。本征半导体的电导率是由材料本身的电导能力决定的，而非本征半导体的电导率则主要取决于杂质。本征半导体可分为元素本征半导体和化合物本征半导体两类。硅和锗是典型的元素本征半导体，它们都是ⅣA族元素，禁带宽度分别为 1.12 eV 和 0.67 eV。锗是用于晶体管制造的第一种半导体材料，但由于工艺和性能的原因，于 20 世纪 50 年代被硅取代了。化合物本征半导体主要包括两种：一种是由ⅢA 和ⅤA 族元素化合而成，称为Ⅲ-Ⅴ族化合物，如砷化镓(GaAs)和锑化铟(InSb)；另一种是由ⅡB 和ⅥA 族元素化合而成，称为Ⅱ-Ⅵ族化合物，如硫化镉(CdS)和碲化锌(ZnTe)。形成化合物的两个元素在周期表中的位置离得越远，则原子间的结合越离子化，禁带宽度越宽。表 6-2 给出了几种本征半导体材料的基本参数。

表 6-2 几种本征半导体材料的基本参数

材料	禁带宽度/eV	电导率/(S/m)
Si	1.12	4×10^{-4}
Ge	0.67	2.2
GaAs	1.35	10^{-6}
InSb	0.17	2×10^4
CdS	2.40	—
ZnTe	2.26	—

除了导带上电子的导电作用外，半导体中还有价带中空穴的导电作用。对于本征半导体，当一个电子从价带被激发到导带，便在价带中产生一个空穴，即导带中出现多少电子，价带中相应地就出现多少空穴。导带上电子参与导电，价带上空穴也参与导电。空穴可以视为电荷大小与电子相等但符号相反的粒子，在电场作用下，被激发的电子和

空穴向相反方向运动，同时参与导电，这一点是半导体与金属的最大差异。金属中只有电子一种荷载电流粒子(称为载流子)，而在半导体中有电子和空穴两种载流子。正是由于这两种载流子的作用，使半导体表现出许多奇异的特性，可用来制造多种器件。

因此，本征半导体的电导率可表达为

$$\sigma = n|e|\mu_e - p|e|\mu_h \tag{6.1}$$

式中，n 为单位体积内的电子数；p 为单位体积内的空穴数；μ_e 为电子的迁移率；μ_h 为空穴的迁移率。一般情况下，$\mu_h < \mu_e$，并且本征半导体中激发的自由电子数和空穴数总是相等的，即 $n=p$，所以上式可简写为

$$\sigma = n|e|(\mu_e - \mu_h) = p|e|(\mu_e - \mu_h) \tag{6.2}$$

具有金刚石结构的硅，是晶圆制造中最重要的半导体材料。硅原子的最外层轨道具有 4 个价电子，它可以与 4 个邻近原子共享其价电子，形成共价键。在室温时，这些共价电子被局限在共价键上，所以不像金属具有可以导电的自由电子。但在较高温度下，热振动可能使共价键断裂，当一个共价键断裂时，即释放出一个自由电子参与导电。因此，本征半导体在室温时的电性如同绝缘体一样，但在高温时又和导体一样具有高导电性。

非本征半导体是杂质掺入本征半导体材料中形成的固溶体，杂质浓度一般为 $10^{-5} \sim 10^{-4}$。非本征半导体可分为 n 型半导体和 p 型半导体。

n 型非本征半导体是将五价原子(如 P、As、Sb 等)掺杂进硅本征半导体材料制成的。在本征硅半导体中加入一个五价的杂质原子取代一个硅原子时，杂质原子上的 5 个价电子中只有 4 个可能参与键合，多余的一个非键合电子以很弱的静电作用松散地与杂质原子相结合。由于结合能很小，这个电子容易从杂质原子上移出，变成自由的导电电子，如图 6-4 所示。

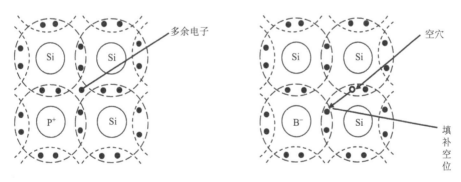

图 6-4　掺磷 n 型硅中的电子(左)和掺硼 p 型硅中的空穴(右)

采用电子能带结构模型解释，每个松散结合的电子能级位于本征半导体靠近导带的禁带中，它的能量与本征半导体导带最低能级之差很小(<0.1 eV)，易被激发到导带中。这种在激发后能给本征半导体导带提供电子的杂质称为施主(它们贡献一个额外的可移动电子)，其能级称为施主能级，常用 E_d 表示。

对于 n 型半导体，其是在本征半导体中掺入施主杂质，杂质电离后，导带中的导电电子增多，半导体的导电能力增强，此时，电子为多数载流子，空穴为少数载流子，由

于 $n \gg p$，式(6.1)可改写为

$$\sigma = n|e|\mu_e \tag{6.3}$$

p 型非本征半导体是在硅或锗中加入三价杂质原子(如 Al、B、Ga 等)，则在掺入原子周围的共价键就缺一个电子。这种缺电子位置可看作与杂质原子微弱结合的空穴，该空穴可以通过与邻近键中的电子交换而从杂质中移动出来参与导电过程，如图 6-4 所示。

采用电子能带结构模型解释，每个三价杂质原子在本征半导体的禁带中引入一个靠近其价带的能级，易接受从价带激发出来的电子，从而在价带中留下一个空穴。这类杂质原子称为受主(它们得到一个额外的可移动电子)，所在能级称为受主能级，常用 E_a 表示。

对于 p 型非本征半导体，其是在本征半导体中掺入受主杂质，受主杂质电离，使得价带中的导电空穴增多，半导体的导电能力增强，此时，空穴为多数载流子，电子为少数载流子。因此 p 型半导体的电导率为

$$\sigma = p|e|\mu_h \tag{6.4}$$

制造非本征半导体所用的本征半导体材料的初始纯度很高，杂质含量仅有 10^{-9}。将微量的施主或受主杂质加入本征半导体材料使之成为非本征半导体的过程，称为掺杂，被掺入的杂质称为掺杂物。制造集成电路时，通常需要按照电路的设计要求在硅片表面选定的区域内掺杂选定的杂质原子，使之成为 n 型或 p 型区域。掺杂元素的类型和浓度决定了是电子还是空穴导电，也决定了硅最终的电导率值。掺杂区的类型可以与硅片的类型相反，如 p 型硅片中可以有 n 型掺杂区，也可以与硅片的类型相同但杂质浓度不同。常用的掺杂工艺有扩散掺杂法和离子注入法。扩散掺杂法是将硅片置于 1000~1100℃ 的扩散炉内，炉内气体含所需掺杂的原子，掺杂原子通过扩散作用在选定区域内逐渐进入硅片。离子注入法是指将掺杂原子离子化，并在 50~100 kV 电压下加速轰入选定的硅片区域内。

掺杂区的类型由 p 型转变为 n 型的区域，或者由 n 型转变为 p 型，n 型和 p 型两者的交界面处就形成了所谓的 pn 结。常用的形成 pn 结的工艺方法有两种，即合金法和扩散法。例如，将一小粒铝放在一块 n 型单晶硅片上，加热到一定温度，形成硅铝熔融体，再降低温度，熔融体开始凝固，在 n 型硅片上形成了一个含有高浓度铝的 p 型硅薄片，它与 n 型硅衬底的交界面处即为 pn 结(也称为合金结)，此方法为合金法。合金结的杂质分布特点是，n 型区中施主杂质浓度为 N_D 且分布均匀，p 型区受主杂质浓度为 N_A 且分布均匀，但在交界面处，杂质浓度由 N_A(p 型)突变为 N_D(n 型)，具有这种杂质分布的 pn 结称为突变结。扩散法是指在 n 型单晶硅片上，通过氧化、光刻、扩散等工艺制得的 pn 结(也称为扩散结)，其杂质分布是由扩散过程及杂质补偿决定。在这种结中，杂质浓度从 p 区到 n 区是逐渐变化的，因而又称为缓变结。在半导体制造中，pn 结的深度和精确度是关键，随着器件尺寸的缩小，精确控制硅中 pn 结和掺杂浓度的能力成为半导体芯片制造最主要的挑战。

非本征半导体的电导率取决于单位体积内被激活(离子化)的杂质原子数。温度越高，被激活的杂质原子数越多，从而参与导电的电子或空穴数越多，因为其电导率随温度的

上升而增加。当温度高到一定程度，热量已足以激活所有的杂质原子使其离子化，但还不足以在本征基材中激发出大量的电子空穴对时，非本征半导体的电导率基本与温度无关。这个温度范围对非本征半导体器件是十分重要的一个特征参数，因为在这个温度范围内，非本征半导体的电导率基本保持恒定，不随工作温度的变化而变化。

6.2.2　衬底材料的种类

衬底材料按照演进过程可分为三代：以硅、锗等元素半导体材料为代表的第一代，奠定微电子产业基础；以砷化镓（GaAs）和磷化铟（InP）等化合物材料为代表的第二代，奠定信息产业基础；以氮化镓（GaN）和碳化硅（SiC）等宽禁带半导体材料为代表的第三代，支撑战略性新兴产业的发展（图 6-5）。

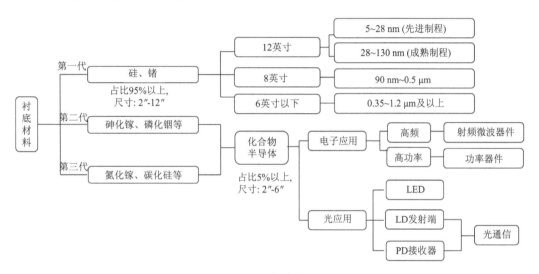

图 6-5　衬底材料分类

硅是应用最广的一种半导体材料。从半导体器件产值来看，2017 年全球 95% 以上的半导体器件和 99% 以上的集成电路采用硅作为衬底材料，而化合物半导体市场占比在 5%以内。从衬底市场规模看，2017 年硅衬底年销售额 87 亿美元，GaAs 衬底年销售额约 8亿美元，GaN 衬底年销售额约 1 亿美元，SiC 衬底年销售额约 3 亿美元。硅衬底销售额占比达 85%，其主导和核心地位仍不会动摇。以下重点分析我国境内硅片、GaAs、InP、GaN 以及 SiC 这几种重要衬底材料的技术水平和产业化能力。

1. 硅衬底

目前，主流的硅片尺寸为 300 mm（12 英寸）、200 mm（8 英寸）以及 150 mm（6 英寸）。其中，12 英寸硅片自 2009 年开始市场份额超过 50%，2022 年占硅片市场已超过 80%的份额，是硅片市场的首要产品。

全球硅片市场高度集中。目前硅片的供应商主要有日本的信越化学和盛高、中国台湾的环球晶圆、德国的 Siltronic 以及韩国的 SK Siltron，这五大供应商通过产业整合和并购已经占据全球 94% 的市场份额。

我国境内(以下如无特别说明,统计范围仅限境内)硅片生产商分布零散,主要硅片产品集中在 6~8 英寸,12 英寸硅片的研发和生产处于起步阶段。当前,有研半导体、浙江金瑞泓、天津中环、洛阳麦克斯、合晶/晶盟、中环环欧等公司能够批量供应 6 英寸硅片,满足境内小尺寸硅片市场的需求。随着我国集成电路正积极迈向 8 英寸与 12 英寸制造,各地多项大硅片项目正在启动中。2017 年以来,我国陆续已有近 20 个硅片项目公布规划,部分项目已开工建设,少数项目实现量产。

在 8 英寸硅片方面,未来我国新增硅片设计产能将超过 350 万片/月(表 6-3),并且产能正在加速释放中。其中浙江金瑞泓建成 8 英寸硅片的生产线,具备月产 12 万片能力;有研半导体 8 英寸硅片产能提升至每月 10 万片,达到 0.13 μm 技术要求,天津中环建成从区熔设备制造、单晶制备、硅片加工的完整产业链,具备月产 5 万片 8 英寸 IGBT 器件用抛光片生产能力;上海新昇、河北普兴、南京国盛等具备 8 英寸外延片批量生产能力。绝缘体上硅(SOI)作为硅衬底的一个重要分支,在高温、强辐射等特殊应用以及高频、低功耗等差等异化应用中优势明显。在商用 8 英寸 SOI 衬底方面,上海新昇拥有一系列自主知识产权的 8 英寸 SOI 产品,应用于航空航天、射频通信等领域;沈阳硅基也有一定的 SOI 衬底制造能力,产品主要应用于射频及 MEMS 传感器等。

表 6-3　我国新增硅片(8 英寸)设计产能

厂商	产品规格	规划产能/(万片/月)
有研半导体	0.13 μm (100)/(111) 抛光片/外延片	25
浙江金瑞泓	抛光片/外延片	40
中环无锡	抛光片	100
重庆超硅	外延片/高阻片、COP free、超薄片等	50
Ferrotec 杭州中芯晶圆	抛光片	30
郑州合晶	抛光片	20
Ferrotec 宁夏银和	抛光片	45
上海新昇	外延片/SOI 片	12
河北普兴	外延片	少量
南京国盛	外延片	少量
昆山中辰	外延片	少量
洛阳单晶硅	抛光片	3
沈阳硅基	外延片/SOI 片	3.2
江苏协鑫	—	30
经略长丰	—	10

在 12 英寸硅片方面,未来我国新增硅片设计产能将接近 500 万片/月(表 6-4),但目前仅有上海新昇和有研半导体两家公司能够少量生产 12 英寸硅片,其中上海新昇已研发出适用于 28~45 nm 工艺节点的 12 英寸硅片,实现产能 10 万片/月;有研半导体建有一

条适用于 90 nm 节点的 12 英寸硅片生产中试线,2017 年月产能 1.5 万片;除此之外,其他大硅片项目仍处于规划建厂或产品研发的早期阶段。

表 6-4 国内 12 英寸硅片主要供应商及投产计划

厂商	产品规格	规划产能/(万片/月)
上海新昇	28~45 nm 抛光片/外延片	100
有研半导体	90 nm 抛光片/外延片	31.5
上海超硅	抛光片/外延片	30
重庆超硅	抛光片/外延片	50
成都超硅	抛光片/外延片	50
Ferrotec 宁夏银和	—	20
Ferrotec 杭州中芯晶圆	抛光片/外延片	20
郑州合晶	抛光片/外延片	27
浙江金瑞泓	抛光片/外延片	15
中环无锡	抛光片/外延片	60
西安奕斯伟	抛光片/外延片	5
江苏协鑫	抛光片/外延片	50
安徽易芯	—	13.4
经略长丰	抛光片/外延片	40
启世半导体	抛光片/外延片	40
江苏睿芯晶	抛光片/外延片	10

我国 8 英寸硅片已进入放量阶段,预计 2 年内将影响全球 8 英寸硅片供应端产能。相较于 8 英寸国产硅片的量产进度,12 英寸国产硅片远未进入产能释放阶段,与庞大的需求相比供应量远远不足。2020 年我国境内芯片制造能力已达到全球的 30%,但 12 英寸硅片产能与芯片代工产能严重失配。除了供需缺口之外,我国 12 英寸硅片产品的质量也有待提升。国内现有硅片产品仅能支持 28 nm 节点及以上工艺,无法满足 14 nm 以下更先进制造工艺的需求。另外,由于研发技术难度大以及境外技术封锁,我国尚不具备 12 英寸 SOI 衬底的生产能力。因此,短期内我国 12 英寸硅衬底严重依赖进口的状况不会改变。

我国电子级多晶硅起步较晚,但进步明显,目前产能处于世界中游水平(表 6-5)。

表 6-5 国内电子级多晶硅主要供应商及投产计划

厂商	产品规格	规划产能/(吨/年)
鑫华半导体	40 nm 及以下 12 英寸	10000
云南冶金云芯硅材	—	21000
洛阳中硅高新科技	—	2000
宜昌南玻	—	2500

2. GaAs 衬底

半绝缘高阻 GaAs（$\rho > 10^7$ Ω·cm）抛光片和外延片衬底具备高功率和高线性度的特性，在射频应用领域占有一定的市场份额。目前 4~6 英寸 GaAs 衬底市场主要掌握在美日欧厂商手中。在 GaAs 抛光片供应方面，日本住友电工、德国弗莱贝格化合物材料、美国 AXT 三家公司占据约 95%市场份额。GaAs 外延片市场经历了多次整合，如今产生了英国 IQE、中国台湾全新光电（VPEC）、日本住友化学、美国英特磊四大领导厂商，销售的 6 英寸半绝缘 GaAs 产品的电阻率从 10^7 Ω·cm 覆盖到 10^8 Ω·cm，具有较高的晶体轴向和径向电阻率均匀性，抛光片的加工几何参数如翘曲等很小，抛光片表面质量状态优良。

目前，国内的 GaAs 衬底产品以 LED 用低阻 GaAs 抛光片为主，射频用半绝缘衬底由于研究基础较薄弱还未形成产业规模，高质量 4~6 英寸半绝缘体 GaAs 基本依赖进口。我国从事 GaAs 单晶研发与小规模生产的公司主要有：大庆佳昌、中科晶电、云南鑫耀、廊坊国瑞、天津晶明、新乡神舟、扬州中显、中科镓英、海威华芯、有研新材等。其中中科晶电和天津晶明具备 4 英寸 GaAs 衬底的生产能力，正在研发 6 英寸半绝缘抛光片；新乡神舟近期开始进行 VGF 法生长半绝缘 GaAs 单晶工艺研究。

整体上，我国 GaAs 材料产业发展迅速，但由于加工经验和设备的限制，生产的产品性能指标与国外领先水平还有一定的差距（表 6-6），如单晶位错密度高、电阻率均一性差、批次间重复性低等。

表 6-6　国内某公司半绝缘 GaAs 与国际先进水平的对比

产品规格	国内指标		国外指标	
工艺方法	VB/VGF	VGF	VGF	VGF
直径/mm	100.1±0.5	150.0±0.5	100.0±0.1	150.0±0.1
电阻率 ρ/(Ω·cm)	$\geqslant 10^7$	$\geqslant 10^7$	$(0.8\sim8)\times10^8$	$(0.8\sim8)\times10^8$
电阻率不均性/%	<20	<30	<15	<15
碳浓度/cm^{-3}	$(1\sim20)\times10^{15}$	$(1\sim20)\times10^{15}$	$(1\sim10)\times10^{15}$	$(1\sim10)\times10^{15}$
EPD/cm^{-2}	$\leqslant 5\times10^3$	$\leqslant 1\times10^4$	$\leqslant 5\times10^3$	$\leqslant 1\times10^4$
TTV/μm	≤6	≤10	≤6	≤6
TIR/μm	≤5	≤10	≤5	≤5
Warp/μm	≤8	≤15	≤8	≤8
LTV/μm	≤1.5 (@15×15 mm)	≤6 (@20×20 mm)	≤1.5 (@15×15 mm)	≤1.8 (@20×20 mm)
颗粒数	≤50@0.5 μm		≤50@0.3 μm	≤100@0.3 μm

3. InP 衬底

InP 衬底是数据通信收发器不可或缺的材料。Yole 预测，5G 技术的深入发展将带动 InP 抛光片和外延片市场由 2018 年的 7700 万美元，增长至 2024 年的 1.72 亿美元，复合年增长率达 14%。目前，InP 衬底的主流尺寸是 2~6 英寸，且市场集中度较高，超过 80%

的衬底市场份额由日本住友电工和美国 AXT 两家公司占有。

由于 InP 晶体生长设备和技术门槛高，国内只有少数厂家和科研单位可以制造 InP 单晶生长设备和生产 InP 衬底。中国电科 13 所最早设计了国产 InP 高压单晶炉并制备了我国第一根 InP 单晶，其他生产企业有鼎泰芯源、北京世纪金光、云南锗业、广东天鼎思科新材料、广东先导半导体材料、深圳泛美、南京金美镓业等。其中珠海鼎泰芯源通过与中科院半导体所的团队进行联合攻关，已掌握了 2～6 英寸衬底的生产技术，产品产能为 10 万片/年(折合 2 英寸)。

虽然我国 InP 材料行业在材料合成、晶体生长、材料热处理和材料特性等方面取得进步，也掌握了 2～6 英寸衬底片的技术，但国内企业产能规模仍然较小，大尺寸 InP 生产能力不足，市场主要掌握在外资企业中。

4. GaN 衬底

由于 GaN 体单晶的生长需要高温、高压等极端的物理条件，因此不能用传统晶体生长方法直接合成。在很长时间里，GaN 单晶薄膜都是在异质基底上外延得到的。蓝宝石是最常用的 GaN 异质外延基底，但是由于其晶格常数和热膨胀系数与 GaN 有显著的差别，得到的外延衬底片仅适用于制备低端 LED 器件。SiC 具有晶格失配小、导热性能好等特点(表 6-7)，适合高质量 GaN 外延材料的生长，是制作高频、大功率 GaN HEMT 器件的主要基底材料。相较于 SiC 基 GaN 材料，Si 基 GaN 衬底材料在低成本和大尺寸制备方面颇具优势，同时可与 Si 工艺兼容从而实现大规模量产。因此，在低成本、高产能需求的通信领域和消费类电子领域，Si 基 GaN 材料是近年来商业化最快的 GaN 外延片。随着市场对高功率、高频器件需求的增大以及 HVPE 生长技术的不断成熟，越来越多的 GaN 基器件也开始采用先进的 GaN 同质外延材料，但 GaN 体单晶的成本一直居高不下。此外，晶圆键合是用于制备 GaN 异质衬底的另一种新兴技术。目前 GaN-on-Si 和 GaN-on-SiC 材料能够满足集成电路应用需求，而其他衬底在 2020 年涉足射频和功率应用领域(图 6-6)。

表 6-7　不同基底上 GaN 单晶材料的特性

晶体特性	蓝宝石	SiC	Si	GaN
晶格失配度/%	16	3.1	-17	0
热膨胀系数/($10^{-6}K^{-1}$)	7.5	4.4	2.6	5.6
热导率/(W/(m·K))	0.25	4.9	1.6	2.3
成本	低	高	低	较高
衬底上 GaN 薄膜的位错密度/cm^{-2}	$<10^8$	$<10^8$	$<10^8$	$10^4 \sim 10^6$

目前 GaN 体单晶市场高度集中。住友电工、日立电线、古河机械金属和三菱化学等日本公司已可以批量出售 2～3 英寸 GaN 体单晶材料，占据了超过 85% 的全球市场，并具备 4 英寸体单晶的小批量供应能力。其他厂商仍处于小规模量产或研发阶段，代表性公司有 Aixtron、Kyma、牛津仪器等。在外延片方面，美国科锐、雷声、道康宁，英国

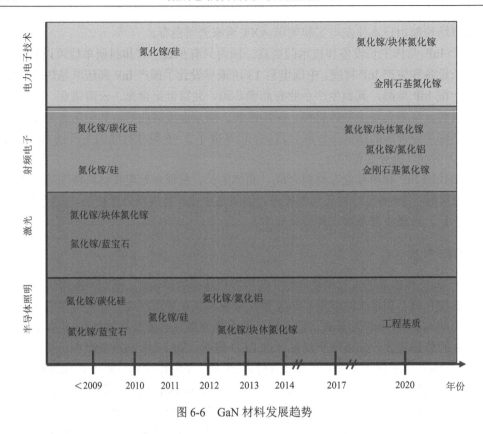

图 6-6 GaN 材料发展趋势

IQE，日本罗姆以及比利时的 EpiGan（近期被 Soitec 收购）等多家公司可以供应 3～4 英寸 GaN-on-SiC 外延片，部分公司开始量产 6 英寸外延片。4～8 英寸 GaN-on-Si 衬底也已经实现商用化，知名供应商包括日本的 NTT-AT、比利时的 EpiGan，美国 IR、英国 IQE、日本 Dowa、德国 Azzurro、法国 ST 等公司也正在开发 8 英寸 GaN-on-Si 外延技术。另外，法国 Soitec 在 GaN 键合片研发方面独树一帜，基于智能剥离技术开发的 6 英寸 GaN-on-Si 键合片已进入试生产阶段。

我国 GaN 材料制备技术取得突破。GaN 体单晶材料方面，苏州纳维、东莞中镓以及厦门中芯晶研具备 2～4 英寸产品批量化生产能力，并积极向 6 英寸拓展。在 GaN 外延片方面，我国重点布局 GaN-on-Si 外延片制造，其中长三角地区聚集了众多技术领先的 GaN 外延片生产商，研发能力全国最强，产业链最完备（表 6-8）。整体上，我国已经具备了一定的 GaN 材料研发和产业化能力，但产品的质量和产能仍需不断加强。

表 6-8 国内 GaN 外延片生产厂商、产品规格及产能

厂商	产品规格
苏州精湛	2～3 英寸 GaN-on-Si；3 英寸 GaN-on-HR-Si；2～3 英寸 GaN-on-SiC；2～3 英寸 GaN-on-Sapphire；2 英寸 GaN-on-GaN
镓芯光电	GaN-on-Si；GaN-on-SiC；GaN-on-Sapphire
英诺赛科	8 英寸 GaN-on-Si
江苏华功	2～8 英寸 GaN-on-Si

续表

厂商	产品规格
大连芯冠	4~6 英寸 GaN-on-Si
江苏能华	8 英寸 GaN-on-Si
苏州能讯	GaN-on-Si；GaN-on-SiC；GaN-on-Sapphire
海特高兴新	6 英寸 GaN 键合片
耐威科技	8 英寸 GaN-on-Si
重庆聚力成	—
西电芜湖研究院	GaN-on-SiC
北京世纪金光	2~4 英寸 GaN-on-Sapphire；2~4 英寸 GaN-on-GaN
上海微技术工业研究院	6~8 英寸 GaN-on-Si

5. SiC 衬底

SiC 衬底在电力电子和微波射频领域具有广阔的应用前景,目前已基本形成了美国、欧洲、日本三足鼎立的局面。国际上实现 SiC 单晶和外延片商业化的公司主要有美国科锐、Instrinsic,日本 Rohm、NSC、Sixon、昭和电工、Denso,芬兰 Okmetic,德国 Sicrystal、英飞凌,比利时 EpiGaN 等。其中,科锐是全球最大的 SiC 单晶供应商,占全球市场的85%以上,Sicrystal 公司是欧洲地区的主要供应商。从产品来看,国际主流 SiC 衬底材料产品已经向 6 英寸过渡,8 英寸衬底样品已经面市。

我国 SiC 生产企业的技术研发能力处于与世界先进水平并行的地位,国内开始批量生产 4 英寸导电和半绝缘衬底,并开发出 6 英寸样品(表 6-9),但产品批量生产能力较弱,产品的微观缺陷密度与位错缺陷密度等关键技术指标与国际水平存在一定差距。

表 6-9　国内 SiC 衬底生产厂商、产品规格及产能

厂商	产品规格
天科合达	2~6 英寸体 4H/6H 体单晶
山东天岳	2~6 英寸体 4H/6H 体单晶
河北同光	4~6 英寸体单晶
北京世纪金光	2~6 英寸 4H 体单晶
	3~6 英寸 S 集成电路-on-S 集成电路外延片
中科钢研	4 英寸体单晶;6 英寸研发中
中电 2 所	4~6 英寸 4H 体单晶
中电 46 所	3~4 英寸 4H 体单晶
扬州国扬电子	—
中科院物理所	2~4 英寸体单晶;6 英寸研发成功
Norstel(三安光电)	2~4 英寸 4H 体单晶
	4 英寸外延片
瀚天天成	3~6 英寸 4H 外延片
东莞天域	3~4 英寸外延片
上海硅酸盐所	4 英寸体单晶;6 英寸研发中

以 5G 芯片及其集成技术为代表的新兴差异化应用的发展需要多种核心衬底材料的支撑。除了硅片、化合物半导体以外，SiGe、硅基压电材料(POI、AlN 及其化合物等)也是 5G 所需的核心关键材料。我国在这些高质量特殊衬底材料制备方面基础薄弱，相关产品尚处于实验室或中试阶段。

6.2.3　衬底材料的制备原理与加工工艺

1. 直拉法制备单晶硅

单晶硅也称硅单晶，是电子信息材料中基础性材料，属半导体材料类。单晶硅已渗透到国民经济和国防科技中各个领域,当今全球超过 2000 亿美元的电子通信半导体市场中95%以上的半导体器件及99%以上的集成电路用硅。硅是地壳中赋存最高的固态元素，其含量为地壳的四分之一，但在自然界不存在单晶硅，多呈氧化物或硅酸盐状态。硅的原子价主要为 4 价，其次为 2 价；在常温下它的化学性质稳定，不溶于单一的强酸，易溶于碱；在高温下化学性质活泼，能与许多元素化合。

由于硅的禁带宽度和电子迁移率适中，硅器件的最高工作温度可达 250℃，其制作的微波功率器件的工作频率可以达到 C 波段(5 GHz)。在硅的表面能形成牢固致密的 SiO_2 膜，此膜能充当电容的电介质、扩散的隔离层、器件表面的保护层。随着平面工艺与光刻技术的问世，促进了硅的超大规模集成电路的发展。硅材料资源丰富，又是无毒的单质半导体材料，较易制作大直径无位错低微缺陷单晶。

多晶硅材料是以工业硅为原料经一系列的物理化学反应提纯后达到一定纯度的电子材料，是硅产品产业链中的一个重要的中间产品，是制造硅抛光片、太阳能电池及高纯硅制品的主要原料，是信息产业和新能源产业最基础的原材料。

按纯度分类，多晶硅可以分为冶金级(工业硅)、太阳能级和电子级。

(1)冶金级硅(MG)：由硅的氧化物在电弧炉中碳还原制成。一般含 Si 量 90%以上，甚至高达 99.8%。

(2)太阳能级硅(SG)：纯度介于冶金级硅与电子级硅之间，至今未有明确界定。一般认为含 Si 量为 99.99 %～99.9999%(4～6 个 9)。

(3)电子级硅(EG)：一般要求含 Si 量> 99.9999 %以上，超高纯达到 99.9999999%～99.999999999%(9～11 个 9)，其导电性介于 10^{-4}～10^{10} Ω·cm。

多晶硅生产技术主要有改良西门子法、硅烷法和流化床法。冶金法、气液沉积法、重掺硅废料法等是制造低成本多晶硅的新工艺。世界上 85%的多晶硅是采用改良西门子法生产的，其余方法生产的多晶硅仅占 15%。

改良西门子法(三氯氢硅还原法)是以 HCl(或 Cl_2、H_2)和冶金级工业硅为原料，将粗硅(工业硅)粉与 HCl 在高温下合成为 $SiHCl_3$，再对 $SiHCl_3$ 进行化学精制提纯和多级精馏，使其纯度达到 9 个 9 以上，其中金属杂质总含量应降到 0.1 ppb 以下，最后在 1050℃的硅芯上用超高纯氢气对 $SiHCl_3$ 进行还原而长成高纯多晶硅棒。

多晶硅生产过程中将排出大量的废液，如生产 1000 t 多晶硅将产生三氯氢硅 3500 t、四氯化硅 4500 t，未经处理回收的三氯氢硅和四氯化硅是一种有毒有害液体。对多晶硅副产物三氯氢硅、四氯化硅经过多级精馏提纯等化学处理，可生成白炭黑、氯化钙以及用于光纤预制棒的高纯四氯化硅。

以多晶硅为原料，利用直拉法是拉制单晶硅的重要方法，即 Czochralski 直拉法(丘克拉斯基法)，如图 6-7 所示。

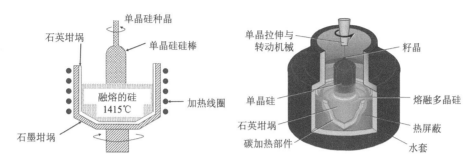

图 6-7　Czochralski 直拉法示意图

Czochralski 直拉法的基本原理和基本过程如下：

(1)引晶：通过电阻加热，将装在石英坩埚中的多晶硅熔化，并保持略高于硅熔点的温度，将籽晶浸入熔体，然后以一定速度向上提拉籽晶并同时旋转引出晶体。

(2)缩颈：生长一定长度的缩小的细长颈的晶体，以防止籽晶中的位错延伸到晶体中。

(3)放肩：将晶体控制至所需直径。

(4)等径生长：根据熔体和单晶炉情况，控制晶体等径生长至所需长度。

(5)收尾：直径逐渐缩小，离开熔体。

(6)降温：降低温度，取出晶体，待后续加工。

晶体生长最快速度与晶体中的纵向温度梯度、晶体的热导率、晶体密度等有关。提高晶体中的温度梯度，可以提高晶体生长速度；但温度梯度太大，将在晶体中产生较大的热应力，会导致位错等晶体缺陷的形成，甚至会使晶体产生裂纹。为了降低位错密度，晶体实际生长速度往往低于最快生长速度。

实际生产中，晶体的转动速度一般比坩埚快 1～3 倍，晶体和坩埚的相互反向运动导致熔体中心区与外围区发生相对运动，有利于在固液界面下方形成一个相对稳定的区域，有利于晶体稳定生长。

固液界面形状对单晶均匀性、完整性有重要影响，正常情况下，固液界面的宏观形状应与热场所确定的熔体等温面相吻合。在引晶、放肩阶段，固液界面凸向熔体，单晶等径生长后，界面先变平后再凹向熔体。通过调整拉晶速度，晶体转动和坩埚转动速度可调整固液界面形状。

为了提高生产率，节约石英坩埚(在晶体生产成本中占相当比例)，发展了连续直拉生长技术，主要是重新装料和连续加料两种技术。①重新装料直拉生长技术：一个坩埚可用多次，可节约大量时间(生长完毕后的降温、开炉、装炉等)。②连续加料直拉生长技术：除了具有重新装料的优点外，还可保持整个生长过程中熔体的体积恒定，提供基本稳定的生长条件，因而可得到电阻率纵向分布均匀的单晶。连续加料直拉生长技术有连续固体送料和连续液体送料两种加料法。

液体覆盖直拉技术是对直拉法的一个重大改进，可以制备多种含有挥发性组元的化合物半导体单晶。其主要原理是用一种惰性液体(覆盖剂)覆盖被拉制材料的熔体，在晶体生长室内充入惰性气体，使其压力大于熔体的分解压力，以抑制熔体中挥发性组元的蒸发损失，这样就可按通常的直拉技术进行单晶生长。惰性液体(覆盖剂)的密度小于所拉制的材料，能浮在熔体表面之上；熔体和坩埚在化学上必须是惰性的，不能与熔体混合；熔点要低于被拉制的材料且蒸气压很低；有较高的纯度，熔融状态下透明。广泛使用的覆盖剂为 B_2O_3，其密度为 1.8 g/cm^3，软化温度为 450℃，在 1300℃时蒸气压仅为 13 Pa，透明性好，黏滞性也好。此种技术可用于生长 GaAs、InP、GaP、GaSb 和 InAs 等单晶。

2. 悬浮区熔法制备单晶硅

如图 6-8 所示，悬浮区熔法是利用热能在半导体棒料的一端产生一熔区，再熔接单晶种晶。调节温度使熔区缓慢地向棒的另一端移动，通过整根棒料，生长成一根单晶硅，晶向与单晶种晶的相同。区熔法分为水平区熔法和立式区熔法。前者主要用于锗、GaAs 等材料的提纯和单晶生长。后者主要用于单晶硅，这是由于硅熔体的温度高，化学性能活泼，容易受到异物的玷污，难以找到适合的舟皿，不能采用水平区熔法。硅具有密度低 (2.33 g/cm^3) 和表面张力大 (0.0072 N/cm) 的特点，因此可采用无坩埚悬浮区熔法。该法是在气氛或真空的炉室中，利用高频线圈在单晶种晶和其上方悬挂的多晶硅棒的接触处产生熔区，然后使熔区向上移动进行单晶生长。由于硅熔体完全依靠其表面张力和高频电磁力的支托，悬浮于多晶棒与单晶之间，故称为悬浮区熔法。

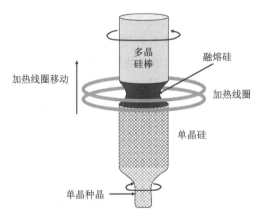

图 6-8　悬浮区熔法示意图

熔区悬浮的稳定性是影响悬浮区熔法制备单晶硅的重要因素。稳定熔区的力主要是熔体的表面张力和加热线圈提供的磁浮力，而造成熔区不稳定的力主要是熔硅的重力和旋转产生的离心力。如果要使熔区稳定地悬浮在硅棒上，前两种力之和必须大于后两种力之和。

区域熔化法是按照分凝原理进行材料提纯的。杂质在熔体和熔体内已结晶的固体中的溶解度是不一样的。在结晶温度下，若一杂质在某材料熔体中的浓度为 c_L，结晶出来的固体中的浓度为 c_s，则称 $K=c_L/c_s$ 为该杂质在此材料中的分凝系数。K 的大小决定熔体中杂质被分凝到固体中的效果。$K<1$ 时，则开始结晶的头部样品纯度高，杂质被集中到尾部；$K>1$ 时，则开始结晶的头部样品集中了杂质而尾部杂质量少。区熔可多次进行，也可以同时建立几个熔区提纯材料。通常是在提纯的最后一次长成单晶。有时，区熔法仅用于提纯材料，又称区熔提纯。

3. 磁控直拉技术

在直拉法中，氧含量及其分布是非常重要而又难以控制的参数，主要是熔体中的热对流加剧了熔融硅与石英坩埚的作用，即坩埚中的 O_2、B、Al 等杂质易进入熔体和晶体。热对流还会引起熔体中的温度波动，导致晶体中形成杂质条纹和旋涡缺陷。

磁控直拉技术通过对熔体施加磁场，使熔体受到与其运动方向相反的洛伦兹力作用，从而阻碍熔体中的对流，这相当于增大了熔体中的黏滞性。在生产中通常采用水平磁场、垂直磁场等技术。磁控直拉技术既可用于制造电荷耦合器件和一些功率器件的硅单晶，也可用于 GaAs、GaSb 等化合物半导体单晶的生长。

磁控直拉技术与直拉法相比，优点在于：①减少了熔体中的温度波动。一般直拉法中固液界面附近熔体中的温度波动达 10℃以上，而施加 0.2 T 的磁场后，可使温度波动小于 1℃。这样可明显提高晶体中杂质分布的均匀性和径向电阻分布的均匀性。②降低了单晶中的缺陷浓度，减少了杂质，提高了晶体的纯度。这是由于在磁场作用下，熔融硅与坩埚的作用减弱，坩埚中的杂质较少进入熔体和晶体中。③将磁场强度与晶体转动、坩埚转动等工艺参数结合起来，可有效控制晶体中氧浓度的变化。④有利于提高生产率。采用磁控直拉技术，如用水平磁场，当生长速度为直拉法两倍时，仍可得到质量较高的晶体。

6.3　集成电路工艺材料与制备工艺

6.3.1　光刻胶

光刻胶是微细图形加工关键材料之一，是由成膜树脂、感光组分、微量添加剂（染料、增黏剂等）和溶剂等成分组成的对光敏感的混合液体，具有纯度高、生产工艺复杂、生产及检测等设备投资大、技术积累期长等特征，属于资本技术双密集型产业。目前，全球芯片工艺水平已跨入微纳米级别，光刻胶的波长由紫外宽谱（300～450 nm）逐步至 G 线（436 nm）、I 线（365 nm）、KrF（248 nm）、ArF（193 nm）以及最先进的 EUV（13.5 nm）水平（表 6-10）。从全球光刻胶分类市场份额占比来看，高端光刻胶占据最大的市场份额，其中 G/I 线光刻胶占比为 24%，KrF 光刻胶占比为 22%，ArF 光刻胶占比为 41%。

表 6-10　光刻胶种类、应用领域及特性

光刻胶种类		主要用途	特性说明
紫外宽谱光刻胶	正性	分立器件	用于二极管、三极管等制造；工艺线宽较大（>5 μm），要求光刻胶具有优异的工艺适应性；以酚醛树脂为成膜树脂，吸收峰在长波位置的化合物为光敏剂
		集成电路封装	用于凸点、再布线、硅 TSV 等工艺；需要较厚的光刻胶膜厚（20～100 μm），同时要求光刻胶具有较高的敏感度，或者抵抗电镀液腐蚀的能力；分辨率要求不高（>10 μm）
	负性	分立器件	以环化橡胶为成膜树脂，双叠氮化合物为交联剂；对分辨率要求不高（>5 μm）；但需要较好的抗湿法腐蚀性能
		集成电路封装	用于凸点、再布线等工艺，主要是丙烯酸树脂体系的负性胶；透光性好，在较厚的膜下保持光刻胶的形貌及高敏感度
		MEMS	以环化橡胶为成膜树脂，分辨率要求不高（>10 μm），厚度在 20～100 μm，热稳定性及机械性能优异
G 线（436 nm）光刻胶	正性	分立器件	用于二极管、三极管等制造；以酚醛树脂为成膜树脂，吸收峰在 G 线附近的化合物为光敏剂；分辨率可达到微米级
		集成电路封装	用于凸点、再布线等工艺；需要较厚的光刻胶膜厚（20～100 μm）；要求光刻胶具有较高的敏感度，或者抵抗电镀液腐蚀的能力；分辨率要求不高（>10 μm）
	负性	集成电路	与紫外宽谱负性光刻胶类似，光致产酸剂主要在 436 nm 附近
I 线（365 nm）光刻胶	正性	集成电路	与 G 线光刻胶类似，属于酚醛树脂/重氮萘醌体系，其特点是分辨率高，与 G 线光刻胶的主要区别在于光敏剂吸收峰位于 365 nm；厚膜光刻胶（3～5 μm）用于钝化层工艺
	负性	集成电路	与紫外宽谱负性光刻胶类似，光致产酸剂吸收峰主要在 365 nm 附近
KrF（248 nm）光刻胶	正性	集成电路制造	KrF 为曝光光源；苯乙烯丙烯酸类聚合物为成膜树脂，吸收峰在 248 nm 附近；以有机酸为光致产酸剂；敏感度高、分辨率高，可用于 0.13～0.35 μm 工艺；结合分辨率增强技术，可用于 0.11 μm，甚至 90 nm 工艺
	负性	集成电路制造	KrF 为曝光光源；分辨率可达 0.13 μm
ArF（193 nm）光刻胶	正性（干）	先进集成电路制造	ArF 为曝光光源；丙烯酸类聚合物为成膜树脂，并引入刚性分子基团以增加抗腐蚀性；以有机酸为光致产酸剂，吸收峰在 193 nm 附近；敏感度高、分辨率高，可用于 60～90 nm；结合分辨率增强技术，可用于 45 nm 工艺；线宽均匀度<4 nm
	正性（湿）	先进集成电路制造	ArF 为曝光光源；树脂和光致产酸剂结构需进一步优化，以便达到更高的分辨率（约 38 nm），光致产酸剂吸收峰仍在 193 nm 附近；敏感度高；结合分辨率增强技术，可用于 32 nm/28 nm 工艺；若采用多次图形技术，则可以实现 20 nm/14 nm 工艺；线宽均匀度<2.5 nm
EUV（13.5 nm）光刻胶	正性	先进集成电路制造	EUV 作为曝光源；分为化学放大型、分子玻璃型与金属氧化物型 3 种；光刻胶中组分都对 EUV 有吸收性，产酸机理复杂；要求光刻胶在曝光过程中有较低的析出物；作为下一代光刻技术的备选方案，预计 EUV 光刻胶将在 10 nm 以下工艺节点中应用
新型光刻胶材料	电子束光刻胶	掩模版制造	用电子束作为曝光光源，丙烯酸类树脂为成膜树脂；分辨率可达纳米级
	纳米压印光刻胶	纳米压印制造	以丙烯酸树脂为主，再加上引发剂、交联剂、添加剂复配而成；分为热压印光刻胶和紫外压印光刻胶等
	大分子自组装材料	定向自组装光刻	采用化学性质不同的两种单体聚合而成的嵌段共聚物作为原材料，在热退火下分相形成纳米尺度的图形，再诱导成为规则化的纳米线或纳米孔阵列，实现类似于光刻的目的；无需光源和掩模版，具有低成本、高分辨率、高产率的优势

全球光刻胶市场基本被日本 JSR、东京应化、住友化学、信越化学、美国罗门哈斯

等几家大型企业所垄断，市场集中度非常高。国内芯片制造厂向 28 nm 以下更小节点不断发展，先进工艺对高端光刻胶的需求不断增大。但高端光刻胶因技术受卡，始终依赖进口，国产化率低(表 6-11)。根据中国产业信息网的数据，适用于 6 英寸硅片的 G/I 线光刻胶的自给率分别约为 60%和 20%，适用于 8 英寸硅片的 KrF 光刻胶的自给率仅有 1%，而适用于 12 寸硅片的 ArF 光刻胶基本依靠进口。

表 6-11　光刻胶企业材料量产和研发情况

公司	厚膜胶	I 线	KrF	ArF(干式)	ArF(浸没式)	电子束	EUV
JSR、东京化学、Dowa	量产	量产	量产	量产	量产	量产	量产
信越化学	量产		量产	量产	量产		
富士电子、住友化学	量产	量产	量产	量产			
Everlight		量产	量产	量产			
北京科华	研发	量产	量产	研发			
苏州瑞红		量产	研发				

目前我国有北京科华、苏州瑞红、潍坊星泰克、上海飞凯光电材料、容大感光、广信材料、东方材料、永太科技等超过 10 家光刻胶企业，但产品能够批量进入集成电路的只有三家，分别是北京科华(南大光电持股 31.39%)、苏州瑞红(晶瑞股份 100%控股)和潍坊星泰克。北京科华主要产品为：紫外负性光刻胶及配套试剂，Lift-off 负胶，紫外正性光刻胶(G 线、I 线)及配套试剂，248 nm 光刻胶。北京科华的 I 线光刻胶已全面进入国内 6 英寸及以下芯片厂，并在部分 8 英寸芯片厂实现小批量应用。同时，北京科华进一步研发 ArF 光刻胶，2017 年研发生产的 ArF 干法光刻胶中试产品已完成在国内一流芯片制造厂的测试。苏州瑞红主要产品为紫外负性光刻胶及配套试剂、G 线光刻胶及配套试剂等。潍坊星泰克主要产品包括 G 线光刻胶、Lift-off 负胶。

从国内市场来看，目前主流的四种中高端光刻胶中，G/I 线光刻胶已经实现量产；KrF 光刻胶正逐步通过芯片厂认证并开始小批量生产；ArF 光刻胶乐观预计在 2020 年能有效突破并完成认证；最新的 EUV 和电子束光刻胶方面，国内研发能力较弱。

另外，我国光刻胶的发展面临高纯光刻胶原材料的国产化问题。除了强力新材、河南翰亚微电子、江苏天音化工等少数企业能够少量供应部分光刻胶原材料以外，高端光刻胶所需的树脂主体材料、光敏剂、抗反射涂层等基本依赖进口。

6.3.2　掩模版

掩模版(表 6-12)在集成电路行业中的作用就像照相行业中的胶卷底片，行业地位特殊，其质量很大程度上决定了集成电路最终产品的质量。对于芯片制造，掩模版的设计和制造需要与集成电路工艺紧密衔接，因此，芯片制造厂一般都有配套的专业掩模版工厂，先进的掩模版技术也因此也掌握在先进芯片制造厂商手中。目前，英特尔、三星、台积电、Globalfoundries 等全球最先进的芯片制造厂所用的掩模版大部分由自己的专业工厂生产，外购量较少。据统计，芯片大厂附属掩模版厂的掩模版收入占整体掩模版市场收入的六成。对于非先进制程，特别是一些 60 nm 及 90 nm 以上制程产品，掩模版外包的趋势非常明显，独立掩模版制造厂的市场比较高。目前全球独立的掩模版厂商包括美国 Photronic、日本 DNP 、日本 Toppan、日本 SK-Electronics 以及中国台湾光罩等，前三家公司占据 80%以上的市场份额。

表 6-12　常用掩模版类型及特性

掩模版分类	材料	特点	工艺能力
匀胶铬版	Quartz/Cr	应用最广泛的掩模	覆盖了 G 线、I 线，以及包括 KrF 和 ArF 的深紫外光刻工艺
移相掩模	交替型：Quartz 衰减型：Quartz/MoSi/Cr	引入了利用光学相位差增加光强对比度的技术	深紫外光刻工艺：KrF 和 ArF
不透明钼掩模	Quartz/Cr/MoSi	在衰减型移相掩模材料结构的基础上发展而来，也称为超级二元光掩模	ArF 光刻工艺
EUV 掩模	CrN(TaN)/Quartz/Mo 和 Si multi-layer film stack/Ru	特殊的适应反射式光学系统多层堆叠结构，包括中间层、顶部覆盖层和吸收层等	EUV 光刻工艺

　　我国掩模版生产公司以外资为主，美国 Photronics 和日本 Toppan 都在上海建有大规模生产基地，占据了我国高档光掩模版市场。按经营模式我国本土的掩模版厂可分为三类：第一类是科研院所，如中科院微电子中心，中国电科 13 所、24 所、47 所、55 所等；第二类是独立的掩模版制造厂商，主要有无锡迪思微电子和无锡中微；第三类是芯片厂配套的掩模厂，以中芯国际掩模厂为代表。整体而言，国内企业掩模版加工能力有限，高端掩模版技术与国外先进水平差距较大。

　　掩模版的主要原材料为掩模基板、掩模保护膜(Pellicle 透明保护膜等)等。基板通常是高纯度、低反射率、低热膨胀系数的石英玻璃，其成本占到掩模版原材料采购成本的90%左右，是制造掩模版的核心材料。我国尚不具备生产高档高纯石英掩模基板的能力。掩模保护膜可以增加芯片生产的良率并且减少掩模版清洁次数和磨损，是降低光刻工艺成本的关键材料，该种保护膜生产技术被美国、日本垄断。

6.3.3　工艺化学品

　　高纯工艺化学品主要包括无机酸类、无机碱类、有机溶剂类等通用化学品以及配方型化学品(表 6-13)，通常用于芯片生产中的清洗、光刻、刻蚀、显影、互联等工艺，是集成电路制造的关键材料。

　　集成电路行业对高纯化学试剂的微量金属杂质含量、颗粒粒径和数量、阴离子杂质含量等方面有严格要求。根据 SEMI 标准，应用于集成电路领域的高纯化学品集中在 SEMI Grade3、Grade4 水平，且集成电路线宽越窄，所需的高纯化学试剂的标准越高，纯度和洁净度的要求也越高(表 6-14)。常用的高纯化学试剂已超过 30 种，多用于清洗、刻蚀等工艺。

表 6-13　通用和配方型工艺化学品类别

试剂类别		品名
通用高纯化学品	酸类	氢氟酸、硝酸、盐酸、磷酸、硫酸、乙酸、乙二酸等
	碱类	氨水、氢氧化钠、氢氧化钾、TMAH 等
	有机溶剂类　醇类	甲醇、乙醇、异丙醇等
	酮类	丙酮、丁酮、甲基异丁基酮等
	酯类	乙酸乙酯、乙酸丁酯、乙酸异戊酯等
	烃类	苯、二甲苯、环己烷等
	卤代烃类	三氯乙烯、三氯乙烷、氯甲烷、四氯化碳等
	其他类	双氧水等
配方型化学品		清洗腐蚀试剂、光刻胶配套试剂等

表 6-14　高纯化学试剂 SEMI 国际标准等级

SEMI 等级	集成电路线宽/μm	金属杂质/10^{-9}	控制粒径/μm	颗粒/(个/mL)	适应集成电路线宽/μm
C1 (Grade1)	>1.2	≤1000	≤1.0	≤25	>1.2
C7 (Grade2)	0.8～1.2	≤10	≤0.5	≤25	0.8～1.2
C8 (Grade3)	0.2～0.6	≤1.0	≤0.5	≤5	0.2～0.6
C12 (Grade4)	0.09～0.2	≤0.1	≤0.2	—	0.09～0.2
Grade5	<0.09	≤0.01	—	—	<0.09

配方型化学品是指通过复配手段达到特殊功能、满足制造中特殊工艺需求的配方类或复配类化学品，主要包括清洗腐蚀试剂和光刻胶配套试剂等。清洗腐蚀试剂主要用于集成电路制造过程中的湿法清洗和刻蚀工艺。清洗腐蚀试剂的主要特点是技术含量高、工艺配套性强。同时，由于集成电路制造工艺的不同或技术节点的不同，对其质量和性能的要求也不尽相同，表 6-15 列出了集成电路制造工艺中常用的清洗腐蚀试剂。光刻胶配套试剂是指在集成电路制造中与光刻胶配套使用的试剂，主要包括有机溶剂、稀释剂、显影液、漂洗液、剥离液、去边液等(表 6-16)。大部分光刻胶配套试剂的组分是有机溶剂和微量添加剂，溶剂和添加剂都是具有低金属离子及颗粒含量的高纯试剂。

由于多数配方型化学品是混合物，它的理化指标很难通过普通仪器定量检测，只能通过应用手段来评价其有效性，因此产品应用测试周期较长。

全球工艺化学品主要生产企业有德国巴斯夫，美国亚什兰化学、Arch 化学，日本关东化学、三菱化学、京都化工、住友化学，中国台湾鑫林科技，韩国东友精细化工等，上述公司占全球市场份额的 85% 以上。

表 6-15 常用的清洗腐蚀试剂

试剂类别	试剂名称	主要组成	功能及工艺特征
铝连线干法刻蚀后清洗液	DSP+	硫酸、双氧水、氢氟酸、水	多用于铝线干法刻蚀的清洗；可以现场混配，价格便宜，工艺温度低，但对铝线的腐蚀不易控制
	氨基清洗液	胺类、有机溶剂、腐蚀抑制剂、水	用于铝工艺后段干法刻蚀后清洗。价格昂贵，工艺温度高，清洗效果佳。腐蚀抑制剂可以有效保护铝线不被腐蚀；经过氨基清洗液清洗后，通常不能直接用超纯水漂洗，需要增加 IPA 或 NMP 中间漂洗
	氟基清洗液	HF(或氟化物)、有机溶剂、腐蚀抑制剂、水	用于铝工艺后段干法刻蚀后清洗。价格较贵，工艺温度低，清洗效果佳。多用于旋转批处理及单片清洗机。经过氟基清洗液清洗后，可直接用超纯水漂洗，不需要中间漂洗过程
铜连接线刻蚀后清洗液	DHF	300∶1～1000∶1 的 H$_2$O∶HF	用于铜工艺后段干法刻蚀后清洗。价格便宜，工艺温度低，但工艺窗口窄，对前道刻蚀工艺要求高
	氟基清洗液	HF(或氟化物)、缓冲剂、有机溶剂、腐蚀抑制剂、水	用于铜工艺后段干法刻蚀后清洗。价格昂贵，清洗效果好，工艺窗口宽。腐蚀抑制剂可抑制清洗液对铜连接的刻蚀
铜线 CMP 后清洗	碱性混合液	主要含有络合剂、腐蚀抑制剂、表面活性剂、pH 调节剂等	用于铜线 CMP 后晶圆片表面清洗。碱性条件下，可以有效去除圆片表面的颗粒；腐蚀抑制剂可以减少对铜线和绝缘体的刻蚀；表面活性剂可以改善表面的浸润性，提高清洗效率
	酸性混合液	有机酸、络合剂、表面活性剂等	有机酸和络合剂能有效去除圆片表面金属氧化物杂质，表面活性剂能有效去除圆片表面颗粒物
混合刻蚀剂	硅刻蚀剂	HF、HNO$_3$(可添加 H$_2$SO$_4$、H$_3$PO$_4$)	刻蚀速率可控，加入 H$_2$SO$_4$、H$_3$PO$_4$ 可以改善硅片表面形貌
	铝刻蚀液	H$_3$PO$_4$、HNO$_3$、CH$_3$COOH	刻蚀速率可由浓度和速率控制，加入 CH$_3$COOH 可以改善铝表面的浸润性，并起到稳定刻蚀速率的作用
	铜刻蚀液	H$_2$SO$_4$、H$_2$O$_2$(或其他氧化剂，如过硫酸钾、过硫酸氢钾)	刻蚀速率快，主要应用于铜电镀后硅片的边缘刻蚀、凸块刻蚀
	缓冲氧化刻蚀液(BOE)	HF、NH$_4$F(可添加表面活性剂)	适用于带光刻胶的氧化硅刻蚀，加入表面活性剂可以改善基片表面的浸润性及刻蚀后硅片表面的微观粗糙度

表 6-16 光刻胶配套试剂及用途

试剂名称	用途
乙酸乙酯、乙酸丁酯、正丁醇、松油醇、N-甲基吡咯烷酮、单羟乙基胺、丙二醇单甲醚醋酸酯、甲苯、乙二醇丁醚等	有机溶剂
正胶显影液	正性光刻胶曝光后显影剂
负胶显影液	负性光刻胶曝光后显影剂
负胶漂洗液	负性光刻胶曝光显影后的漂洗剂
负胶显影漂洗剂	负性光刻胶曝光后显影、漂洗二合一溶剂
正胶剥离液	剥离正性光刻胶的溶剂
负胶剥离液	剥离负性光刻胶的溶剂
剥离清洗液	光刻胶的剥离及清洗溶剂

	续表
试剂名称	用途
酸性剥离液	光刻胶的无机剥离液
去边液	残留的边缘光胶去除清洗剂
正胶稀释剂	正性光刻胶的稀释剂

国内生产超净高纯试剂的企业中产品达到国际标准且具有一定生产量的企业有 30 多家，技术水平主要集中在 Grade2 级（国产化率 80%）以下，8 英寸（Grade3）及 12 英寸（Grade4）需求的高纯化学品基本靠进口，国产化率约为 10%，仅有少数企业的部分产品达到了 Grade4 标准。国内生产工艺化学品的企业主要有晶瑞股份、江阴江化微、江阴润玛电子、江阴化学试剂、苏州晶瑞化学、浙江凯圣（巨化股份）、上海新阳、湖北兴发、达诺尔等（表 6-17）。其中晶瑞股份的超纯氢氟酸、盐酸、硝酸和氨水纯度等级已达到 Grade3、Grade4 等级，双氧水产品品质达到 10 ppt（相当于 Grade5 等级），目前已在华虹宏力进行上线评估；江化微硝酸、氢氟酸、氨水等细分产品达到了 Grade4、Grade5 的行业水平，Grade3 等级的硫酸、过氧化氢、异丙醇、低张力二氧化硅蚀刻液、钛蚀刻液进入国内 6 英寸晶圆、8 英寸先进封装凸块芯片生产线，部分光刻胶配套试剂产品进入中芯国际、士兰微等供应链；浙江凯盛生产的电子级硝酸进入国内 12 英寸芯片工艺制程供应链；上海新阳已成为先进封装和传统封装行业电镀与清洗化学品的主流供应商，其超纯电镀硫酸铜电镀液已进入工业化量产阶段。

表 6-17　国内工艺化学品企业及代表产品

企业名称	地区	代表产品
浙江凯圣（巨化股份）	浙江	ppt 级（氢氟酸、硝酸、硫酸、盐酸、BOE、氟化铵、氨水等）
江阴江化微	江苏	酸刻蚀液、剥离液、硝酸、硫酸、氢氟酸等
江阴润玛电子	江苏	酸刻蚀液、硝酸、硫酸、氢氟酸等
旭昌化学	江苏	电子级清洗液、电子级氢氟酸清洗液、刻蚀液、N-甲基-2-吡咯烷酮
达诺尔	江苏	ppt 级氨水、异丙醇
湖北兴发	湖北	ppt 级磷酸
晶瑞股份	江苏	中高端氢氟酸、硝酸
格林达化学	浙江	电子级 TMAH
华谊微电子	上海	30%双氧水、96%硫酸、29%氨水、37%盐酸、69%硝酸、99.7%醋酸、40%氟化铵
苏州瑞红	江苏	显影液等
江阴化学试剂	江苏	CMOS 级、MOS 级和低颗粒级酸碱，光刻胶显影液、剥离液和清洗液等
上海新阳	上海	铜电镀液、芯片加工清洗液

6.3.4　电子气体

在集成电路制造业中，气体的使用非常广泛，约占全部生产材料的三分之一。气体的纯度和洁净度直接影响电子元器件的质量、集成度、特定技术指标和成品率，并从根本上制约着电路和器件的精确性和准确性。目前，大部分高纯气体的纯度达到99.99%(4N)以上，部分气体纯度达到5N以上。在集成电路工业中应用的有110余种气体，其中常用的超过30种，按其本身化学成分可分为硅系、砷系、磷系、硼系、金属氢化物、卤化物和金属烃化物七类；按在集成电路中不同应用途径可分为掺杂气体、外延气体、刻蚀气体、化学气相沉积气等（表6-18）。

表 6-18　集成电路中常用的气体

气体类别		代表气体
大宗气体		N_2、O_2、H_2，He 等，大多当作载气、保护气或净化气体使用，其中 N_2 使用量约占九成
特种气体	外延气体	含硅基之硅烷类，如 DCS、TCS、三氯甲硅烷、Si_2H_6、锗烷等
	掺杂气体	含硼、磷、砷等三族及五族原子之气体，如三氟化硼、磷化氢、三氟化磷、砷化氢等
	刻蚀气体	卤化物及卤族化合物为主，如 NF_3、CO、CO_2、CF_4、C_2F_6、C_3F_6、C_3F_8、C_4F_8、CHF_3、CH_2F_2、CH_3F、SF_6、Cl_2、ClF_3、BCl_3、HBr、HCl、HF、C_2ClF_5、F_2、COF_2 等
	CVD/ALD 源（化学前驱体）	BPSG 介质层系列：TEOS、TEPO、TMB、$Si(CH_3)_4(Si_3N_4)$；扩散阻挡层系列：TDMAT(TiN)、TiC_4(Ti/TiN)、TBTDET、PDMAT(TaN)、$CpTi(OCH_3)_3$；互联线前驱体系列：TMA(Al)、Cu(I)/Cu(I)；低 K 介质系列：TMCTS、4MS、DMDMOS、OMCTS；高 K 介质系列：TEMAHf、$HfCl_4$、TEMAZr、$CpZ(CH_3)_3$、$ZrCl_4$、CCTBA、La(thd)₃、TAETO(Ta_2O_5)、BST/PZT/PLZT；硬掩模系列(SiN)：BTBAS、TDMASi、TEMASi、Tris-DMASiH、Tris-EMASiH、$SiCl_4$ 等
	其他反应气体	碳系及氨系氢、氧化物以及含卤化金属为主，如 CO_2、NH_3、N_2O、WF_6 等

电子气体从生产到分离提纯以及运输供应阶段都存在较高的技术壁垒，市场准入条件高，全球市场主要被几家跨国巨头垄断。美国空气化工、普莱克斯、德国林德集团、法国液化空气、日本大阳日酸株式会社等公司占据全球电子气体90%以上的市场份额。国内电子气体企业的生产技术与国外存在较大差距，电子气体市场仍被外企主导。截至2016年年底，美国空气化工、普莱克斯、日本昭和电工、英国 BOC 公司、法国液化空气、日本酸素六家公司合计占据了我国电子气体85%的市场份额，国内企业主要集中在中低端市场。

国内从事高纯电子气体生产的主要企业有中船重工718所、中昊光明化工研究设计院、苏州金宏气体、大连保税区科利德化工科技、佛山市华特气体、江苏南大光电、黎明化工研究设计院、绿菱电子材料(天津)、广东华特气体、北京华宇同方化工科技、杭州同益气体研究所、湖北晶星科技、江苏雅克科技、南京亚格泰新能源材料、上海正帆科技等。其中中船重工的 NF_3、WF_6 进入国内 12 英寸芯片制造厂商生产线，雅克科技的 CF_4 进入台积电 12 英寸晶圆加工生产线，南大光电的高纯磷烷、砷烷、三甲基镓、三甲基铟、三乙基镓、三甲基铝等产品纯度达到 6N 级别。

虽然国内企业已基本具备了生产高纯电子气体的能力，但是由于生产规模较小，产品质量稳定性差，包装、储运未能和现代电子工业的要求接轨等原因，导致目前大部分电子气体还不能全面进入集成电路领域。

6.3.5　抛光材料

化学机械抛光(chemical-mechanical polish，CMP)的抛光材料是集成电路制造中的关键耗材，主要包括抛光液、抛光垫和修整盘等，其中抛光垫与抛光液占 80% 以上(图 6-9)。随着集成电路工艺技术节点尺寸的不断缩小，互联层数的不断增加和新材料新工艺的应用，CMP 在芯片工艺制程中的使用次数和重要性不断增加(图 6-10)，所抛光的材料有多种金属(包括 Co、Al、W、Cu、Ta 等)和非金属(包括 SiO_2、Si_3N_4、衬底材料等)，技术节点尺寸降低同时对 CMP 提出了更高的要求，在抛光缺陷、表面污染物的尺寸和数量、抛光性能的稳定性、抛光工艺可控性、抛光均一性、电性能和可靠性等方面提出了更为苛刻的要求。

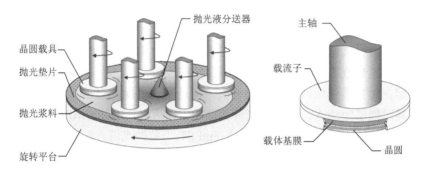

图 6-9　CMP 工作原理图

年份	1999	2002	2007	2009	2012	2015	2018 2020
节点	180 nm	130 nm	45/40 nm	32/28 nm	22/20 nm	14 nm	10 nm
	硅片	硅片	硅片	硅片	硅片	硅片	硅片
	绝缘硅片	绝缘硅片	绝缘硅片	绝缘硅片	绝缘硅片	绝缘硅片	绝缘硅片
	层间介质非直接浅沟隔离	直接浅沟隔离	直接浅沟隔离	直接浅沟隔离	直接浅沟隔离	直接浅沟隔离	直接浅沟隔离
	金属前介质层	金属前介质层	金属前介质层	金属前介质层	金属前介质层	金属前介质层	金属前介质层
	钨刻蚀	钨刻蚀	钨刻蚀	钨刻蚀	钨刻蚀	钨刻蚀	钨刻蚀
		铜阻挡层	铜阻挡层	铜阻挡层	铜阻挡层	铜阻挡层	铜阻挡层
			选择性氮化物	选择性氮化物	选择性氮化物	选择性氮化物	选择性氮化物
			选择性金属前介质层	选择性金属前介质层	选择性金属前介质层	选择性金属前介质层	选择性金属前介质层
			铝金属格栅	铝金属格栅	多晶硅	多晶硅	多晶硅
					钨金属格栅	钨金属格栅	钴金属格栅
					碳化硅/氮化硅	碳化硅/氮化硅	碳化硅/氮化硅
						钴阻挡层	钴/钌阻挡层
						锗通道	锗通道
							III-V族通道

图 6-10　不同技术节点 CMP 工艺处理的材料

抛光液是决定 CMP 工艺性能最终良率的关键材料,约占整个 CMP 材料市场的 49%。抛光液主要由纳米级的研磨颗粒、化学剂和去离子水组成。针对具体工艺和被抛光材料的要求,不同种类的研磨颗粒(如二氧化硅、三氧化二铝、二氧化铈等)和多种化学试剂(如金属络合剂、表面抑制剂、氧化还原剂、分散剂以及其他助剂等)被使用在 CMP 抛光液的配方中。抛光液可以使用在集成电路芯片制造前/后道的各个工序中,如 FinFET 栅极、浅沟道隔离、钨栓塞、铜互联等。另外,抛光液还应用在先进封装中的硅通孔工艺中,所需要的抛光液也因工艺和材料要求的不同而不同。集成电路用抛光液市场主要被美日欧企业垄断。

国内从事 CMP 抛光液研发与生产的企业有安集微电子、上海新安纳电子、北京国瑞升科技等。其中安集微电子生产的铜/铜阻挡层抛光液、二氧化硅抛光液、TSV 抛光液、硅抛光液、铜抛光后清洗液等产品已成功进入国内外 8 英寸和 12 英寸客户芯片生产线,铜/铜阻挡层抛光液产品已进入国内外领先技术节点,产品涵盖 130~28 nm 技术节点;上海新安纳电子级二氧化硅纳米磨料成功应用于 8 英寸和 12 英寸硅片抛光。另外,上海新安纳在存储器抛光液等产品开发方面取得良好进展。

虽然我国在抛光液领域取得了点的突破,但是整体上抛光液的国产化率约为 5%,主要为铜及其阻挡层抛光液、TSV 抛光液和硅的粗抛液,其他的 CMP 工艺抛光液(硅片精抛液,化合物半导体抛光液,14 nm 以下 FinFET 工艺抛光液,钴、铷等新金属互联材料的抛光,STI 抛光液等)及其抛光磨料还是依赖进口。

CMP 工艺中的另一个重要工艺耗材为抛光垫,约占整个 CMP 材料市场的 33%。抛光垫的主要功能是提供机械摩擦和承载抛光液,是影响 CMP 抛光工艺参数(如抛光速率、均匀度、平整度、缺陷率)的关键因素之一。抛光垫主要以聚亚氨脂为原材料,通过特殊的发泡和成型工艺制作而成。根据不同 CMP 工艺的需求,需要对抛光垫的材料配方和工艺进行调整,从而获得不同的抛光垫硬度、发泡尺寸、可伸缩性以及表面沟槽的图形和深度。目前,陶氏化学占整个市场份额的 80%,嘉柏微电子次之,约占 10% 的市场份额。CMP 修整盘也是 CMP 工艺材料中的关键组成部分,其作用是将金刚石颗粒镶嵌在金属胎体上,在抛光过程中对抛光垫进行修正,以保证抛光工艺的稳定性和重复性。

国内方面,近年来成长起来的成都时代立夫在 CMP 抛光垫产品开发方面取得较好进展,部分产品在 8 英寸和 12 英寸 CMP 工艺中进行应用评估;湖北鼎龙控股开发的铜抛光垫、氧化物抛光垫和钨抛光垫开始认证;宁波江丰电子和苏州观胜半导体也开始新型抛光垫项目。深圳嵩洋微电子正在开发金刚石修整盘;宁波江丰电子的金刚石修整盘和保持环已进入评价验证阶段。就抛光垫修整盘整体而言,我国本土企业仍处于尝试突破阶段。

6.3.6 靶材

高纯溅射靶材(包括蒸发材料)作为集成电路芯片制造过程中重要的配套材料之一,主要用于互连线、阻挡层、通孔、背面金属化层等薄膜的制备。使用的靶材原材料主要有超高纯铝及其合金,铜、钛、钽、钨、钨钛合金,镍及其合金,钴,金、银、铂及其合金等(表 6-19)。

表 6-19　常用靶材类别及其纯度和用途

	靶材类别	纯度	用途
铝靶	纯铝靶、铝硅合金靶、铝铜合金靶、铝钛合金靶、铝硅铜合金靶、铝硅锰合金靶、铝锰合金靶等	4N～5N5	铝互连线的主要配套材料
钛靶	纯钛靶、钛硼合金靶、钛铝合金靶等	3N～5N	用作芯片铝导线的阻挡层
钨靶	纯钨靶、钨硅合金等	5N	存储器栅结构主要使用的靶材
镍靶	纯镍靶	4-5N	用作芯片铝导线的阻挡层
钽靶	纯钽靶	3N5、4N、4N5 不等	用作芯片铜互联线的阻挡层,阻止铜原子向基体硅中的扩散
铜靶	纯铜靶、铜铝合金靶、铜锰合金靶等	4N、4N5、5N 和 6N	铜互连线的主要配套材料
钴靶	纯钴靶	5N	钴互联线的主要配套材料
贵金属靶	金	≥4N	圆片背面金属化、芯片互联导线
贵金属靶	银	24N	圆片背面金属化、芯片互联导线
贵金属靶	铂及其合金	≥4N	圆片背面金属化、芯片互联导线
贵金属靶	钌及其合金	≥4N5	圆片背面金属化、芯片互联导线

根据化学成分的不同,溅射靶材可分为金属靶材(金属铝、钛、铜、钽等),合金靶材(镍铬合金、镍钴合金等)和陶瓷复合靶材(氧化物、硅化物、碳化物、硫化物等)。根据应用领域不同,分为半导体芯片靶材、平面显示器靶材、太阳能电池靶材、信息存储靶材、电子器件靶材以及其他靶材。其中,半导体芯片行业对靶材的纯度、内部微观结构等方面有着最为严苛的标准。一般而言,半导体芯片靶材的纯度要求达到 99.9995% 以上。这是因为靶材的杂质含量过高,会在晶圆上出现第二相微粒,使得薄膜无法达到使用所要求的电性能,致使电路短路或损坏。

虽然靶材只占半导体加工成本的 3% 左右,但是在半导体工艺中的晶圆制作和芯片封装两个主要环节都需要用到溅射靶材制备导电层、阻挡层栅极、凸点下金属层和布线层。靶材的品质会直接影响导电层和阻挡层的均匀性和电性能,进而影响芯片的传输速度和稳定性。因此,靶材也是半导体加工中的核心原材料之一。在芯片制备过程中,主要用铝、钛、铜、钽等金属靶材沉积导电层、阻挡层和金属栅极。随着集成电路的集成度越来越高,可以预见,未来对铜靶、钽靶和钛靶的用量将不断提升。

为了满足芯片更高精度、更细小微米工艺的需求,芯片产业对溅射靶材和溅射薄膜的品质控制也变得越来越高。随着更大尺寸的硅晶圆片制造出来,相应地要求溅射靶材也朝着大尺寸方向发展,同时对溅射靶材的晶粒晶向控制提出了更高的要求。此外,溅射靶材纯度标准也越加严苛,甚至要求达到 6N 以上纯度。

在国内,靶材是集成电路材料领域最先打破国外垄断的产品。目前我国靶材行业已经初具规模。国内靶材行业龙头包括宁波江丰电子、有研新材子公司有研亿金新材等。在逻辑芯片用靶材方面,国内最大的靶材生产商江丰电子生产的 8～12 英寸铝、钛、铜、钽靶材已批量进入国际主流芯片厂,并在国际领先的 7 nm 技术中得到量产应用;在封装用靶材方面,有研亿金新材 8 英寸靶材也开始进入市场,公司正在建设 12 英寸系列靶材生产线,在稀贵金属靶材研究与生产方面具备优势。

整体上，我国高纯靶材生产技术已跻身国际第一梯队，目前以江丰电子为代表的国内靶材厂商掌握了钛靶、铝靶、铜靶等靶材从提纯到最终靶材成型的整套工艺，但 7 nm 先进工艺用高端钴靶以及存储芯片用钨靶被韩国、美国等跨国公司垄断，国内供应商还需突破。

6.4　集成电路封装材料与工艺

6.4.1　集成电路封装概念与分类

集成电路芯片封装是指利用膜技术及微细加工技术，将芯片及其他要素在框架或基板上布置、粘贴固定及连接，引出接线端子并通过可塑性绝缘介质灌封固定，构成整体立体结构的工艺。此概念称为狭义的封装。

更广意义上的"封装"是指封装工程，即将封装体与基板连接固定，装配成完整的系统或电子设备，并确保整个系统综合性能的工程。将以上所述的两个层次封装的含义合并起来，就构成了广义的封装概念。

将基板技术、芯片封装体、分立器件等全部要素，按电子设备整机要求进行连接和装配，实现电子的、物理的功能，使之转变为适用于整机或系统的形式，成为整机装置或设备的工程称为电子封装工程，如图 6-11 所示。

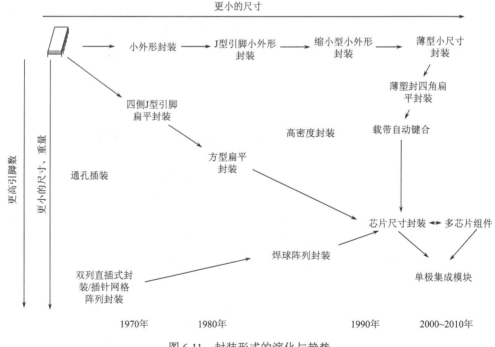

图 6-11　封装形式的演化与趋势

集成电路封装的目的是保护芯片不受或少受外界环境的影响，并为之提供一个良好的工作条件，以使集成电路具有稳定、正常的功能。封装为芯片提供了一种保护，人们平时所看到的电子设备(如计算机、家用电器、通信设备等)中的集成电路芯片都是封装的，没有封装的集成电路芯片一般不能直接使用。

为了实现芯片封装的交付，需在芯片封装后进行芯片测试。集成电路测试分为两阶段：一是进入封装之前的晶圆测试，主要测试电性；二是封装后的 IC 成品测试，主要测试 IC 功能、电性与散热是否正常。因此，集成电路封装和测试环节的材料往往放在一起讨论，统称集成电路封测材料。

芯片封装技术涵盖的技术面极广，属于复杂的系统工程。它涉及物理、化学、化工、材料、机械、电气与自动化等各门学科，也使用金属、陶瓷、玻璃、高分子等各种各样的材料，因此芯片封装是一门跨学科知识整合的科学，整合了产品的电气特性、热传导特性、可靠性、材料与工艺技术的应用及成本价格等因素，以达到最优化目的的工程技术。

在微电子产品功能与层次提升的追求中，开发新型封装技术的重要性不亚于集成电路芯片设计与工艺技术，世界各国的电子工业都在全力研究开发，以期在该领域处于技术领先地位。

1. 芯片封装所实现的功能

为了保持电子仪器设备和家用电器使用的可靠性和耐久性，要求集成电路模块的内部芯片要尽量避免和外部环境空气接触，以减少空气中的水汽、杂质和各种化学物质对芯片的污染和腐蚀。根据这一设想，要求集成电路封装结构具有一定的机械强度、良好的电气性能、散热性能，以及化学的稳定性。

芯片封装实现的功能有以下四点：

(1)传递电能，主要是指电源电压的分配和导通。电子封装首先需要接通电源，使芯片与电路导通电流。其次，微电子封装的不同部位所需的电压有所不同，将不同部位的电压分配恰当，以减少电压的不必要损耗，这在多层布线基板上尤为重要，同时，还需考虑接地线的分配问题。

(2)传递电路信号，主要是将电信号的延迟尽可能地减小，在布线时应尽可能使信号线与芯片的互连路径及通过封装的 I/O 接口引出的路径最短。对于高频信号，还应考虑信号间的串扰，以进行合理的信号分配布线和接地线分配。

(3)提供散热途径，主要是指各种芯片封装均需考虑元器件、部件长期工作时如何将聚集的热量散出的问题。不同的封装结构和材料具有不同的散热效果。对于功耗大的芯片或部件封装，还应考虑附加热沉或使用风冷、水冷方式，以保证系统在使用温度要求的范围内正常工作。

(4)结构保护与支持，主要是指芯片封装可为芯片和其他连接部件提供牢固可靠的机械支撑，并能适应各种工作环境和条件的变化。半导体元器件和电路的许多参数(如击穿电压、反向电流、电流放大系数、噪声等)，以及器件的稳定性、可靠性都与半导体表面的状态密切相关，半导体元器件及电路制造过程中的许多工艺措施是针对半导体表面的。半导体芯片制造出来后，在没有将其封装之前，始终处于周围环境的威胁之中。在使用中，有的环境条件极为恶劣，必须将芯片严加密封和包封。所以，芯片封装对芯片的保护作用极为重要。

集成电路封装结构和加工方法的合理性、科学性直接影响电路性能的可靠性、稳定性和经济性。对集成电路模块的外形结构、封装材料及其加工方法需合理地选择和科学地设计。在集成电路的封装时应注意以下因素。

(1)成本:电路在最佳性能指标下的最低价格。

(2)外形与结构:诸如整机安装、器件布局、空间利用与外形、维修更换及同类产品的型号替代等。

(3)可靠性:考虑到机械冲击、温度循环、加速度等对电路的机械强度,以及各种物理、化学性能产生影响,因此,必须根据产品的使用场所和环境要求,合理地选用集成电路的外形和封装结构。

在选择具体的封装形式时,主要需要考虑 5 种设计参数:性能、尺寸、质量、可靠性和成本目标。性能和可靠性指标在高性能的芯片中考虑得比较多,对于大部分消费类应用,更多注重的是成本连同尺寸、质量的控制,使集成电路芯片封装的适用范围更加广泛。当设计工程师在选择集成电路封装形式时,芯片的使用环境,如沾污、潮气、温度、机械振动及人为使用等都必须考虑在内。

如果将集成电路芯片与各种电路元器件看做人类的大脑与身体内部的各种器官,芯片封装就问看成人的肌肉骨架,封装中的连线就问看做血管神经,提供电源电压与电路信号传递的路径,以使产品电路功能得以充分发挥。表 6-20 所示为封装的分类、名称、脚距、脚数、高度等特性的比较。

表 6-20　封装的分类、名称、脚距、脚数、高度等特性的比较

连接形态	引脚排序方式	引脚形状	名称	脚距/mm	脚数	高度/mm	附注说明
表面贴装型	单边引脚	L 型	SVP	0.65, 0.5	24, 32	7.3～13.8	—
	双边引脚	L 型	SOP	1.27	8～44	1.5～3.4	称 SO-IC 或 SO
	双边引脚	L 型	TSOP	1.27, 0.65, 0.6, 0.55, 0.5	24～64	1.1～1.2	高度 1.27 mm 以下的 SOP
	双边引脚	L 型	SSOP	1.0, 0.8, 0.65, 0.5	5～80	1.1～3.1	小脚距的 SOP
	双边引脚	I 型	SOI	1.27	26	2.7	—
	双边引脚	J 型	SOJ	1.27	20～40	3.5～3.7	—
	四边引脚	L 型	QFP	1.0, 0.8, 0.65	42～232	1.5～4.4	—
	四边引脚	L 型	QFP(FP)	0.5, 0.4, 0.3	32～304	1.5～4.5	脚距小于 0.65 mm 的 QFP
	四边引脚	L 型	TQFP	0.8, 0.65, 0.5, 0.4	44～120	1.1～1.2	高度 1.27 mm 以下的 QFP
	四边引脚	L 型	TPQFP	0.3	144～168	1.7	四周有测试垫的 QFP
	四边引脚	引脚搭载于载带上	TCP	0.3, 0.25	160～576	0.5～2.6	称 DTCP 或 QTCP
	四边引脚	I 型	QFI	1.27	18～68	2.2～3.2	称 MSP

续表

连接形态	引脚排序方式	引脚形状	名称	脚距/mm	脚数	高度/mm	附注说明
表面贴装型	四边引脚	J型	QFJ	1.27	18～84	3.4～4.8	塑封密封者称为PLCC
	四边引脚	电极凸块	QFN	1.27, 1.016	14～100	1.5～5.0	陶瓷密封者称为LCC
	底部引脚	细针型	Surface MountPGA	1.27	256～528	4.9～5.6	称Butt Joint PGA
	底部引脚	球形	BGA	1.5, 1.27, 1.0	225～500	2.5～3	新型技术
引脚插入型	单边引脚	单边排列	SIP	2.54	2～23	6.1～16.0	—
	单边引脚	单边交叉	ZIP	1.27	12～40	7.9～17.5	—
	双边引脚	双边排列	DIP	2.54	6～64	-5.9～4.4	—
			SDIP	1.778	-90～14	4.8～5.9	小脚距

2. 封装技术与封装材料概述

从封装分类可以看出，集成电路芯片封装具有各种不同的形态。封装的形态及用何种工艺技术与材料去完成，由产品电性、热传导、可靠性的需求、材料与工艺技术、成本价格等因素决定。形态相同的封装可以用不同的工艺与材料完成，例如，陶瓷封装与塑料封装技术均可制成 DIP 元器件，陶瓷封装适合高可靠性元器件的制作，塑料封装则适合低成本元器件的大量生产。形态不同的封装也不代表它们所应用的工艺技术和材料必然不同。例如，塑料封装技术可制成 DIP、ZIP、SOIC、LCC、QFP、FCB、BGA 等不同形态的封装。

封装工艺技术包括：芯片封装工艺流程、厚膜/薄膜技术、焊接材料、印制电路板、元器件与电路板的连接、封胶材料与技术、陶瓷封装、塑料封装、气密性封装、封装可靠性工程、封装过程中的缺陷分析，以及先进封装技术等。

芯片封装所使用的材料包括金属、陶瓷、玻璃、高分子等，金属主要为电热传导材料，陶瓷与玻璃为陶瓷封装基板的主要成分，玻璃同时为重要的密封材料，塑料封装利用高分子树脂进行元器件与外壳的密封，高分子材料也是许多封装工艺的重要添加物。材料的使用和选择与封装的电热性质、可靠性、技术与工艺、成本价格的需求有关。例如，陶瓷封装与塑料封装技术均可制成双边排列(DP)封装，前者适于高可靠性的元器件制作，后者适于低成本元器件大量生产，芯片封装可以采用最新材料，力求产品的最优结果。

关于封装技术与封装材料的种类与特性，参见表 6-21、表 6-22 和表 6-23。表 6-21 说明封装工艺中使用的绝缘与基板材料的种类与特性，表 6-22 说明封装工艺中常用的导体材料的种类与特性，表 6-23 说明封装工艺中常用的高分子材料的种类与特性。

表 6-21　封装工艺中使用的绝缘与基板材料的种类与特性

	材料种类	介电常数 ε (at 1MHz)	热膨胀系数 /(ppm/℃)	热传导率 /[W/(m·K)]	工艺温度 /℃
无机材料	92%氧化铝	9.2	6	18	1500
	96%氧化铝	9.4	6.6	20	1600
	99.6%氧化铝	9.9	7.1	37	1600
	氮化硅(Si_3N_4)	7	2.3	30	1600
	碳化硅(SiC)	42	3.7	270	2000
	氮化铝(AlN)	88	3.3	230	1900
	氧化铍(BeO)	6.8	6.8	240	2000
	氮化硼(BN)	6.5	3.7	600	>2000
	钻石(高压)	5.7	2.3	2000	>2000
	钻石(CVD)	3.5	2.3	400	~1000
	玻璃-陶瓷	4~8	3~5	5	1000
	不胀钢(Invar)	NA	3	100	800
	玻璃含碳钢	6	10	50	800
有机材料	环氧树脂+Kevlar	3.6	6	0.2	200
	聚酰亚胺+石英玻璃纤维	4	11.8	0.32	200
	FR-4 树脂	4.7	15.8	0.2	175
	聚酰亚胺(PI)	3.5	50	0.2	350
	苯并环丁烯(BCB)	2.6	35~60	0.2	240
	特氟龙(PTFE)	2.2	20	0.1	400

表 6-22　封装工艺中常用的导体材料的种类与特性

金属种类	熔点/℃	电阻率/(μΩ·cm)	热膨胀系数/(ppm/℃)	热传导率/[W/(m·K)]
铜(Cu)	1083	1.7	17	393
银(Ag)	960	1.6	19.7	418
金(Au)	1063	2.2	14.2	297
钨(W)	3415	5.5	4.5	200
钼(Mo)	2625	5.2	5	146
铂(Pt)	1774	10.6	9	71
钯(Pd)	1552	10.8	11	70
镍(Ni)	1455	6.8	13.3	92
铬(Cr)	1900	20	6.3	66
Invar	1500	46	1.5	11
Kovar	1450	50	5.3	17
银钯(Ag-Pd)	1145	20	14	150
金铂(Au-Pt)	1350	30	10	130
铝(Al)	660	4.3	23	240
金20%锡	280	16	15.9	57

续表

金属种类	熔点/℃	电阻率/(μΩ·cm)	热膨胀系数/(ppm/℃)	热传导率/[W/(m·K)]
铅 5%锡	310	19	29	63
钨 20%铜	1083	2.5	7	248
钼 20%铜	1083	2.4	7.2	197

表 6-23　封装工艺中常用的高分子材料的种类与特性

材料种类	玻璃化转变温度/℃	热膨胀系数/(ppm/℃)	介电常数(at 1MHz)	介电强度/(kV/mm)	散失因子
环氧树脂	100～175	>20	3.5	20～35	0.003
硅胶树脂	<20	>200	3	20～45	0.001
聚酰亚胺	>260	50	3.5	>240	0.002
BT 树脂	>275	50	3.5	36	0.018
苯并环丁烯	>350	3560	2.6	>400	0.0008
特氟龙	NA	70120	2.1	17	0.0002
聚酯类	175	36	3.5	30～35	0.005
丙烯酸树脂	114	135	2.8	15～20	0.01
聚氨基甲酸酯树脂	—	—	3.5	16	0.035

按照封装中组合集成电路芯片的数目，芯片封装可分为单芯片封装与多芯片封装；按照密封的材料，可分为高分子材料和陶瓷为主的种类；按照器件与电路板互连方式，封装可分为引脚插入型和表面贴装型；按照引脚分布形态区分，封装元器件有单边引脚、双边引脚、四边引脚和底部引脚四种。常见的单边引脚有单列式封装与交叉引脚式封装；双边引脚元器件有双列式封装与小型化封装；四边引脚有四边扁平封装；底部引脚有金属罐式与点阵列式封装。

3. 封装技术与封装材料的发展阶段

半导体行业对芯片封装技术水平的划分存在不同的标准，目前国内比较通行的标准是采取封装芯片与基板的连接方式划分。总体上集成电路封装技术的发展可分为四个阶段，如图 6-12 所示。

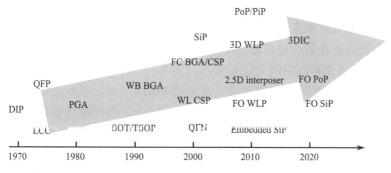

图 6-12　半导体封装技术演进路径(数据来源：华夏幸福产业研究院)

第一阶段：20 世纪 80 年代以前，插孔原件时代。

封装的主要技术是针脚插装(PTH)，其特点是插孔安装到 PCB 上，主要形式有 SIP、DIP、PGA，它们的不足之处是密度、频率难以提高，难以满足高效自动化生产的要求。

第二阶段：20 世纪 80 年代中期，表面贴装时代。

表面贴装封装的主要特点是引线代替针脚，引线为翼形或丁形，两边或四边引出，节距为 1.27～0.4 mm，适合于 3～300 条引线，表面贴装技术改变了传统的 PTH 插装形式，通过细微的引线将集成电路贴装到 PCB 板上。主要形式为 SOP(小外形封装)、PLCC(塑料有引线片式载体)、PQFP(塑料四边引线扁平封装)、J 型引线 QFJ 和 SOJ、LCCC(无引线陶瓷芯片载体)等。它们的主要优点是：引线细、短，间距小，封装密度提高；电气性能提高；体积小，重量轻；易于自动化生产。它们的不足之处是：在封装密度、I/O 数以及电路频率方面还是难以满足 ASIC、微处理器发展的需要。

第三阶段：20 世纪 90 年代，面积阵列封装时代。

该阶段主要的封装形式有焊球阵列封装(BGA)、芯片尺寸封装(CSP)、无引线四边扁平封装(PQFN)、多芯片组件(MCM)。BGA 技术使得在封装中占有较大体积和重量的管脚被焊球所替代，芯片与系统之间的连接距离大大缩短，BGA 技术的成功开发，使得一直滞后于芯片发展的封装终于跟上芯片发展的步伐。CSP 技术解决了长期存在的芯片小而封装大的根本矛盾，引发了一场集成电路封装技术的革命。

第四阶段：21 世纪，微电子封装技术堆叠式封装时代。在封装观念上发生了革命性的变化，从原来的封装元件概念演变成封装系统。

目前，全球半导体封装的主流正处在第三阶段的成熟期，PQFN 和 BGA 等主要封装技术进行大规模生产，部分产品已开始在向第四阶段发展。微机电系统(MEMS)芯片采用堆叠式的三维封装。

目前全球封测行业呈现寡头局面。2017 年全球前十大 OSAT 企业实现收入约 281 亿美元，同比增长 15.3%，超过全球封测行业收入的 50%。全球 OSAT 前十大厂商中国台湾占据 5 家、中国大陆 3 家、美国 1 家以及新加坡 1 家。近年全球半导体行业并购不断，主要是由于行业进入成熟期，竞争越发激烈，厂商通过并购扩大规模或者为未来做战略布局。

2017 年，中国 OSAT 前三甲企业(长电科技、华天科技、通富微电)实现收入 373 亿人民币，同比增长 27.7%，占中国封测行业总产值 19.7%。国内封装企业收入增速明显快于全球水平，这得益于传统封装产能扩张及部分先进封装产能投入使用。

2017 年，中国大陆半导体产业中设计、制造和封测环节的全球市占率分别为 9%、7% 和 22%，封测行业优势比较明显。中国台湾地区知名 IC 设计企业联发科、联咏、瑞昱等已将封测订单逐步转向中国大陆公司。

从技术更新角度，半导体制造业按照摩尔定律继续发展，不断投资新生产线，实现产能扩张和技术更新。晶圆制造经历了近 20 轮技术更新，而同期封装技术整体只经历了几代技术的变革。中国封测龙头企业通过并购快速实现了与国际顶尖企业的同步发展。相比于落后两代的晶圆制造产业，封测无疑是最具国际竞争力的产业环节。长电科技与华天科技拥有世界最前沿的先进封装技术。近年来，中国封测产业专利申请数量呈现爆发式增长。

电子封装是集成电路芯片生产完成后不可缺少的一道工序，是器件到系统的桥梁。封装这一生产环节对微电子产品的质量和竞争力有极大的影响。按目前国际上流行的看法认为，在微电子器件的总体成本中，设计占三分之一，芯片生产占三分之一，而封装和测试也占三分之一。

封装研究在全球范围的发展迅猛，而它所面临的挑战和机遇也是自电子产品问世以来从未遇到过的；封装所涉及的问题之多之广，也是其他领域中少见的，它是从材料到工艺、从无机到聚合物、从大型生产设备到计算力学等一门综合性非常强的新型高科技学科。

6.4.2　集成电路封装工艺流程

熟悉整个封装工艺流程是认识封装技术的基础和前提。通常，芯片封装和芯片制造并不是在同一工厂内完成的。它们可能在同一个工厂的不同生产区域，或在不同的地区，甚至在不同的国家。

芯片通常在硅片工艺线上进行片上测试，并将有缺陷的芯片打上记号，通常是打上一个黑色墨点，这样是为后面的封装过程做好准备，在进行芯片贴装时自动拾片机可以自动分辨出合格的芯片和不合格的芯片。

封装流程一般分成两个部分：用塑料封装(固封)之前的工艺步骤称为前段操作，成型之后的工艺步骤称为后段操作。在前段工序中，净化级别控制在 1000 级。在有些生产企业中，成型工序也在净化的环境下进行。但是，由于转移成型操作中机械水压机和预成型品中的粉尘，很难使净化环境达到 1000 级以上的水平。一般来说，随着硅芯片越来越复杂和日益趋向微型化，将使得更多的装配和成型工艺在粉尘得到控制的环境下进行。

现在使用的大部分封装材料是高分子聚合物，即所谓的塑料封装。塑料封装的成型技术有转移成型技术、喷射成型技术、预成型技术等，其中转移成型技术使用最为普遍。

转移成型技术的典型工艺过程如下：将已贴装好芯片并完成芯片互连的框架带置于模具中，将塑料材料预加热(90～95℃)，然后放进转移成型机的转移罐中。在转移成型活塞压力下，塑封料被挤压至浇道中，并经过浇口注入模腔(170～175℃)。塑封料在模具内快速固化，经过一段时间的保压，使得模块达到一定的硬度，然后用顶杆顶出模块并放入固化炉进一步固化。

归纳起来芯片封装技术的基本工艺流程为：硅片减薄、硅片切割、芯片贴装、芯片互连、成型技术、去飞边毛刺、切筋成型、上焊锡、打码等工序，如图 6-13 所示。封装测试流程如图 6-14 所示。

硅片的背面减薄技术主要有磨削、研磨、化学机械抛光、干式抛光、电化学腐蚀、湿法腐蚀、等离子增强化学腐蚀、常压等离子腐蚀等。

芯片贴装的方式有共晶粘贴法、焊接粘贴法、导电胶粘贴法和玻璃胶粘贴法。其中，共晶粘贴法是指利用金-硅合金(一般是 69%Au、31% Si)，363℃时的共晶熔合反应使 IC 芯片粘贴固定。为了获得最佳的共晶贴装，通常在 IC 芯片背面先镀上一层金的薄膜或在基板的芯片承载座上先植入预芯片。

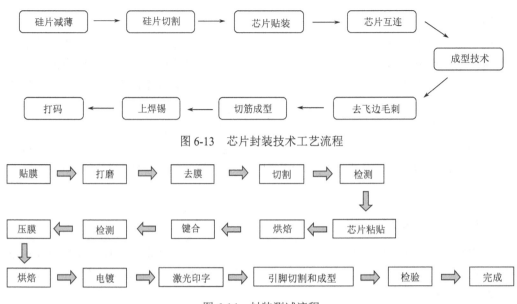

图 6-13　芯片封装技术工艺流程

图 6-14　封装测试流程

　　芯片互连是将芯片焊区与电子封装外壳的 I/O 或基板上的金属布线焊区相连接，只有实现芯片与封装结构的电路连接，才能发挥已有的功能。芯片互连常用的方法有打线键合、载带自动键合和倒装芯片键合。打线键合技术是将细金属线或金属带按顺序打在芯片与引脚架或封装基板的焊垫上形成电路互连。打线键合技术有超声波键合、热压键合和热超声波键合。载带自动键合是将芯片焊区与电子封装外壳的 I/O 或基板上的金属布线焊区用具有引线图形金属箔丝连接的技术工艺。倒装芯片键合是将芯片面朝下，芯片焊区与基板焊区直接互连的一种方法。

　　塑料封装的成型技术有转移成型技术、喷射成型技术和预成型技术。其中，转移成型技术最常用，其使用的材料一般为热固性聚合物。

　　封装技术包含四个层次。第一层次，又称为芯片层次的封装，是指把集成电路芯片与封装基板或引脚架之间粘贴固定电路连线与封装保护的工艺，使之成为易于取放输送，并可与下一层次的组装进行连接的模块元件。第二层次，将数个第一层次完成的封装与其他电子元器件组成一个电路卡的工艺。第三层次，将数个第二层次完成的封装组成的电路卡，组合在一个主电路板上，使之成为一个部件或子系统的工艺。第四层次，将数个子系统组装成为一个完整电子产品的工艺过程。它们依次是零级封装(芯片互连级)、一级封装(多芯片组件)、二级封装(PWB 或卡)和三级封装(母板)。

1. 芯片倒装技术

　　芯片倒装(flip chip, FC)是最早出现的先进封装技术，与传统封装相比，优势在于以下三点：

　　(1)热学性能优越，提高了散热能力。芯片背面可以有效进行冷却，最短回路带来低热阻的散热盘。

（2）电学性能增强。接触电阻降低，频率提高，高达 10～40 GHz。

（3）尺寸缩减，功能增强。增加 I/O 数量，提高了可靠性。

FC 技术是将芯片通过 Bump 与基板相连，因为将芯片翻转过来使凸块与基板直接连结而得其名，将芯片有源区面对着基板，通过芯片上呈阵列排列的焊料凸块实现芯片与基板的互连，无需引线键合（图 6-15）。

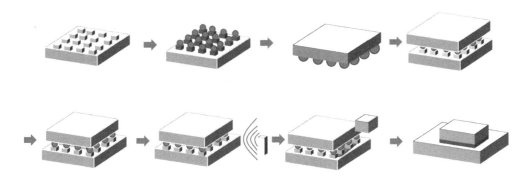

图 6-15　芯片倒装 FC 的流程图

Bump 是 FC 与 PCB 电连接的唯一通道，也是 FC 技术中关键环节。Bump 分为焊料与非焊料两大类，按制作方法分为焊料凸点、金凸点、聚合物凸点。凸点工艺直接影响倒装技术的可行性和性能的可靠性。焊锡球是最常见的凸点材料，根据不同的需求，也可选择金、银、铜、钴。例如，对于高密度的互连及细间距的应用，铜柱是一种新型的选择。连接时，焊锡球会扩散变形，而铜柱会保持其原始形态，因此铜柱可用于更密集的封装，铜柱技术目前发展最为迅速。

Bump 最常用的制作技术为电镀凸点技术，而创新型 Bump 技术包括晶圆级焊球转移技术以及喷射凸点技术。其中，喷射凸点技术制作焊料凸点具有极高的效率，喷射速度可高达 44000 滴/秒。

根据 Yole 数据，采用 FC 技术的集成电路出货量将保持稳定增长，预计晶圆产能将以 9.8%的复合年增长率扩张。FC 技术终端应用主要为计算类芯片，如台式机和笔记本电脑的 CPU、GPU 和芯片组应用等。

2. 晶圆级封装 PIWLP、POWLP

晶圆级封装 PIWLP、POWLP 正在向微型化、高效率方向发展。常规的芯片封装流程是先将整片晶圆切割为小晶粒再进行封装测试，而晶圆级封装技术（WLP）是对整片晶圆进行封装测试后再切割得到单个成品芯片的技术，封装后的芯片尺寸与裸片完全一致，如图 6-16 所示。晶圆级封装具备两大优势：

（1）将芯片 I/O 分布在 IC 芯片的整个表面，使得芯片尺寸达到微型化极限。

（2）直接在晶圆片上对众多芯片封装、老化、测试，从而减少常规工艺流程，提高封装效率。

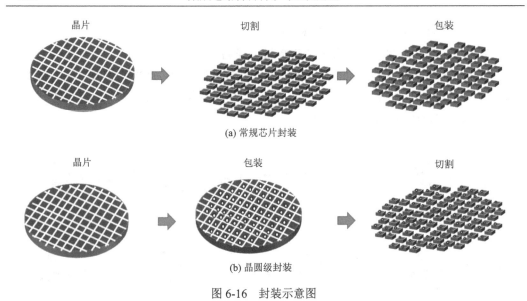

图 6-16　封装示意图

PIWLP：由于引脚全部位于芯片下方，I/O 数受到限制，称为晶圆级芯片尺寸封装 WLCSP 或扇入型晶圆级封装 FIWLP。封装尺寸与晶粒同大小，目前多用于低引脚数消费类芯片。

随着集成电路信号 I/O 数目的增加，焊球的尺寸减小，PCB 对集成电路封装后尺寸以及信号输出接脚位置的调整需求得不到满足，因此衍生出了 POWLP。

POWLP：又称为扇出型晶圆级封装 FOWLP。它是指通过再分布层（RDL）将 I/O 凸块扩展至芯片周边，在满足 I/O 数增大的前提下又不使焊球间距过小而影响 PCB 工艺，此外采用 RDL 层布线代替传统 IC 封装所需的 IC 载板，大幅降低整体封装厚度，满足智能手机对厚度的需求（图 6-17）。

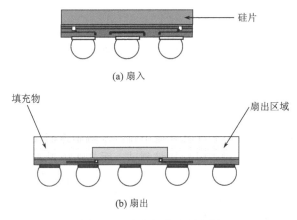

图 6-17　扇入与扇出示意图

PIWLP 与 POWLP 用途不同，均为今后的主流封装手段。PIWLP 主要是用于模拟和混合信号芯片中，无线互联、CMOS 图像传感器中也部分采用 PIWLP 技术封装。POWLP

将主要用于移动设备的处理器芯片中。此外,高密度 POWLP 在 AI、机器学习、物联网等的处理芯片中也有很大市场。

3. TSV 封装

TSV 封装,又称为硅通孔技术,是 3D IC 封装的翘楚。TSV 实现了贯穿整个芯片厚度的垂直电气连接,更开辟了芯片上下表面之间的最短通路。TSV 封装具有电气互连性更好、带宽更宽、互连密度更高、功耗更低、尺寸更小、质量更轻等优点(图 6-18)。

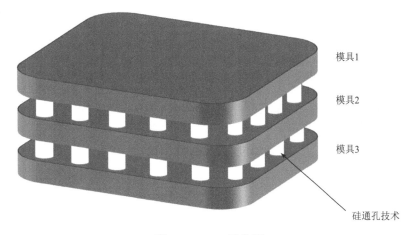

模具1

模具2

模具3

硅通孔技术

图 6-18　TSV 示意图

TSV 技术最早在 CMOS 与 MEMS 中应用,在 FPGA、存储器、传感器等领域正在进行推广,未来在光电以及逻辑器件中也将应用。3D 存储芯片封装以及手机端将是 TSV 技术应用最广泛的地方。

4. SiP 封装

SiP 封装,即系统级封装,是对不同芯片进行并排或叠加的封装方式,叠加的芯片可以是多个具有不同功能的有源电子元件与无源器件,也可以是 MEMS 或者光学器件,封装后成为可以实现一定功能的标准封装件或者系统。

SoC 与 SiP 都是实现集成电路达到更高性能、更低成本的方式。SoC 系统级芯片,是芯片内不同功能的电路高度集成的芯片级产品。SiP 既保持了芯核资源和半导体生产工艺的优势,又可以有效突破 SoC 在整合芯片过程中的限制,克服了 SoC 中诸如工艺兼容、信号混合、噪声干扰、电磁干扰等困难,大幅降低设计端和制造端成本,同时具备定制化的灵活性(图 6-19)。

SiP 封装应用广泛,包括无线通信、汽车电子、医疗电子、计算机、军用电子等。SiP 在无线通信领域应用最早,也是应用最为广泛的领域。随着智能手机越做越轻薄,对于 SiP 的需求继续提高。如 iPhone 6s,已大幅缩减 PCB 的使用量,很多芯片元件已做到 SiP 模块里,而 iPhone X,SiP 封装包含 18 个滤波器在内的近 30 颗芯片(RF 以及触控等芯片)。此外,AppleWatch 一直采用 SiP 封装。

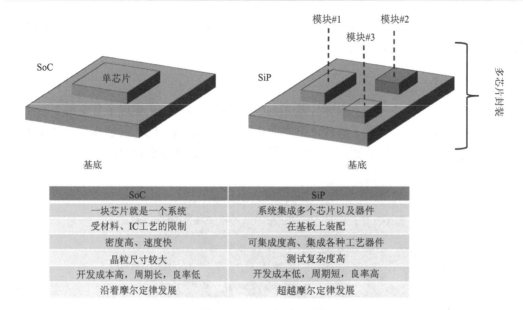

图 6-19　SoC 和 SiP 对比

SoC	SiP
一块芯片就是一个系统	系统集成多个芯片以及器件
受材料、IC工艺的限制	在基板上装配
密度高、速度快	可集成度高、集成各种工艺器件
晶粒尺寸较大	测试复杂度高
开发成本高，周期长，良率低	开发成本低，周期短，良率高
沿着摩尔定律发展	超越摩尔定律发展

6.4.3　厚膜与薄膜

厚膜技术与薄膜技术是电子封装中重要的工艺技术。厚膜技术使用网印与烧结方法，薄膜技术使用镀膜、光刻与刻蚀等方法，它们均用以制作电阻、电容等无源元件。该技术也可在基板上制成布线导体以连接各种电路元器件，形成所谓的混合集成电路电子封装。氧化铝、玻璃陶瓷、氮化铝、氧化铍、碳化硅、石英等均可以作为这两种技术的基板材料，薄膜技术主要使用硅与砷化镓晶圆片作为基板材料。

相对于三维块体材料，膜因其厚度及尺寸比较小，一般可以看作物质的二维形态。利用轧制、捶打、碾压等制作的为厚膜，厚膜(自立膜)不需要基体、可独立成立；由膜的构成物堆积而成的为薄膜，薄膜(包覆膜)只能依附在基体之上。

膜的主要功能分为三种：电气连接、元件搭载、表面改性。

(1)电气连接。电路板及膜与基板互为一体，元器件搭载在基板上实现与导体端子相互连接。

(2)元件搭载。不论采用引线键合还是倒装片方式，芯片装载在封装基板上需要焊接盘。而元器件搭载在基板上，不论采用 DIP 还是 SMT 方式，都依赖导体端子，其中焊接盘和导体端子都是膜电路重要的部分。

(3)表面改性。通过膜的使用可以使材料在某些性能上得到改性，如增加材料的耐磨性、抗腐蚀性、耐高温性等。

1. 薄膜技术与材料

导体薄膜主要用于形成电路图形，为半导体芯片、元件、电阻、电容等电路搭载部件提供金属化及相互引线。值得注意的是，成膜后造成膜异常的原因包括：严重的热适配导致应力过剩、膜层的剥离导致电路断线、热扩散、电迁移、反应扩散等。

介质薄膜因其优良的电学性、机械电性及光学电性在电子元器件、光学器件、机械器件等领域具有较多应用。其成膜方法有 MO、CVD、射频磁控溅射、粒子束溅射等。

电阻薄膜常用的制作方法有真空蒸镀、溅射镀膜、电镀、热分解等。其中溅射是薄膜淀积到基板上的主要方法。三级真空溅射常在一个约 10 Pa 压力的局部真空里通过气体放电形成导电的等离子体区，用于建立等离子体所用的气体通常是与靶材不发生反应的惰性气体，如氩气。基板和靶材置于等离子体中，基板接地，而靶材具有很高的 AC 或 DC 电位，高电位把等离子体中的气体离子吸引到靶材上。膜与基板附着的机理是在界面形成氧化物层，所以底层必须是一种容易氧化的材料。在靶材施加电位前，用氩离子随机轰击基板表面进行预溅射的方法来增强黏附力。这一过程可以去除基板表面的几个原子层，产生大量断开的氧键，促进氧化物界面的形成。溅射颗粒的动能在它们与基板碰撞时，转变成余热，进一步促进了氧化物形成。

一般三极真空溅射是一个缓慢的过程，需要几小时才能得到可使用的膜。在关键的位置，通过使用磁场，可以使等离子体在靶材附近聚集，加速淀积的过程。在靶材施加的电位一般是频率约 13 MHz 的射频(RF)能。RF 能可以通过传统的电子振荡器或磁控管产生。

在氩气中加入少量的其他气体，如氧气和氮气，可以在基板上形成某些靶材的氧化物或氮化物，这种技术称之为反应溅射法。可用来形成氮化钽，这是一种常用的电阻材料。

当材料蒸汽压超过周围压力时，材料会蒸发到周围的环境里，这种现象即使是在液态下都可能发生。在薄膜工艺中，待蒸发的材料被置于基板的附近加热，直到材料的蒸汽压超过周围环境气压为止。蒸发的速率正比于材料的蒸汽与周围环境气压的差值，并与材料的温度紧密相关。必须在真空($<10^{-6}$ torr)中进行蒸发，有以下三个原因。

(1)可以降低产生可接受蒸发速率所需的蒸汽压力，因此，降低了蒸发材料所需的温度。

(2)通过减少蒸发室内气体分子引起的散射，增加所蒸发的原子平均自由程。蒸发原子能够以直线的形式运动，改善了淀积的均匀性。

(3)可以去除气氛中容易与被蒸发的膜发生反应的污染物和组分，如氧和氮。

在 10^{-6} torr 时，为了得到可接受的蒸发速率，需要蒸汽的压力为 10^{-2} torr 。表 6-24 列出了常用材料，包含熔点和蒸汽压为 10^{-2} torr 时的温度。

表 6-24　用于薄膜用途可选金属的熔点和 $P_v = 10^{-2}$ torr 时的温度

材料	熔点/℃	温度/℃	材料	熔点/℃	温度/℃
铝	659	1220	镍	1450	1530
铬	1900	1400	铂	1770	2100
铜	1084	1260	银	961	1030
锗	940	1400	钽	3000	3060
金	1063	1400	锡	232	1250
铁	1536	1480	钛	1700	1750
钼	2620	2530	钨	3380	3230

"难熔"金属(高熔点金属),如钨、钛和钼,常常在蒸发过程作为盛放其他金属的载体,或称"舟"。为了防止与待蒸发的金属发生反应,舟的表面可以涂覆氧化铝或其他陶瓷材料。

假定是从一个点状的源开始蒸发,蒸发出的原子密度可认为距法线呈余弦分布。在考虑基板与源的距离时,应在淀积均匀性与淀积速率之间权衡。如果与基板过近(或过远),那么淀积越厚(或越薄),则在基板表面的淀积均匀性越差(或越好)。

一般来说,蒸发粒子的动能比溅射粒子的小得多,为了促进氧化物粘贴界面的生长,需要将基板加热至约 300℃。这可以通过直接加热安装基板的平台或辐射的红外线加热完成。最常用的蒸发技术是电阻加热和电子束加热(图 6-20)。

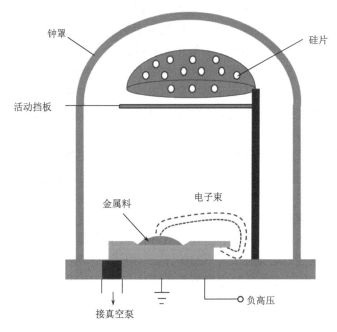

图 6-20　电子束蒸发原理图

通过电阻加热的方法进行蒸发,通常是在难熔金属制成的舟或用电阻丝缠绕的陶瓷坩埚中进行,或将蒸发料涂覆在电热丝上进行。加热元器件通过电流产生的热,使蒸发料受热。由于蒸发料容易淀积到蒸发室的内侧,用光学的方法监测熔化的温度是有些困难的,必须用经验的方法进行控制。也有可以控制淀积速率和厚度的闭环系统,但是它们价格昂贵。一般来说,只要控制得当,用经验的方法就可以获得适当的结果。

电子束蒸发法具有很多优点。通过电场加速的电子流在进入磁场后转向并呈弧线运动,利用这种现象,把高能电子流直接作用在蒸发物质上。当它们轰击蒸发料时,电子的动能转变成热能。电子能量的参数是容易测量和控制的,所以电子束蒸发容易控制。此外,热能较集中和强烈,使得在较高的温度下蒸发成为可能,也减轻了蒸发料与舟之间的反应。

溅射与蒸发相比:蒸发可以得到较快的淀积速率,但是与溅射相比存在某些缺点。

（1）合金的蒸发，如镍铬合金，是很困难的，这是因为两者的蒸汽压不同。温度较低的元素往往蒸发得较快，造成蒸发膜的成分与合金的成分不同。为了获得一定成分的膜，熔化的成分必须含有更多的 10^{-2} torr 温度较高的元素，熔化的温度必须严格控制。与此相反，溅射膜的成分与靶材的成分相同。

（2）蒸发仅限于熔点较低的金属。实际上，难熔金属和陶瓷通过蒸发来淀积是不可能的。

（3）氮化物和氧化物的反应淀积难以控制。

电镀是将基板和阳极悬挂在含有待镀物质的导电溶液里，在两者之间施加电位实现的。电镀的速率是电位和溶液浓度的函数，用这种方法可以把大多数金属镀在导电体的表面。

在薄膜技术中，常用的方法是溅射只有几个埃厚的金膜，再通过电镀使金膜增厚。这是非常经济的，所使用的靶材很少。为了进一步节约，某些公司在基板上涂覆光刻胶，金只镀在图形需要的地方。

在光刻工艺中，基板涂覆光敏材料，紫外光通过在玻璃板上的图形进行曝光。光刻胶有正负两种，其中正性光刻胶由于耐蚀性很强，所以使用最普遍。未用光刻胶保护的部分可以通过湿法（化学）蚀刻或干法（溅射）蚀刻去除。

一般来说，需要两种掩模。一种对应着导体图形；另一种既对应着导体图形，又对应着电阻图形，常常称之为复合图形。作为复合掩模的代替方法，可以使用只含有电阻图形并与导体图形稍有叠加的掩模以允许有些错位。复合掩模是首选，因为它可以使第二次金蚀刻工艺得以进行，以去除第一次蚀刻后可能留下的任何桥连或游离的金。

虽然化学蚀刻是薄膜蚀刻的常用方法，但是越来越多的公司开始采用溅射蚀刻，需要更多的固定设备。溅射蚀刻技术，基板涂覆光刻胶，图形采用与化学蚀刻完全相同的方式曝光。将基板置于等离子体中，接通电位。在溅射蚀刻工艺中，基板实际上是作为靶材使用的，不需要的物质通过气体离子撞击到未掩蔽的膜上而去除。由于光刻胶的膜比溅射的膜厚得多，所以并不受影响。与化学蚀刻相比，溅射蚀刻有以下两个主要优点。

（1）膜下的材料不存在任何钻蚀问题，气体离子以基板的法线方向大致呈余弦分布撞击基板。这意味着没有任何离子从切线方向撞击膜，因而侧面平直。与其相反，化学蚀刻的速率在切线方向与法线方向是相同的，因此形成与薄膜厚度相等的钻蚀。

（2）由于不再需要用来蚀刻薄膜的烈性化学物质，所以对人体的危害较小，且不存在污水处理的问题。

使用溅射蚀刻的最大障碍是需要对固定设备进行投资。大部分新系统都把使用溅射蚀刻作为一个重要的选择，随着越来越多的用户投资新设备或开始新的薄膜工艺，该方法应用将更加广泛。

成膜方法包括干膜和湿膜。

（1）干膜。真空蒸镀原理为镀料在真空中加热、蒸发，蒸汽析出的原子及原子团在基板上形成薄膜；溅射镀膜原理为将放电气体导入真空，通过等离子体中产生的正离子的加速轰击，使原子沉积在基板上；CVD 指气态原料在化学反应下形成固体薄膜，并在基板上形成沉积的过程。

(2)湿膜。依据电场反应,金属可在金属盐溶液中析出成膜。其中,电镀的还原能量由外部电源提供;化学镀利用添加还原剂的方法,促成分解成膜。湿膜的优点在于投资低、可依据基板材料大规模大批量成膜,但缺点在于成膜过程中对环境纯净度具有较高的要求,杂质较多的环境对成膜的质量有严重影响。

电路图形的成型方法包括:

(1)填平法(图 6-21)。将光刻胶涂敷或将光刻胶干膜贴附在基板表面,形成"负"的图形,在槽中沉积金属膜层,将其填平,最后将残留的光刻胶剥离。其中,正胶在曝光后可溶,但负胶在曝光后不可溶。填平法具有容易混入气泡的缺点。

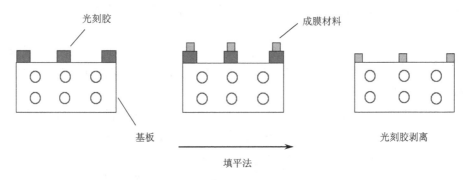

图 6-21 光刻工艺的薄膜技术中填平法的成型示意图

(2)蚀刻法(图 6-22)包括湿法蚀刻和干法蚀刻两种。湿法蚀刻是指在基板表面涂覆上印刷电路所需的浆料,经烧成后,涂胶,掩模曝光,去除光刻胶,最后通过有机溶剂去除不需要的电极材料;干法蚀刻利用磁控溅射、真空蒸镀在基板表面形成薄膜,在光刻下制成电路图形,干法的膜厚精确可控、图形精细度高,但是工艺难度大、设备投资较高。

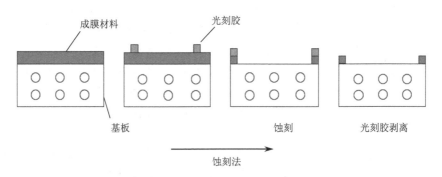

图 6-22 光刻工艺的薄膜技术中蚀刻法的成型示意图

(3)掩模法。利用机械或光刻的方法制成"正"掩模,并加以定位,再通过真空蒸镀方法成膜,在基板表面形成所需的电路图形。掩模法的图形精度较高、工艺程序少,但需要预先制作掩模。

(4)喷砂法。在基板的整个表面形成膜,并在基板表面形成光刻胶图形,利用喷砂去除多余的部分，经过剥离光刻胶后得到需要的电路图形。值得注意的是，喷砂过程中会产生灰尘。

2. 厚膜技术与材料

厚膜技术主要是指用丝网印刷的方法将导体浆料、电阻浆料或介质浆料等材料转移到陶瓷基板上，这些材料经过高温烧结后，会在陶瓷电路板上形成黏附牢固的膜（图 6-23）。重复多次后，形成多层互连结构的包含电阻或电容的电路。生产厚膜电路需要三个基本工艺：丝网印刷、厚膜材料的干燥和烧结。

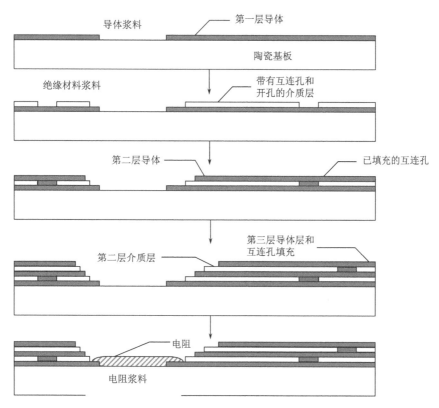

图 6-23　厚膜多层制作步骤

1）工艺流程

厚膜印刷的流程大致分为：设计制作菲林、出片打样、制作 PS 板、调油漆、上机印刷、磨光、裱纸、粘盒、检验、出货。

2）厚膜浆料

厚膜浆料由有效物质、粘贴成分、有机黏着剂、溶剂或稀释剂组成。有效物质直接决定了厚膜的作用与功能（图 6-24），粘贴成分与有机黏着剂用以改变厚膜浆料的流体特性，溶剂为有效物质的载体。

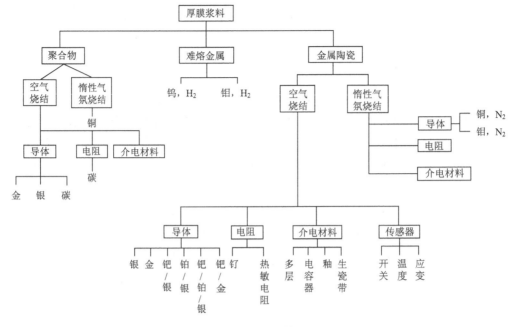

图 6-24　厚膜浆料的分类

1) 有效物质

浆料中的有效物质决定了烧结膜的电性能。作为导体浆料,有效物质多为贵金属或贵金属混合物(表 6-25);作为电阻浆料,功能相多为导电性金属氧化物;作为介质,功能相多为玻璃或陶瓷。功能相决定了成膜后的电性能和机械性能,因此材料要求严格。有效物质通常制成粉末,其颗粒尺寸为 $1\sim10\ \mu m$,平均颗粒直径约 5 μm。颗粒的形貌主要取决于生产金属颗粒的方法。不同的粉末制造工艺可以得到球状、鳞片状、圆片状(非晶态和晶态)颗粒。结构形状和颗粒的形貌对达到所需的电性能是非常关键的,只有严格控制颗粒的形状、尺寸和分布,才能保证烧结膜性能的一致性。

表 6-25　厚膜导体的性能概括

厚膜导体	Au 丝键合	Al 丝键合	共晶键合	Sn/Pb 钎焊	环氧粘贴
Au	Y	N	Y	N	Y
Pd/Au	N	Y	N	Y	Y
Pt/Au	N	Y	N	Y	Y
Ag	Y	N	N	Y	Y
Pd/Ag	N	Y	N	Y	Y
Pt/Ag	N	Y	N	Y	Y
Pt/Pd/Ag	N	Y	N	Y	Y
Cu	N	Y	N	Y	N

注:Y 表示"可适用";N 表示"不适用"。

2）粘贴成分

用于厚膜与基板的粘贴主要有两类物质：玻璃和金属氧化物，它们可以单独使用或一起使用。使用玻璃或釉料的膜称为烧结玻璃材料，它们具有较低的熔点（500～600℃）。烧结玻璃材料涉及两种粘贴机理：化学反应和物理反应。关于化学反应机理，熔融的玻璃与基桩里的玻璃发生某种程度的化学反应；关于物理反应机理，玻璃流入基板不规则的表面及其周围。总的粘贴结果是这两种因素的叠加，物理键合比化学键合在承受热循环或热储存时更易退化，通常在应力作用下首先发生断裂。玻璃也为有效物质提供颗粒和基体，使它们彼此保持接触，这有利于烧结并为膜的一端到另一端提供一连串的三维连续通路。厚膜玻璃主要基于 B_2O_3-SiO_2 网络状结构，并添加 PbO、Al_2O_3、ZnO、BaO 和 CdO 等改性剂以辅助改变膜的物理性能，如熔点、黏度和热膨胀系数。B_2O_3 对有效物质和基板具有优良的润湿性能，常用作助熔剂。玻璃能以预反应颗粒的形式加入，也可以使用玻璃形成体。烧结玻璃导体材料往往在表面上有玻璃存在，使得后续元器件组装工艺更为困难。

第二类材料是利用金属氧化物与基板粘贴。在这种情况下，一种纯金属如 Cu、Cd 与浆料混合，它们在基板表面与氧气反应形成氧化物。导体与氧化物粘贴并通过烧结而结合在一起。在烧结过程中氧化物与基板表面上断开的氧键反应形成了 Cu 和 Cd 的尖晶石结构。与玻璃料相比，这一类浆料改善了黏着性，称之为非玻璃材料、氧化物键合或分子键合材料。非玻璃材料一般在 950～1000℃烧结，这增加了制造成本。

第三种材料利用反应的氧化物和玻璃。在这种材料中，氧化物一般为 ZnO 或 CaO，在低温下发生反应。再加入比在玻璃料中浓度要低些的玻璃以增加附着力，这类材料称之为混合粘贴系统，结合了前两种技术的优点并可在较低的温度下烧结。

3）有机黏着剂

有机黏着剂通常是一种触变的流体，它可以使有效物质和粘贴成分保持悬浮态直至膜烧成，并赋予浆料良好的流动特性以进行丝网印刷。黏着剂在烧结过程中必须完全氧化，不能有任何污染膜的残留碳存在。用于这种目的的典型材料是乙基纤维素和各种丙烯酸树脂。对在氮气中烧成的膜，烧结的气氛只含有百万分之几的氧，有机载体必须发生分解和热解聚，以高度挥发的有机蒸汽的形式离开。由于铜膜的氧化，这些有机载体不易氧化成 CO_2 或 H_2O。

4）溶剂或稀释剂

自然形态的有机黏着剂太黏稠，不能进行丝网印刷，需要使用溶剂或稀释剂。稀释剂比黏着剂容易挥发，在约 100℃以上迅速蒸发。用于这种目的的典型材料是萜品醇、丁醇和某些络合的乙醇。在室温下希望有较低的蒸汽压以减少浆料干燥，维持印刷过程中的恒定黏度。此外，加入改变浆料触变性能的增塑剂、表面活性剂和一些试剂到溶剂中，以改善浆料的特性和印刷性能。

为了实现配制工艺，首先以合适的比例将厚膜浆料的各种成分混合在一起，然后在三辊轧机中轧制足够长的时间以确保它们彻底地混合。

随着电子电气行业微型化发展，要求厚膜电路组装密度以及布线的密度不断地提高，要求导体线条更细，线间距更窄。

目前最常用的厚膜丝网印刷工艺分为三种：①采用高网孔率丝网。此工艺具有线径更细、目数更高、丝网开口率更高、细线不易断线等特点。②光刻或光致成图技术。先烧结成膜，再光刻成图工艺的材料通常有有机金浆、薄印金及无玻璃导体等；先光刻后成膜所采用的浆料因其具有光敏性，可以在经过曝光、显影后直接成图，省去了光刻胶步骤，且能够提高导体线条的精度。③微机控制的直接描绘技术。此技术主要是在 CAD 上进行设计，然后直接在基板上描出厚膜图形，无需制版、制网，且该工艺下布线的线宽和间距可以精确控制，适合小批量和多品种的生产。

丝网印刷后加工工艺包括：

（1）摊平。印刷后，零件需要放置 5～15 min。这样可以使丝网筛孔的痕迹消失；同时，印刷后的印刷膜黏度仍然比较低，需要在摊平处理后达到较高的黏度。

（2）干燥处理。摊平后，零件需要在 70～150℃干燥约 15 min。干燥处理对干燥设备、抽风系统、环境洁净度、干燥速率控制等具有较高的要求。

（3）烧制。烧制的温度在 650～670℃，在烧制过程中需随时调整炉温，保持浆料烧结的温度。

（4）调整。通过向电路板喷砂或激光调整，对电阻值进行调整。

（5）包封。大致的工艺完成后进行包封，以对内接元件进行保护。

3. 厚膜与薄膜的对比

1）工艺比较
工艺比较如表 6-26 所示。

表 6-26　薄膜和厚膜的工艺比较

薄膜工艺	厚膜工艺
5～2400 nm	2400～24000 nm
间接/减法工艺——蒸发、光刻	直接工艺——丝网印刷、烘干和烧结
可多层制备；MCM 电路使用聚酰亚胺作为介质材料的多层	低成本的多层工艺
只限于低方块电阻率材料 NiCr 和 TaN，100 Ω·m	通过使用几种不同方块电阻率（1 Ω·m～20 MΩ·m）的浆料能够获得宽范围的电阻值
低 TCR 电阻，（0±50）×10⁻⁶/℃	TCR±（50～300）×10⁻⁶/℃
线条分辨率达到 1 mil（25 μm）；对于溅射刻蚀有可能达到 0.1 mil（2.5 μm）	线条分辨率为 5 mil（125 μm）～10 mil（250 μm）
单批工艺成本高	工艺成本较低
初始设备投资高	初始设备投资低
更精细的线条清晰度，更适于 RF 信号	线条清晰度差
引线键合性较好；均质材料；镀液杂质影响引线键合	引线键合受浆料中杂质的影响；导体是非均质的

2）基板材料
陶瓷材料具有稳定性高、机械强度高、导热性好、介电性好、绝缘性好、微波损耗低等特点，是良好的微波介质材料。薄膜及厚膜技术中可以使用的基板材料有氧化铝、氮化铝、氧化铍、碳化硅、石英等陶瓷类基板。其中最常用的为 96 氧化铝陶瓷基板。

3）应用领域

薄膜技术的光学、电学、磁学、化学、力学及热学性质使其在反射涂层、减反涂层、光记录介质、绝缘薄膜、半导体器件、压电器件、磁记录介质、扩散阻挡层、防氧化、防腐蚀涂层、传感器、显微机械、光电器件热沉等方面具有广泛的应用。另外在光电子器件、薄膜敏感元件、固态传感器、薄膜电阻、电膜、电容、混合集成电路、太阳能电池、平板显示器、声表面波滤波器、磁头等方面也具有广泛的应用。

厚膜技术因其高可靠性和高性能在汽车领域、消费电子、通信工程、医疗设备、航空航天中具有较多的应用，例如：开关稳压电源电路、视放电路、帧输出电路、电压设定电路、高压限制电路，飞行器的通信、电视、雷达、遥感和遥测系统，发电机电压调节器、电子点火器和燃油喷射系统，磁学与超导膜式器件、声表面波器件、膜式敏感器件等的应用。

6.4.4 焊接材料与工艺

芯片封装中常用的焊接材料为焊料与锡膏，本节除了叙述这两种材料之外，对助焊剂的种类与焊接表面的清洁与处理方法，以及无铅焊料在绿色封装中的应用也加以阐述。

1. 焊接与焊接材料概述

焊料应用的历史可追溯至罗马帝国时代的水管焊接工程，当时使用成分质量比相同的铅-锡合金（50wt%铅-50wt%锡），到今天仍然是常见的焊接材料之一。

在印制电路板（printed circuit boards，PCB）成为微电子元件组装主要的基板材后，低熔点、共晶成分的铅锡合金发展成为引脚插入式（PTH）元件引脚焊接的标准材料。焊锡材料在电子封装技术的演进中一直没有重大变化，近年来表面贴装技术（SMT）发展成为重要的元件键合方法后，焊接方法与焊锡选择成为芯片封装工艺的重点技术之一。在表面贴装技术键合中，元件与基板之间的焊接点除了提供电、热传导之外，还必须担负起支撑元件重量的功能。现代芯片封装使用的焊接材料种类繁多，焊锡具有良好的抗疲劳性以抵抗因材料热膨胀系数差异所造成的应力破坏。

常用可焊接性评价元件与基板焊接能力。可焊接性是指动态加热过程中，在基体表面得到一个洁净金属表面，从而使熔融焊料在基体表面形成良好润湿的能力。可焊接性取决于焊料（如焊锡）或焊膏（如锡膏）所提供的助焊接效率及基板表面的质量。

可润湿性是指在焊盘的表面形成一个平坦、均匀和连续的焊料涂敷层，这是焊料在焊盘表面形成良好焊接能力的基本要求。润湿性差的焊料在焊盘表面会出现反润湿、不润湿或针孔现象。反润湿是指熔融焊料在表面铺展开后又发生收缩，形成粗糙不规则的表面，其表面上存在与薄焊料层相连的较厚焊料隆起的现象。在反润湿中具体表面并没有暴露出来。不润湿定义为熔融焊料不与基板表面相粘，而使基板表面暴露的一种现象。

在常用的待焊接基板中，可润湿性按下列顺序排列：Sn、SnPb>Cu>Ag/Pd、AgPt>Ni。随着基板表面的变化，可焊接性能也可能发生变化。由于基板表面状态改变，使用相同的助焊剂也可能会导致不同的结果。对助焊活性的要求取决于再流温度和技术条件，在环境气氛下对再流焊操作比蒸汽相再流、热空气再流或激光再流操作需要更多的焊剂。惰性气体或还原气氛可通过影响润湿及残留物的特性来改变再流性能。

2. 焊料

焊料是指连接两种或多种金属表面，在被连接金属的表面之间起冶金学桥梁作用的材料，是一种易熔合金，通常由两种或三种基本金属和几种熔点低于 425℃的掺杂金属组成。

焊料之所以能可靠地连接两种金属，是因为它能润湿这两种金属表面，同时在它们中间形成金属间化合物。润湿是焊接的必要条件。焊料与金属表面的润湿程度用润湿角描述。润湿角是熔融焊料沿被连接的金属表面润湿铺展而形成的二者之间的夹角 θ，润湿角 θ 越小，说明焊料与被焊接金属表面的可润湿程度(可焊性)越好。一般认为当润湿角 θ 大于 90°时，其金属表面不可润湿(不可焊)。

在焊接工艺中，常用的焊料按其形式的不同，可分为棒状焊料、丝状焊料和预成型焊料。

(1)棒状焊料。棒状焊料用于浸渍焊接和波峰焊接。使用时将棒状焊料溶于焊料槽中。在浸渍焊接和波峰焊接工艺中，在停止焊接期间，焊料静置时间越长，液面氧化导致浮渣量越多。通过在焊料槽中加入适当的防氧化添加剂，来降低氧化速度和提高润湿性。由于焊料中各种成分的比例不同，所以焊料槽内存在成分不均匀的情况。特别是在添加 Ag 的焊料中，由于 Ag 比重大，容易沉积在焊料槽的底部，所以在焊接工艺中必须进行充分搅拌。另外，沉积的 Ag 会堵塞焊料喷出口，焊接操作时必须注意，发现问题应及时处理。

(2)丝状焊料。丝状焊料用于烙铁焊接场合。丝状焊料采用线材引伸加工，冷挤压法或热挤压法制成，中空部分填装松香型焊剂，焊接过程中能均匀地供给焊剂。在有些情况下也采用实心丝状焊料。

(3)预成型焊料。预成型焊料主要在激光等再流焊接工艺中采用，也可用于普通再流焊接工艺。根据不同需要，选择使用不同的形状，一般有垫片状、小片状、圆片状、环状和球状。

按照采用材料的不同，常用的焊料可以划分为铅-锡合金焊料、铅-锡-银合金、铅-锡-锑合金及其他铅锡合金。

焊锡一般为铅-锡(Pb-Sn)二元合金，常见的焊锡化学成分有一定的规范，应用于电子封装的焊锡以接近共晶成分的铅-锡合金为主。铅-锡二元合金的共晶点约在183℃，相当于 61.9 wt%锡成分之处(图 6-25)。37%铅 63%锡合金被定义为共晶焊锡。由于微小的成分差异对焊锡的性质并无重大影响，40%铅 60%锡合金遂成为"标准"的共晶焊锡。

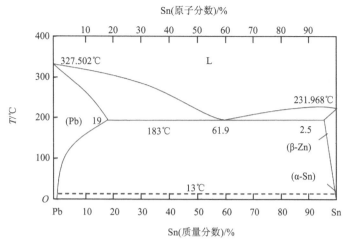

图 6-25　铅-锡合金相图

　　高铅含量的铅-锡合金常被称为高温焊锡，其中锡含量约 10%，它们的强度事实上与共晶焊锡相似，但因为在 183～300℃能保持固体状态，因此这种焊锡适用于在分段式焊接工艺中作为封装元器件的固定材料。高锡含量的铅锡合金通常供防腐蚀等特殊需求的焊接使用，锡的含量越高，焊锡的机械强度越大，但价格也越高。

　　熔融的锡易与其他金属反应形成金属间化合物，常见的铅或锡金属间化合物如表 6-27 所示。金属间化合物会改变熔融焊锡的表面张力而增加其湿润性，这是焊接反应发生的特征。金属间化合物往往是具有极高脆性的离子键化合物，热膨胀系数与金属或铅-锡合金不同，因此过量的金属间化合物存在时，一般认为对焊接接点的性质有害。

表 6-27　常见的铅或锡金属间化合物

杂质元素	金属间化合物
铝	—
锑	SbSn
铋	$BiPb_3$
镉	—
铜	Cu_6Sn_5、Cu_3Sn
金	$AuSn_4$、$AuSn_2$、$AuSn$、Au_2Pb、$AuPb_2$
铁	$FeSn$、$FeSn_2$
镍	$NiSn_2$、Ni_3Sn_4、Ni_3Sn、$NiSn_3$
银	Ag_3Sn
锌	—

　　银是少数能加入铅-锡合金中，以增加焊锡的机械强度而不严重损害焊锡性质的元素，银的添加量与锡含量有关，通常不超过 2 wt%，过量的添加会产生 Ag_3Sn 金属间化合物。接近共晶成分的铅-锡合金一般添加银形成 36%铅-62%锡-2%银合金，它的优点是

可降低某些镀银材料(如镀银的陶瓷基板表面)在焊接时银膜的溶解速率,使焊锡的润湿性不会在键合过程中因银镀层的溶解而降低。其他标准的铅-锡-银焊料有 88%铅-10%锡-2%银、93.5%铅-5%锡-1.5%银、97.5%铅-1%锡-1.5%银的合金。

添加锑的目的是改善焊锡的机械强度,但锑的效果较银稍差,过量添加会损害焊锡的润湿性。锑的价格比锡低廉,因此以锑取代焊锡中部分的锡,可以降低焊锡的成本,但锑不能取代 6 wt%以上的锡,否则将形成 SbSn 金属间化合物而使得焊锡脆化。在共晶焊锡中,锑的取代量通常以 3.5 wt%为上限。

焊锡中添加铜(如 38.7%铅-60%锡-1.3%铜或 48.9%铅-50%锡-1.1%铜)的目的在于减小铜的溶解速率,以延长铜焊接工具的使用寿命;95%锡-5%锑与 96.5%锡-3.5%银为高强度焊接合金,其具有优良的抗湿变及抗疲劳破坏特性;80%金-20%锡共晶合金与 65%锡-25%银-10%锑合金为接点强度有特殊要求的焊锡;添加铟的焊锡可增加其在陶瓷表面的润湿性。

3. 锡膏

锡膏是焊料金属粉粒和助焊剂系统的混合物,一般放置于塑料瓶中,在低温环境下保存。焊料金属粉粒是锡膏的主要成分,也是焊接后的留存物,它对再流焊接工艺、焊点高度和可靠性都起着重要作用。根据焊接对象的实际需要和焊接工艺,合理选择焊料金属粉粒的成分、颗粒形状和尺寸(表 6-28)。

表 6-28　锡膏依金属粉粒粒径分布的分类

等级	1%重量以下的锡粉粒径 /μm(mil)	90%重量以上的锡粉粒径范围 /μm(mil)	10%重量以下的锡粉粒径 /μm(mil)
1	>150(6)	75~150(3~6)	<75(3)
2	>75(3)	45~75(2~3)	<45(1.8)
3	>45(1.8)	20~45(0.8~1.8)	<20(0.8)
4	>36(1.4)	20~36(0.8~1.4)	<20(0.8)

4. 助焊剂

在元器件焊接的过程中,助焊剂的功能为清洁键合点金属的表面,降低熔融焊锡与键合点金属之间的表面张力以提高润湿性,提供适当的腐蚀性、发泡性、挥发性与黏着性,利于焊接的进行。助焊剂的成分包括活化剂、载剂、溶剂与其他特殊功能的添加物,如触变剂、成膜物质、稳定剂、抗氧化剂等。

活化剂为助焊剂的主要成分,它通过化学反应去除被焊表面的氧化层,并减小熔融焊料表面张力以增加润湿性,并和其他杂质反应提高助焊性能。活化剂含有腐蚀性化学物质,在助焊剂中它通常是微量的酸剂、卤化物或二者的混合物。高活性的助焊剂使用的活化剂可能为盐酸、溴酸、磷酸或胺氢卤化物;中、低活性的助焊剂使用的活化剂则有羧酸(carboxylic acids)与二羧酸(dicarboxylic acids);某些助焊剂使用油酸或硬脂酸等脂肪酸类为活化剂。助焊剂依其活性高低区分为 L(low activity)、M(moderate activity)、H(high activity)三个等级；也可依活化剂的种类与特性分为 R(rosin)、RMA(rosin mildly activated)、RA(rosin activated)、RSA(rosin super activated)、SA(synthetic activated)、OA(organic acid)、IA(inorganic acid)等，其中 R、RMA 与 RA 三类约相当于 L 等级。

载剂通常为固体物质或非挥发性液体，在焊接过程中它是输送活化剂使其与键合点表面的金属氧化层产生作用的载体，同时也是热传导层与氧化层的保护层。助焊剂也可以根据其所含的载剂种类，分为天然松脂助焊剂、合成树脂助焊剂、水溶性有机助焊剂与合成活化助焊剂等。载剂通常为天然树脂或合成树脂，以天然松脂胶为主要载剂的助焊剂具有较低的活性与腐蚀性；合成树脂的种类有由松木树干提炼而得的松木树脂、由纸浆中提炼而得的高油树脂，或这两种树脂经氧化、聚合化、酯化等化学工艺改进其热稳定性、清洁性、硬化性、黏着性后所得的树脂材料。

水溶性有机助焊剂与合成活化助焊剂中的载剂种类相似，一般为乙二醇、聚乙二醇、聚乙二醇表面活化剂与甘油醇的混合物，它的特点为焊接完成后可以用水清洗除去，但水洗必须快速进行，以免其中的卤代物与酸剂残余过久造成腐蚀。

溶剂为液态助焊剂的重要成分。在电路板波峰焊键合的过程中，溶剂将活化剂与载剂传送至电路板的焊垫表面，随即因受热而完全蒸发以免发生焊锡溅射。常见的溶剂为乙醇、乙二醇醚、脂肪烃、松油烃与水。高沸点的溶剂则常见于固体助焊剂中。

助焊剂可以用发泡式、波式或喷洒等方法涂布至印制电路板上。

5. 无铅焊料和含铅焊料

无铅焊料的驱动力主要是出于性能方面的需要和环境/健康方面的考虑。焊料互连的常见热疲劳失效与富铅相有关。因为固溶度有限和锡的析出，富铅相不能用锡的溶质原子进行有效强化。在室温下，铅在锡基体中有限的溶解度使它无法改善塑性形变滑移。在温度循环(热机械疲劳)条件下，富铅相易于粗化并最终导致焊点开裂。因此，希望在所设计的锡基焊料中不含有铅相，从而改善力学性能，强化焊料。

在世界范围内，一些公司已经把无铅焊料制成了商业产品。许多制造商已经开始了研究项目，来开发和挑选一种适当的无铅合金成分。

一般来说，焊料合金的选择基于以下准则：

(1)合金熔化范围，这与使用温度有关。

(2)合金的力学性能，这与使用条件有关。

(3)冶金相容性，需要考虑溶解现象和有可能生成的金属间化合物。

(4)金属间化合物的形成速率，与使用温度有关。

(5)其他使用相容性，如银的迁移。

(6)在特定基板上的润湿性。

(7)成分是共晶还是非共晶。

(8)环境因素的稳定性。

人们已从最简单的合金(二元系)发展到包括两种以上元素的复杂体系，对无铅材料进行了充分的考虑、设计和研究。由于它们性能上的优势，Sn/Ag/Bi、Sn/Ag/Cu、

Sn/Ag/C/Bi、Sn/Ag/Bi/In、Sn/Ag/Cu/In、Sn/Cu/In/Ga 等 6 种体系和它们对应的成分脱颖而出。

　　从表 6-29 和表 6-30 看出，一些合金显示出良好的应用前景。其中熔化温度是一个重要的选择依据。适当的再流曲线可以在一定温度上弥补无铅合金的高熔点（高于183℃）。对于表面贴装，焊料合金的熔点低于 215℃可提供必要的工艺窗口。对于再流工艺，峰值温度应该控制在 240℃ 以下。

表 6-29　按熔点对可用合金成分进行的排序表

合金	熔点 $T/℃$	N_f
85.2Sn/4.1Ag/2.2Bi/0.5Cu/8.0In	193～199	10000～12000
88.5Sn/3.0Ag/0.5Cu/8.0In	195～201	>19000
93.5Sn/3.1Ag/3.1Bi/0.5Cu	209～212	6000～9000
91.5Sn/3.5Ag/1.0Bi/4.0In	208～213	10000～12000
92.8Sn/0.7Cu/0.5Ga/6.0In	210～215	10000～12000
95.4Sn/3.1Ag/1.5Cu	216～217	6000～9000
96.2Sn/2.5Ag/0.8Cu/0.5Sb	216～219	6000～9000
96.5Sn/3.5Ag	221	4186
99.3Sn/0.7Cu	227	1125
63Sn/37Pb（参照物）	183	3656

表 6-30　按抗疲劳性能对可用合金成分进行的排序表

合金	熔点 $T/℃$	N_f
88.5Sn/3.0Ag/0.5Cu/8.0In	195～201	>19000
91.5Sn/3.5Ag/1.0Bi/4.0In	208～213	10000～12000
92.8Sn/0.7Cu/0.5Ga/6.0In	210～215	10000～12000
85.2Sn/4.1Ag/2.2Bi/0.5Cu/8.0In	193～199	10000～12000
93.5Sn/3.1Ag/3.1Bi/0.5Cu	209～212	6000～9000
96.2Sn/2.5Ag/0.8Cu/0.5Sb	216～219	6000～9000
95.4Sn/3.1Ag/1.5Cu	216～217	6000～9000
96.5Sn/3.5Ag	221	4186
92Sn/3.3Ag/4.7Bi	210～215	3850
99.3Sn/0.7Cu	227	1125
63Sn/37Pb（参照物）	183	3656

6. 表面组装中的焊接

　　表面贴装技术使用的焊接方法可分为波峰焊与再流焊（又称回流焊）两大类。使用波峰焊时，元器件先以黏着剂固定在印制电路板上，常见的黏着剂有环氧树脂与丙烯酸树脂，可利用网印、针头或喷嘴点胶将黏着剂涂布到元器件位置。黏着剂涂布完成后，封装元器件采用元器件取置机放置到预定位置上。在放置的过程中，机具精准度必须妥善控制，防止平移或旋转对位错误产生；电路板表面与引脚也应有良好的平整度，以防止后续焊点瑕疵的产生；以 120～150℃、1～3 min 的热处理或 UV 光照射使黏着剂硬化后将元器件固定，焊锡再以波峰焊的形式涂布到接合点上。

技术成熟、适合大量生产、引脚插入型与表面贴装型元器件可以一次焊接完成是波峰焊应用于表面贴装型元器件的优点。但是，波峰焊对元器件与焊垫的形状与排列有许多限制，不适用于特殊形状与脚距日益缩小的表面贴装型元器件的焊接，而且在波峰焊过程中元器件必须在高温的焊锡中通过，对元器件产生损害。

在表面贴装元器件的波峰焊过程中，漏焊是最常见的焊点瑕疵之一。此类缺陷的发生与助焊剂的成分有重要的关系。当助焊剂中固体成分过高时，可能使波峰焊过程中助焊剂无法完整涂布，进而使焊锡无法润湿金属接点的表面造成漏焊，因此松脂或树脂助焊剂中的固体成分通常限制在 15% 以下；合成活化助焊剂与水溶性助焊剂则无此困扰。避免漏焊的发生需要选用高效能、润湿时间短的助焊剂，此外，还必须减少助焊剂中溶剂气体的挥发，以免其阻碍助焊剂的润湿。

波峰焊过程中常见的焊接缺陷是焊点架桥短路。使用合成活化助焊剂与水溶性助焊剂可抑制焊点架桥的发生，但它们也会增加未来清洁的困扰。对通孔插装的焊接，使用中、高固体成分的松脂或树脂焊接可控制焊点架桥的发生；在表面贴装技术的焊接中，则选用低固体成分的松脂或树脂助焊剂。调整助焊剂中有机酸的成分可有效控制焊点架桥发生，酸性的成分将降低助焊剂与焊锡之间的表面张力，使印制电路板移出锡槽时具有较佳的焊锡滤除能力，因此可减少焊点架桥短路的发生。

再流焊是预先在 PCB 焊接部位(焊盘)施放适量和适当形式的焊料，然后贴放表面组装元器件，经固化(在采用焊膏时)后，再利用外部热源使焊料再次流动达到焊接目的的成组或逐点焊接工艺。再流焊接技术能完全满足各类表面组装元器件对焊接的要求，因为它能根据不同的加热方法使焊料再流，实现可靠的焊接连接。

与波峰焊接技术相比，再流焊接技术具有以下特征。

(1)再流焊不需要将元器件直接浸渍在熔融的焊料中，所以元器件受到的热冲击小。但由于其加热方法不同，有时会施加给器件较大的热应力。

(2)仅在需要部位施放焊料，能控制焊料施放量，避免架桥等缺陷的产生。

(3)当元器件贴放位置有一定偏离时，由于熔融焊料表面张力的作用，只要焊料施放位置正确，就能自动校正偏离，使元器件固定在正确位置。

(4)采用局部加热热源，从而可在同一基板上采用不同焊接工艺进行焊接。

(5)焊料中一般不会混入不纯物。使用焊膏时，能准确地保持焊料的组成。

这些特征是波峰焊接技术所没有的。虽然再流焊接技术不适用于通孔插装元器件的焊接，但是，在电子组装技术领域，随着 PCB 组装密度的提高和 SMT 的推广应用，再流焊接技术已成为电路组装焊接技术的主流。

再流焊技术主要按照加热方法进行分类，包括气相再流焊、红外再流焊、热风炉再流焊、热板加热再流焊、激光再流焊和工具加热再流焊等类型。

气相再流焊为表面贴装接合常见的方法之一，它利用氟碳化合物的蒸气凝固于电路板上时放出的湿热使焊锡膏回熔而完成接合，使用的设备通常有直立腔式与水平输送带式两种。气相再流焊具有的优点包括：

(1)准确的温度控制与稳定性。

(2)均匀的加热系统。

(3)不同形状与大小的元器件可同时进行回焊接合。

(4)无元器件遮蔽热源的效应。

(5)焊接时间短。

(6)氟碳化合物液体可提供氧化保护作用。

水平式系统是常见的气相焊设备，它是一种可获得高产量的气相再流焊方法。该方法应注意调整处理的温度与时间，使锡膏中的助焊剂不致在氟碳液体中有太高的溶解度，否则助焊剂的流失将有碍焊锡的润湿性。

改变气相焊使用的氟碳化合物种类可进行不同温度的焊接，但可调整的温度范围不如其他焊接方法大。气相再流焊的焊接品质受温度、加热时间与速度的影响，控制不当时，焊点瑕疵可能发生。

6.4.5　封胶材料与技术

IC 芯片完成与印制电路板的模块封装后，除了焊接点、指状接合点、开关等位置外，为了使成品表面不受到外来环境因素(湿气、化学溶剂、应力破坏等)及后续封装工艺的损害，通常在表面涂布一层 25～125 μm 厚的高分子涂层用以提供保护。

按涂布的外形，可分为顺形涂封与封胶两种。在顺形涂封中，丙烯酸树脂(acrylic resins, AR)、聚氨基甲酸酯树脂(urethane resins, UR)、环氧树脂(epoxy resins, ER)、硅胶树脂(silicone resins, SR)、氟碳树脂(fluorocarbon resins, FR)、聚对环二甲苯树脂(parylene resins, PR)等为常见的材料。在 IC 芯片模块的封胶中，酸酐基类环氧树脂(anhydride-base epoxies，AE)与硅胶树脂则为主要的材料。

1. 顺形涂封

顺形涂封的原料一般为液状树脂，将组装完成的印制电路板表面清洗干净后，以喷洒或沉浸的方法将树脂原料均匀地涂上，再经适当的烘烤热处理或紫外光烘烤处理后即成为保护涂层。

涂封前电路板表面清洁步骤的目的是避免将污染物密封在涂层内造成腐蚀，以及避免涂层裂缝及发泡等破坏。清洁的过程一般先采用气体溶剂喷洒印制电路板的表面以除去残存助焊剂与油脂，再以去离子纯水与异丙醇溶剂冲洗，将残存的盐类溶去。整个电路板先以压缩空气吹干，再以 60～80℃、1～2 h 烘烤将溶剂与水汽完全蒸发除去后，即可进行树脂原料的涂布。涂布之前，某些固定于电路板上的元器件(如与外界电路的接合端子、开关、继电器、电位计等)必须先以胶带或胶膜罩住，以免涂封薄膜破坏其原有的功能。

喷洒法为最普遍的方法，一般以输送带将印制电路板移至喷出涂封原料的喷枪前而完成涂封。使用喷洒法时，封装元器件底部及其高度所造成的遮蔽效应会使涂封不完全，故需借涂封原料黏滞性的改善与多次不同角度的喷洒加以修正。沉浸法为将组装完成的电路板完全浸于涂封树脂液后缓慢移出，此方法可使整个电路板完全涂布。流动式涂布与毛刷式涂布是较少见的涂封方法，流动式涂布以通过喷嘴头的树脂原料流到电路板表面而完成涂封；毛刷式涂布仅供损坏元器件更换之处的涂层破洞修补用，较少应用于批量生产。

树脂原料涂布完成后须再施予烘烤热处理使其成为硬化薄层，以烘箱加热与高能量强度的紫外光为常用的两个方法。紫外光烘烤热处理适用于聚氨基甲酸酯树脂与环氧树脂，它的优点为热处理时间短（一般为 3～30 s）、能耗小、热处理过程中不会有材料黏滞性减低的困扰、涂装薄膜的收缩率较小且无毒性气体排出。但紫外光烘烤的设备较为昂贵，而且元器件相对高度变化造成的光遮蔽容易导致不均匀的烘烤质量，故在烘烤时电路板通常须予旋转以使紫外光能照射均匀。热与紫外光的混合烘烤方法也常被使用以求得最佳品质的硬化涂层。

2. 涂封的材料

顺形涂封树脂涂层的功能与特性如表 6-31 所示。丙烯酸树脂（AR）具有优良的抗湿与介电性质，它的抗化学溶剂侵蚀性较差，但也因这一缺点而使丙烯酸类的涂封层可被除去，用以供电路板修补。

表 6-31　涂封材料的特性比较

材料种类性质	聚氨基甲酸酯树脂（PU）	丙烯类酸树脂（AR）	硅胶树脂（SR）	环氧树脂（ER）
涂布性质	1	1	3	2
化学移除性	2	1	2	5
烧除性	2	1	5	4
机械移除性	2	2	1	5
耐磨性	2	2	3	1
黏着性	2	3	4	1
抗湿性	1	1	2	4
长时间抗湿性	1	2	3	4
抗热爆震性	2	3	1	5
机械强度	2	3	4	1
绝缘性	1	1	2	3
介电性质	1	1	2	3

注：1=最佳；5=最差。

聚氨基甲酸酯树脂（PU）为最普遍使用的顺形涂封材料，它的涂层具有良好的强韧性、抗水汽渗透性与抗化学侵蚀性，与印制电路板间的黏着性亦佳。但上述的优点也使涂布此种保护膜的电路板有难以进行修复的缺点。聚氨基甲酸酯树脂类涂层仅能以加热或研磨的方法除去；温度与电信号频率变化对此材料的电特性有极大影响，因此不适合高频电路的封装。

硅胶树脂(SR)具有优良的电气性质、低吸水性、低离子杂质浓度、良好的低温功能与热稳定性,除了可作为顺形涂封的材料外,更是 IC 芯片重要的封胶材料之一。硅胶树脂的低介电常数使其适合微波电子的封装应用。硅胶树脂涂层可以用切割或以焊接工具加热除去以进行修复,但硅胶树脂涂层须先浸于甲苯或类似溶剂中约 15 min 后才能进行切割修复。商用硅胶树脂种类繁多,一般以烘烤硬化工艺的差异可分为室温硬化型、热烘烤硬化型与紫外光烘烤硬化型等三种。

氟化高分子树脂属于高价位、工艺设备昂贵的涂封材料。由于强负电性的氟原子在高分子结构中形成键能极强的短氟碳键,氟化高分子树脂具有优良的防水性、抗润湿性、抗化学侵蚀性、低介电常数良好的高温稳定性与抗高能量辐射特性,故应用于高离子性污染、高湿度等恶劣环境中的涂封保护材料,但由于价格昂贵,它的应用仅见于高可靠度需求的军用电子元器件封装之中。

聚对环二甲苯树脂为唯一可利用气相沉积聚合反应进行涂封的材料。利用气相沉积聚合反应的镀着技术可对聚对环二甲苯树脂薄膜品质进行控制,如厚度与均匀性、整体涂封的完整性、材料纯度与室温成型过程等。与其他镀膜的性质相比,聚对环二甲苯树脂薄膜具有优良的抗湿气渗透性、抗化学侵蚀性、电性与机械性质,不受吸收水分影响的稳定电气特性使聚对环二甲苯树脂适合电子产品的涂封。通常仅需约 25 μm 厚的聚对环二甲苯树脂薄膜即可达到保护目的,但是一旦完成涂封后,它是难以除去以进行修复的材料。

3. 封胶

常见的 IC 芯片封胶材料为环氧树脂与硅胶树脂。硅胶树脂在前一节中已有介绍,故下面将仅介绍环氧树脂封胶材料。环氧树脂具有良好的抗水渗透性、抗化学腐蚀性与热稳定性,它是具有环氧乙烷环或环氧氧化物化学结构特征的高分子化合物的总称。环氧树脂种类繁多,常见的单环氧树脂基材料有环乙烯氧化物、氯甲环氧丙烷、缩水甘油酸类、环氧丙醇、缩水甘油族群等。

6.4.6 陶瓷封装

陶瓷封装是满足高可靠度需求的主要封装技术,本节叙述以氧化铝及其他重要的陶瓷材料为封装基材的工艺技术。

1. 陶瓷封装简介

在各种 IC 元器件的封装中,陶瓷封装能提供 IC 芯片气密性的密封保护,具有优良的可靠度;陶瓷能够用作集成电路芯片封装的材料,是因它在热、电、机械特性等方面极为稳定,并且陶瓷材料的特性可通过改变其化学成分和工艺的控制调整实现。陶瓷不仅可作为封装的封盖材料,也是各种微电子产品重要的承载基板。当今的陶瓷技术已可将烧结的尺寸变化控制在 0.1%的范围内,可以结合厚膜印刷技术制成 30~60 层的多层连线传导结构,因此陶瓷也是制作多芯片组件封装基板的主要材料之一。

陶瓷封装的缺点主要为：

(1)与塑料封装比较，陶瓷封装的工艺温度较高，成本较高。

(2)工艺自动化与薄型化封装的能力逊于塑料封装。

(3)陶瓷材料具较高的脆性，易致应力损伤。

(4)在需要低介电常数与高连线密度的封装中，陶瓷封装必须与薄膜封装竞争。

陶瓷材料在单晶芯片集成电路封装中应用很早。例如，IBM 开发的固体逻辑技术是利用 96%氧化铝与导体、电阻等材料在 800℃的共烧技术制成封装的基板。其他如先进固态逻辑技术、单片系统技术、金属化陶瓷、共烧多层陶瓷模块等均是陶瓷封装的应用。

随着半导体工艺技术的进步与产品功能的提升，IC 芯片的集成数(I/O)持续增加，封装引脚数目随之增加，各种不同形式的陶瓷封装，如陶瓷引脚式或无引脚晶粒承载器、针格式封装、四边扁平封装等相继开发出来。这些封装通常将 IC 芯片粘贴固定在一个已载有引脚架或厚膜金属导线的陶瓷基板孔洞中，完成芯片与引脚或厚膜金属键合点之间的电路互连后，再将另一片陶瓷或金属封盖以玻璃、金锡或铅锡焊料将其与基板密封黏结完成。

2. 氧化铝陶瓷封装的材料

氧化铝为陶瓷封装最常使用的材料，其他重要的陶瓷封装材料还有氮化铝、氧化铍、碳化硅、玻璃与玻璃陶瓷、蓝宝石等，这些材料的基本特性如表 6-32 所示。

表 6-32　陶瓷材料的基本特性比较

材料种类	介电常数	热膨胀系数/(ppm/℃)	热导率/[W/(m·K)]	工艺温度/℃	扰性强度/MPa
92%氧化铝	92	6	18	1500	300
96%氧化铝	9.4	6.6	20	1600	400
99.6%氧化铝	99	7.1	37	1600	620
氮化硅(Si_3N_4)	7	2.3	30	1600	—
碳化硅(SiC)	42	3.7	270	2000	450
氮化铝(AlN)	8.8	3.3	320	1900	350~400
氧化铍(BeO)	6.8	6.8	240	2000	241
氮化硼(BN)	6.5	37	600	>2000	—
钻石(高压)	5.7	2.3	2000	>2000	—
钻石(CVD)	3.5	2.3	400	1000	300
玻璃陶瓷	4~8	3~5	5	1000	150

准备浆料是陶瓷封装工艺的首要步骤，浆料为无机与有机材料的组合，无机材料为一定比例的氧化铝粉末与玻璃粉末的混合(陶瓷)，有机材料包括高分子黏着剂、塑化剂与有机溶剂等。无机材料中添加玻璃粉末的目的在于：调整纯氧化铝的热膨胀系数、介电常数等特性、降低烧结温度。纯氧化铝的热膨胀系数约为 7.0 ppm/℃，它与导体材料的热膨胀系数(见表 6-32)有所差异，因此若仅以纯氧化铝为基板的无机材料，热膨胀系数的差异在烧结过程中可能引致基材破裂。此外，纯氧化铝的烧结温度高达 1900℃，故

需添加玻璃材料以降低烧结温度和生产成本。

陶瓷基板可分为高温共烧型与低温共烧型。在高温共烧型的陶瓷基板中，无机材料通常为约 9：1 的氧化铝粉末与钙镁铝硅酸玻璃或硼硅酸玻璃粉末；在低温烧结型的陶瓷基板中，无机材料为约 1：3 的陶瓷粉末与玻璃粉末，陶瓷粉末的种类根据基板热膨胀系数的设计而定。

3. 陶瓷封装工艺

将前述的各种无机与有机材料混合坯，经一定时间的球磨后即称为浆料（或称为生坯片载体系统），再以刮刀成型技术制成生坯片。经厚膜金属化、烧结等工艺后称为基板，封盖后即可应用于 IC 芯片的封装中（图 6-26）。

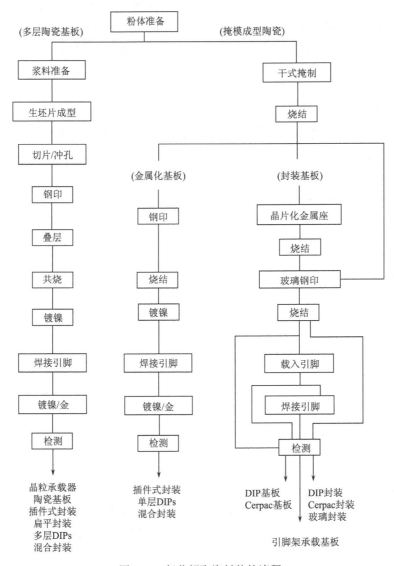

图 6-26　氧化铝陶瓷封装的流程

陶瓷粉末、黏着剂、塑化剂与有机溶剂等均匀混合后制成油漆般的浆料通常以刮刀成型的方法制成生坯片，刮刀成型机在浆料容器的出口处置有可调整高度的刮刀，可将随着多元酯输送带所移出的浆料刮制成厚度均匀的薄带，生坯片的表面同时吹过与输送带运动方向相反的滤净热空气使其缓慢干燥，然后再卷起，并切成适当宽度的薄带。未烧结前，一般生坯片的厚度在 0.2～0.28 mm。

4. 其他陶瓷封装材料

近年来，陶瓷封装虽面临塑胶封装的强力竞争而不再是使用最多的封装方法，但陶瓷封装仍然是满足高可靠度需求最主要的封装方法。各种新型的陶瓷封装材料，如氮化铝、碳化硅、氧化铍、玻璃陶瓷、钻石等材料也相继被开发出来以使陶瓷封装能有更优质的信号传输、热膨胀特性、热传导与电气特性。这些材料的基本特性比较如表 6-32 所示。

氮化铝为具有六方纤维锌矿结构的分子键化合物，它的结构稳定，无其他的同质异形物存在，高熔点、低原子量、简单晶格结构等特性使氮化铝具有高热传导率，氮化铝单晶的热导率为 320 W/(m·K)，热压成型的氮化铝多晶最佳的热传导性能约为单晶的 95%。氮化铝的热传导率随其氧含量的增加而降低，这是由于氧元素的加入使氮化铝中产生过多的铝空位，空位与铝原子的质量差异过大破坏了其热传导性质。氮化铝热导率亦受金属杂质元素的影响，保持氮化铝的高热导率特性必须使杂质含量低于 0.1wt%。此外，氮化铝中的第二相物质与烧结后的孔洞对热传导性质亦有影响。

与氧化铝相比，氮化铝材料具有极为优良的热导率、较低的介电常数(约 8.8)、与硅相近的热膨胀系数，因此它亦是陶瓷封装重要的基板材料。在氮化铝基板的制作中，粉体品质决定氮化铝烧结后的特性。氮化铝粉体制备最常见的方法为碳热还原反应和铝直接氮化技术。

碳热还原反应将氧化铝与碳置于氮气气氛中，氧化铝与碳反应的产物被氮化而形成氮化铝。铝直接氮化的工艺为将熔融的微小铝颗粒直接置于氮气反应气氛中而形成氮化铝。不完全反应是这两种方法共同的缺点，它们都可能使氮化铝中残存氧化物或其他相物质。氮化铝亦可利用铝电极在氮气中的直流电弧放电反应、铝粉的等离子体喷洒、氨与铝溴化物的化学气相沉积、氮化铝前驱物的热解反应等方法制成。

热压成型与无压力式烧结为制成致密的氮化铝基板常见的方法，工艺中通常加入氧化钙或三氧化二钇烧结助剂以制成致密氮化铝基板，氧化铍、氧化镁、氧化锡等亦为商用氮化铝粉末常见的添加物。

氮化铝能与现有的金属化工艺技术相容的能力是其在电子封装中被广泛应用的主要原因。薄膜技术(蒸镀或溅射)、无电电镀、厚膜金属共烧技术均可用于氮化铝上制作电路布线图形。

在氮化铝上进行镀薄膜之前，通常先涂布一层镍铬合金薄膜以提升黏着度；使用无电电镀时，氮化铝先以氢氧化钠刻蚀，以使其产生交互锁定的作用而增加黏着力；氮化铝上的厚膜金属化工艺与氧化铝相似，钨、银-钯、银-铂、铜、金等均可在氮化铝上形成金属导线，钨与氮化铝的共烧型多层陶瓷基板的开发为氮化铝在电子封装中应用的重要技术。金、银-钯、铜等材料的厚膜金属化工艺无需在氮化铝上进行氧化预处理；铜与氮化铝的直接扩散接合必须先完成氧化处理以促进铜氧化物在氮化铝界面的接合，氧化处理可以干式或湿式氧化处理完成；氮化铝表面亦可先形成氮化硅以供镀镍膜之用。氮化铝的薄膜及厚膜金属化材料与方法如表 6-33 所示。

表 6-33　氮化铝的薄膜及厚膜金属化材料与方法

工艺方法	金属种类	工艺温度
烧结(厚膜工艺)	银-钯	920℃/空气
	氧化钌	850℃/空气
	铜	850℃/空气
熔烧共烧(厚膜工艺)	金	850℃/空气
	铜-银-钛-锡	930℃/空气
	钨	1900℃/空气
溅射蒸镀(薄膜工艺)	镍铬-钯-金	100～200℃
	钛-钯-金	100～200℃

6.4.7　塑料封装材料与工艺

塑料封装的散热性、耐热性、密封性虽逊于陶瓷封装和金属封装，但塑料封装具有低成本、薄型化、工艺较简单、适合自动化生产等优点。它的应用范围极广，从一般的消费性电子产品到精密的超高速计算机中随处可见，也是目前微电子工业使用最多的封装方法。塑料封装的成品可靠度虽不如陶瓷，但随着数十年来材料与工艺技术的进步，这一缺点已获得显著改善，塑料封装在未来的电子封装技术中所扮演的角色越来越重要。

塑料材料在电子工业封装的应用历史较长，自 DIP 封装后，塑料双列式封装(PDIP)逐渐发展成为 IC 封装最受欢迎的方法。随着 IC 封装的多脚化、薄型化发展，许多不同形态的塑料封装被开发出来，除了 PDIP 元器件之外，塑料封装也被用于 SOP、SOJ、SIP、ZIP、PQFP、PBGA、FCBGA 等封装元器件的制作。

塑料封装虽然比陶瓷封装简单，但其封装的完成受许多工艺、材料的因素影响，如封装配置与 IC 芯片尺寸、导体与钝化保护层材料的选择、芯片黏结方法、铸膜树脂材料、引脚架的设计、铸膜成型工艺条件(温度、压力、时间、烘烤硬化条件)等，这些因素彼此之间存在非常密切的关系，塑料封装的设计必须就以上因素相互的影响进行整体考虑。

1. 塑料封装的材料

热硬化型与热塑型高分子材料均可应用于塑料封装的铸膜成型，酚醛树脂、硅胶树脂等热硬化型塑胶为塑料封装最主要的材料，它们都有优异的铸膜成型特性，但也具有某些影响封装可靠度的缺点。

早期酚醛树脂材料具有氯与钠离子残余浓度高、高吸水性、烘烤硬化时会释出氨气而造成腐蚀破坏等缺点。双酚类树脂(DGEBA)为 20 世纪 60 年代普遍使用的塑料封装材料，DGEBA 原料中的氯甲环氧丙烷是由丙烯与氯反应而成的，因此材料合成的过程中会不可避免地产生盐酸，早期 DGEBA 中残余氯离子浓度甚至可达 3%，封装元器件的破损大多是因氯离子存在所导致的腐蚀而造成的。由于材料纯化技术的进步，酚醛树脂中的残余氯离子浓度已经可以控制在数个 ppm 以下，因此它仍然是最普通的塑料封装材料。双酚类树脂的另一项缺点为易引致所谓开窗式破坏，产生的原因是在玻璃化转变温度附近材料的热膨胀系数发生急剧的变化，双酚类树脂的玻璃化转变温度为 100～120℃，而封装元器件的可靠度测试温度通常高于 125℃，因此在温度循环试验时，高温引致的热应力将金属导线自打线接垫处拉离而形成断路；温度降低时的应力恢复使导线与接垫接触形成通路，电路的连接导线随温度变化严重影响了元器件可靠性，此为双酚类树脂早期应用中的缺点。

硅胶树脂无残余的氯、钠离子，低玻璃化转变温度(20～70℃)，材质光滑，故铸膜成型时无须加入模具松脱剂。但材质光滑也是主要的缺点，硅胶树脂光滑的材质使其与 IC 芯片、导线之间的黏着性质不佳，从而出现密封性不良的问题，这在后续焊接的工艺中可能导致焊锡的渗透而形成短路；热膨胀系数差异造成的剪应力亦使胶材从 IC 芯片与引脚架上脱离而形成类似开窗式的破坏。

以上所述的三种铸膜材料均不具有完整的理想特性，不能单独用于塑料封装的铸膜成型，因此塑料铸膜材料必须添加多种有机与无机材料，以使其具有最佳的性能。塑料封装的铸膜材料一般由酚醛树脂、加速剂、硬化剂、催化剂、偶合剂、无机填充剂、阻燃剂、模具松脱剂及黑色色素等成分组成。

酚醛树脂的优点包括高耐热变形特性、高交联密度产生的低吸水特性。甲酚醛树脂为常用材料，其通常以酚类与甲醛在酸的环境中反应制成。环氧类酚醛树脂可由氯甲环氧丙烷与双酚类反应而成，盐酸为不可避免的副产物，故必须纯化去除。低离子浓度、适合电子封装的酚醛树脂在 20 世纪 70 年代被开发出来，纯化技术的进步使酚醛树脂均含有低氯离子浓度，引脚材料与 IC 芯片金属电路部分发生腐蚀的机会也得以降低，这已不再是影响塑料封装可靠度的主要因素。一般酚醛树脂占有铸膜材料重量的 25.5%～29.5%。

加速剂通常与硬化剂拌和使用，功能为在铸膜热压过程中引发树脂的交联作用，并加速其反应，加速剂含量将影响铸膜材料的胶凝硬化。

一般硬化剂为含有胺基、酚基、酸基、酸酐基或硫醇基的高分子树脂类材料。硬化剂的含量除了影响铸膜材料的黏滞性与化学反应性之外，亦影响材料中键结的形成与交联反应完成的程度。使用最广泛的硬化剂为胺基与酸酐基类高分子材料。脂肪胺基类通常用于室温硬化型铸膜材料的拌和；芳香族胺基类则用于耐热与耐化学腐蚀需求的封装中。

酸酐基硬化的树脂材料易脆裂，故加入端羟基聚丁二烯柔韧剂以增进树脂的韧性。使用酸酐基硬化剂应注意其中的酯键与胺键在使用后易发生水合反应，故硬化所得的树脂材料的收水性较强，在高温、高湿度的环境中材质将不稳定。

无机填充剂通常为粉末状凝熔硅石，较特殊的封装需求中，碳酸钙、硅酸钙、滑石、云母等也用作填充剂。填充剂的主要功能为铸膜材料的基底强化、降低热膨胀系数、提高热传导率及热震波阻抗性等。同时，无机填充剂较树脂类材料价格低廉，故可降低铸膜材料的制作成本。

一般填充剂占铸膜材料总重量的 68%～72%，但添加量有其上限，过量添加虽可降低铸膜树脂热膨胀系数，从而降低大面积芯片封装产生的应力，但也提高了铸膜材料的刚性及水渗透性，后者使无机填充剂与高分子材料间的黏着性不良。为了改善无机填充剂与树脂材料间的黏着性，铸膜材料中常添加硅甲烷环氧树脂或氨基硅甲烷作为偶合剂，添加量与添加方法通常为产业的机密。硅石材料也是良好的电、热绝缘体，因此过量添加对芯片热能的散失是一项不利的因素，采用结晶结构、热导性较好的石英作为填充剂是另一种选择，但其热膨胀系数高于硅石，应用于大面积的芯片封装时容易致使热应力脆裂的破坏。

硅石填充剂内通常含微量的放射性元素如铀、钍等，应予以纯化去除，否则其产生的 α 粒子辐射可能造成随机存储器等元器件的工作错误。

为了符合产品阻燃的安全标准(UL 94V-O)，铸膜材料中通常添加溴化环氧树脂(如四溴双酚 A 或氧化锑)作为阻燃剂。这两种材料亦可混合加入铸膜材料中，但添加溴化有机物，在高温时塑料中释出的溴离子可能导致 IC 芯片与封装中金属腐蚀。

模具松脱剂常为棕榈蜡或合成酯蜡，添加量宜少，以免影响引脚、导线等部分与铸膜材料间的黏着性。

添加黑色色素是为外壳颜色美观和统一标准，塑料封装外观通常以黑色为标准色泽。

铸膜材料的制作通常采用自动填料的工艺将前述的各种原料依适当比例混合，先使环氧树脂与硬化剂产生部分反应，并将所有原料制成固体硬料，经研磨成粉粒后，再压制成铸膜工艺所需的块状。由于环氧树脂与硬化剂已发生部分反应，故铸膜之前块状材料一般储存于低温环境中，储存的时间也有限制以防止变质。

塑料封装使用的树脂类材料的另一选择为硅胶，此材料亦为电子封装的涂封材料，适用于高耐热性、低介电性质、低温环境应用、低吸水性等需求的封装。由于硅胶中的硅氧键结较树脂类材料中的碳键结强，故硅胶在 60～400℃ 具有稳定的性质。商用硅胶的制备通常采用 Rochow 工艺。

2. 塑料封装的工艺

塑料封装可利用转移铸膜、轴向喷洒涂胶与反应式射出成型等方法制成。转移铸膜是塑料封装最常见的密封工艺技术。将已经完成芯片黏结及打线接合的 IC 芯片与引脚置于可加热的铸孔中，利用铸膜机的挤制杆将预热软化的铸膜材料经闸口与流道压入模具腔体的铸孔中，经温度约175℃、1～3 min 的热处理使铸膜材料发生硬化成型反应。封装元器件自铸膜中推出后，通常需要再施予 4～16 h、175℃的热处理以使铸膜材料完全硬化。

铸膜机中模具的设计是影响成品率与可靠度的重要部件。模具可分为上、下两部分，接合的部分称为隔线，每一部分各有一组压印板与模板。压印板是与挤制杆相连的厚钢片，其功能为铸膜压力与热的传送，底部的压印板还有推出杆与凸轮装置以供铸膜完成、元器件推出使用。模板为刻有元器件的铸孔、进料闸口与输送道的钢板，以供软化的树脂原料流入而完成铸膜,其表面通常有电镀的铬层或离子注入方法长成的氮化钛层以增强其耐磨性,同时降低其与铸膜材料的黏结。模板上输送道的设计应把握使原料流至每一铸孔时有均匀的密度为原则,闸口通常开在分隔线以下的模板上,其位置在 IC 芯片与引脚平面之下以降低倒线发生的概率,闸口对面通常开有泄气孔以防止填充不均的现象发生。

　　倒线是塑料封装转移铸膜工艺中最容易产生的缺陷,表面积小、连线密度高的元器件发生的几率更高。原因在于原料流入铸孔中时,引脚架上、下两部分的原料流动速度不同,使引脚架产生一弯曲的应力,此弯曲使 IC 芯片与引脚架间的金属连线处于拉应力的状态,因而拉下导线而发生断路,所以模板上铸孔形状的设计必须防止此现象的发生。改变引脚架形状,例如,使用凹陷式引脚架以平衡上、下两部分的原料流动速度,防止倒线发生。

　　倒线也发生于原料填充与密封阶段。在原料填充时,挤制杆施予压力的速度控制极为重要,速度太慢,原料在进入铸孔时成为烘烤完成的状态,硬化的材质将推倒电路连线;速度太快,原料流动的动量过大亦使导线弯曲。密封约在铸孔填入 90%~95% 的原料时发生,密封时树脂逐渐硬化,密度亦提高,此时若压力不足或控制时间过长将使原料凝固于闸口附近而无法完成密封,反之过大的压力将使原料流动过快而推倒电路连线。除了工艺的因素之外,导线的形状、长度、挠曲性、连接方向等因素也与倒线的发生有关。

　　轴向喷洒涂胶是利用喷嘴将树脂原料涂布于 IC 芯片表面的方法,与顺形涂封不同的是轴向喷洒涂胶所得到的树脂层厚度较大。在涂布过程中,IC 芯片必须加热至适当的温度以调节树脂原料的黏滞性,这一因素对涂封的厚度与形貌具有决定性影响。

　　轴向喷洒涂胶工艺的优点如下:①成品厚度较薄,可缩小封装的体积;②无铸膜成型工艺压力引致的破坏;③无原料流动与铸孔填充过程引致的破坏;④适用于以 TAB 连线的 IC 芯片封装。

　　轴向喷洒涂胶工艺的缺点如下:①成品易受水汽侵袭;②原料黏滞性的要求极苛刻;③仅能做单面涂封,无法避免应力的产生;④工艺时间长。

　　反应式射出成型的塑胶封装是将所需的原料分别置于两组容器中搅拌,再输入铸孔中使其发生聚合反应完成涂封。聚氨基甲酸酯为反应式射出成型最常用的高分子原料,环氧树脂、多元酯类、尼龙、聚二环戊二烯等材料也可用于工艺中。

　　反应式射出成型工艺能避免传输铸膜工艺的缺点,其优点如下:①能源成本低;②低铸膜压力(0.3~0.5 MPa),能降低倒线发生的概率;③使用的原料一般有良好的芯片表面润湿能力;④适用于以 TAB 连线的 IC 芯片密封;⑤可使用热固化型与热塑型材料进行铸膜。

　　反应式射出成型工艺的缺点如下:①原料须均匀地搅拌;②目前尚无一标准化的树脂原料为电子封装业者所接受。

习　　题

1. 请写出集成电路芯片封装的概念、目的、功能及其主要使用材料。

2. 厚膜技术制造中金导体、银导体应用领域分别有哪些？厚/薄膜技术在芯片封装中有哪些应用？

3. 基本的焊接材料有哪些？为什么焊接表面要进行前处理？

4. 涂封主要有哪些材料？

5. 请写出塑料封装的定义和优缺点，并列举塑料封装材料。

6. 离子注入的特点是什么？离子注入怎样形成浅结？

7. PVD的工艺特点是什么？基本方法有哪些？各有何特点？

8. 用于半导体芯片制造的硅原材料的纯度要求极高，为_____级硅。

9. 在本征半导体中掺入某些微量的杂质，半导体的导电性会发生显著变化。其原因是掺杂半导体的_____或_____浓度大大增加。

10. _____是一种常用于集成电路的黏结材料，指软化温度不高于500℃的一类粉状玻璃材料。由于它易与金属、陶瓷等材料黏结且本身不透气，当形成密封腔体后可获得较高的气密性，同时又具有不燃性和良好的耐热性能。

11. 什么是光刻？为什么说光刻是半导体工艺中最为重要的一个环节？简述光刻工艺流程，列出光刻胶的基本属性。

12. 硅单晶材料的生长工艺过程包括籽晶熔接、引晶、放肩、等径生长、收晶，请简述各工艺过程的特点以及工艺参数对材料性能的影响。

13. 生长单晶硅的方法主要有丘克拉斯基法和悬浮区熔法，请比较两者优缺点。

参 考 文 献

安徽省政府办公厅. 安徽省半导体产业发展规划(2018-2021 年)[R]. 2018.

蔡珣. 材料科学与工程基础[M]. 上海: 上海交通大学出版社, 2010.

黄昆, 韩汝琦. 固体物理学[M]. 北京: 高等教育出版社, 1988.

黄丽. 高分子材料[M]. 北京: 化学工业出版社, 2010.

贾红兵, 朱绪飞. 高分子材料[M]. 南京: 南京大学出版社, 2009.

李可为. 集成电路芯片封装技术[M]. 北京: 电子工业出版社, 2007.

李奇, 陈光巨. 材料化学[M] . 北京: 高等教育出版社, 2010.

李松林. 材料化学[M]. 北京: 化学工业出版社, 2008.

刘海涛, 杨郦, 张树军, 等. 无机材料合成[M]. 北京: 化学工业出版社, 2003.

刘玉岭, 檀柏梅, 张楷亮. 微电子技术工程——材料、工艺与测试[M]. 北京: 电子工业出版社, 2004.

庐江, 梁辉. 高分子化学[M]. 北京: 化学工业出版社, 2010.

马建标. 功能高分子材料[M]. 北京: 化学工业出版社, 2010.

乔英杰. 材料合成与设备[M]. 北京: 国防工业出版社, 2010.

宿辉. 材料化学[M]. 北京: 北京大学出版社, 2012.

田京祥. 矿产资源[M]. 济南: 山东科学技术出版社, 2013.

王澜. 高分子材料[M]. 北京: 中国轻工业出版社, 2009.

文九巴. 材料科学与工程[M]. 哈尔滨: 哈尔滨工业大学出版社, 2007.

吴自勤, 孙霞. 现代晶体学 I[M]. 合肥: 中国科学技术大学出版社, 2011.

吴自勤, 孙霞. 现代晶体学 II[M]. 合肥: 中国科学技术大学出版社, 2011.

曾兆华, 杨建文. 材料化学[M]. 北京: 化学工业出版社, 2008.

赵长生, 顾宜. 材料科学与工程基础[M]. 北京: 化学工业出版社, 2020.

中华人民共和国国务院. 国家集成电路产业发展推进纲要[R]. 2014.

周志华, 金安定, 越波, 等. 材料化学[M]. 北京: 化学工业出版社, 2005.

CAHN R W. 走进材料科学[M]. 杨柯, 等译. 北京: 化学工业出版社, 2008.

CALLISTER W D, RETHWISCH D G. Fundamentals of Materials Science and Engineering[M]. Germany: John Wiley & Sons Inc, 2016.

LAU J H. Recent Advances and New Trends in Flip Chip Technology[J]. Journal of Electronic Packaging, 2016, 138(3): 030802.1-030802.23.

MOORE T M, MCKENNA R G. 集成电路封装材料的表征[M]. 哈尔滨: 哈尔滨工业大学出版社, 2014.

OMAR M A. Elementary Solid State Physics: Principle and Applications [M]. America: Addison Wesley,

1975.

SMITH W F, HASHEMI J. Foundations of Materials Science and Engineering [M]. 北京: 机械工业出版社, 2019.

ZANT P V. 芯片制造——半导体工艺制程实用教程[M]. 韩郑生, 等译. 北京: 电子工业出版社, 2004.